高等职业教育建设工程管理类专业"十四五"数字化新形态教材

建筑与装饰工程计量与计价

史立梅　主　编

简泳仪　谭　紫　副主编

章鸿雁　主　审

中国建筑工业出版社

图书在版编目（CIP）数据

建筑与装饰工程计量与计价 / 史立梅主编；简泳仪，谭紫副主编. — 北京：中国建筑工业出版社，2023.3（2025.3重印）

高等职业教育建设工程管理类专业"十四五"数字化新形态教材

ISBN 978-7-112-28389-7

Ⅰ. ①建… Ⅱ. ①史… ②简… ③谭… Ⅲ. ①建筑工程－工程造价－高等职业教育－教材②建筑装饰－工程造价－高等职业教育－教材 Ⅳ. ①TU723.3

中国国家版本馆CIP数据核字(2023)第033290号

本教材是高等职业教育"建筑与装饰工程计量与计价"课程教材，依据最新教学标准、行业规范等纲领性文件编写。本教材编写团队针对该课程与清单规范、地方定额高度相关的特性，将国标清单与地方定额融入教材，方便教学的同时提高课堂教学质量与水平，助力培养掌握扎实技能的工程造价专业人才。

本教材分为5个学习情境：计量与计价相关基础知识、建筑面积计算、建筑工程计量计价、装饰工程计量计价、措施及其他项目计量计价。教材融入数字资源，打造多样化学习方式；加强思政教育引导，确保完成立德树人根本教育目标。同时，为方便实训，本教材还配套建设了案例图纸及全套投标预算书等相关资源。

为更好地支持相关课程教学，我们向采用本书作为教材的教师提供教学课件，有需要者可与出版社联系，邮箱：jckj@cabp.com.cn，电话：(010)58337285，建工书院 http://edu.cabplink.com。

责任编辑：吴越恺 张 晶
责任校对：党 蕾
校对整理：董 楠

高等职业教育建设工程管理类专业"十四五"数字化新形态教材
建筑与装饰工程计量与计价
史立梅 主 编
简泳仪 谭 紫 副主编
章鸿雁 主 审
*
中国建筑工业出版社出版、发行（北京海淀三里河路9号）
各地新华书店、建筑书店经销
北京红光制版公司制版
北京圣夫亚美印刷有限公司印刷
*
开本：787毫米×1092毫米 1/16 印张：19¾ 字数：493千字
2023年9月第一版 2025年3月第二次印刷
定价：**52.00**元（赠教师课件）
ISBN 978-7-112-28389-7
（40831）

前　言

　　"建筑与装饰工程计量与计价"课程是职业教育工程造价专业的专业核心课程，实践性强、知识面广、时效性强。近年来，与工程造价相关的政策、法规、规范、标准等变化较多，且随着高等职业学校专业教学标准的颁布，很多教师直接根据相关清单规范和定额等工具资料上课，其弊端明显：①学生上课的教材特别沉重、不便于携带；②工作资料只有规则，没有案例可以复习巩固学习。为更好地贯彻实施标准，提高教学质量和水平，培养社会需要的高技能综合型人才，及时编写和出版新的教材已势在必行。

　　本教材在编写过程中，以广东省为立足点，根据现行使用的规范及标准如下：《建筑工程建筑面积计算规范》GB/T 50353—2013、《建设工程工程量清单计价规范》GB 50500—2013、《房屋建筑与装饰工程工程量计算规范》GB 50854—2013、《关于实施〈房屋建筑与装饰工程工程量计算规范〉GB 50854—2013 等的若干意见》（粤建造发〔2013〕4 号）、《广东省房屋建筑与装饰工程综合定额（2018）》（上中下），并将定额解释及勘误纳入教材中，且配以大量的例题和课后习题。对于文字、图表讲解有难度的地方，辅以微课小视频，扫码即可学习。考虑到规范、标准等的变化及更新，教材内容按照项目化、模块化设计，当某模块发生变化时，便于替换更新；教材中的思政元素以职业能力为切入点，简明扼要，易学、易懂、易接受和吸收。本教材可作为高职高专工程造价专业、建设工程管理专业及相关专业的教学用书，也可以作为普通本科、专科、工程造价人员的技能培训用书，还可供广大院校相关教师、企业人员作为学习和参考用书。

　　为满足企业实际需要及实现职业教育的能力导向，本教材由多所院校教师及企业人员联合编写。广东建设职业技术学院史立梅任主编，简泳仪（原：广东岭南职业技术学院，现：广东建设工程监理有限公司）、广东白云学院谭紫任副主编。谭紫编写学习情境1、学习情境4；简泳仪编写学习情境2、学习情境5；史立梅编写学习情境3，并负责全书的统稿和校对工作。广东建设职业技术学院张国明、广东益文工程造价咨询有限公司张金发参与编写，提供教学工程案例、对图纸进行修正和完善。广东建设职业技术学院章鸿雁教授担任本教材的主审，对本教材作了认真、细致、详细的审阅，对保证本书编写质量提出了很多建设性意见。在此，表示衷心感谢！

　　由于编者水平有限，书中不足之处在所难免，恳切希望读者批评指正。

编者

目　　录

学习情境1 计量与计价相关基础知识

 **知识目标**

1. 了解本课程研究的对象与任务及基本概念，了解计价依据的分类和内容。

2. 熟悉基本建设项目的划分，熟悉工程量计算的一般规定，熟悉工程量清单计价的概念，熟悉广东省综合定额的内容。

3. 掌握工程建设程序与计价的对应关系，掌握工程量清单计价和定额计价的构成和计价程序，掌握综合单价的计算方法。

 **能力目标**

能准确描述工程造价相关概念，了解工程建设程序与计价，掌握工程计价依据、工程量计算方法、建安工程费的构成、工程量清单计价方法的概念和程序、工程量清单的编制和综合单价的计算。

 **思政要点**

1. 学习工程造价相关概念，培养学生对专业的学习兴趣；

2. 学习工程造价计价模式与国家经济发展阶段的联系，了解国家的发展战略；

3. 学习增值税内容，了解国家税收和税改方面的政策；

4. 工程计量时，要严格遵守相关的清单和定额规范，树立坚持标准、行为规范的计量理念；

5. 要精准算量，严格按照规范要求保留小数，培养学生严谨细致、精益求精的工匠作风；

6. 学习工程造价的概念，掌握工程造价的构成，让学生意识到从事工程造价工作应有的态度、责任心。工程造价专业人员严谨的工作态度，可以给工程建设过程中的腐败等不端行为筑起一道防火墙。培养学生廉洁工作、负责任工作的职业道德，形成优秀的职业素养。

思维导图

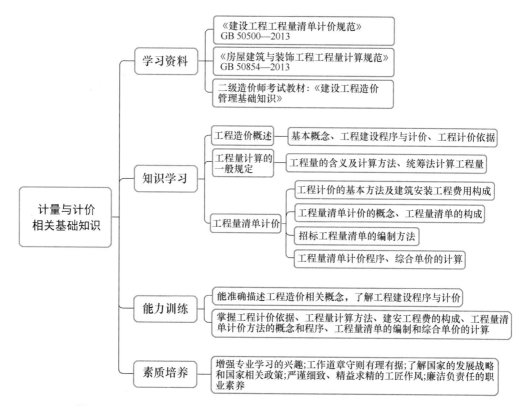

任务1.1　工程造价概述

知识要点

1. 熟悉建设工程、建设项目总投资和工程造价的基本概念；

2. 了解工程建设程序和各阶段的工程造价；

3. 掌握计价依据的分类和内容。

随着人类社会化大生产的发展，建设工程参建各方更注重工程的造价控制，我国工程计量、计价和造价管理的体系不断改进、不断适应社会发展，已经过渡到了以市场机制为主导，由政府职能部门协调和监督的新模式。

1.1.1　基本概念

1. 建设工程

建设工程是指对某一建设项目进行投资和建设。一般是通过从项目意向、策划、可行性研究和决策，到勘察、设计、施工、生产准备、竣工验收和试生产等一系列非常复杂的技术经济活动来完成的。这一过程既有物质生产活动，又有非物质生产活动，主要包括建筑工程施工、设备购置活动、安装工程施工以及与工程建设有关的其他活动。

2. 建设项目总投资的构成

建设项目总投资是指为完成工程项目建设并达到使用要求或生产条件，在建设期内预计或实际投入的全部费用总和。生产性建设项目总投资包括工程造价（或固定资产投资）和流动资金（或流动资产投资）。非生产性建设项目总投资一般仅指工程造价。

建设项目总投资的构成如图 1-1-1 所示。

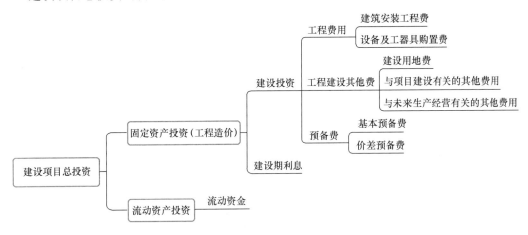

图 1-1-1　建设项目总投资构成

工程造价（固定资产投资）包括建设投资和建设期利息。

建设投资是工程造价中的主要构成部分，是为完成工程项目建设，在建设期内投入且形成现金流出的全部费用。建设投资包括工程费用、工程建设其他费和预备费三部分。工程费用是指建设期内直接用于工程建造、设备购置及其安装的建设投资，可以分为建筑工程费、安装工程费和设备及工器具购置费，其中建筑工程费和安装工程费有时又统称为建筑安装工程费。工程建设其他费是指建设期发生的与土地使用权取得、整个工程项目建设以及未来生产经营有关的构成建设投资，但不包括在工程费用中的费用。预备费是在建设期内因各种不可预见因素的变化而预留的可能增加的费用，包括基本预备费和价差预备费。

流动资金指为进行正常生产运营，用于购买原材料、燃料，支付工资及其他经营费用等所需的周转资金。

在可行性研究阶段可根据需要计为全部流动资金，在初步设计及以后阶段可根据需要计为铺底流动资金。铺底流动资金是指生产经营性建设项目为保证投产后正常的生产营运所需，并在项目资本金中筹措的自有流动资金。

3. 建设工程造价

建设工程造价通常是指工程建设预计或实际支出的费用。

由于所处的角度不同，工程造价有不同的含义：

含义一：从投资者（业主）的角度分析，工程造价是指建设一项工程，预期开支或实际开支的全部固定资产投资费用（详见上述"建设项目总投资的构成"）。从这个意义上讲，建设工程造价就是建设工程项目固定资产总投资。

含义二：从市场交易的角度分析，工程造价是指建设一项工程，预计或实际在工程发承包交易活动中所形成的建筑安装工程费用或建设工程总费用。工程承发包价格是工程造价中一种重要的、也是较为典型的价格交易形式，是在建筑市场通过招标投标，有需求主体（投资者）和供给主体（承包商）共同认可的价格。

工程造价在工程建设的不同阶段有具体的称谓，如投资决策阶段为投资估算，设计阶段为设计概算、施工图预算，招标投标阶段为最高投标限价、投标报价、合同价，施工阶段为竣工结算等。

1.1.2 工程建设程序与计价

1. 工程建设程序

工程建设程序是指工程项目从策划、评估、决策、设计、施工到竣工验收、投入生产或交付使用的整个过程中，各项工作必须遵循的先后次序，如图 1-1-2 所示。工程建设程序是工程建设过程客观规律的反映，是工程项目科学决策和顺利实施的重要保证。世界各国和国际组织在工程建设程序上可能存在某些差异，但是按照工程项目发展的内在规律，投资建设一个工程项目都要经过投资决策和建设实施发展时期。这两个发展时期又可分为若干阶段，各阶段之间存在着严格的先后次序，可以进行合理交叉，但不能任意颠倒次序。

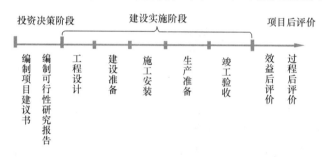

图 1-1-2　工程建设程序

2. 各阶段计价

在建设工程的各个阶段，工程造价分别通过投资估算、设计概算、施工图预算、最高投标限价、合同价、工程结算进行确定与控制。建设项目是一个从抽象到实际的建设过程，工程造价也从投资估算阶段的投资预计，到竣工决算的实际投资，形成最终的建设工程实际造价。从估算到决算，工程造价的确定与控制存在着相互独立又相互关联的关系。

3. 工程建设各阶段工程造价关系

图 1-1-3 中竖向箭头表示对应关系，横向箭头表示多次计价流程及逐步深化过程。

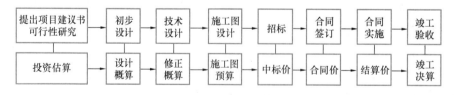

图 1-1-3　工程建设各阶段工程造价关系示意图

（1）投资估算：是指在项目建议书和可行性研究阶段，通过编制估算文件预先测算和确定的工程造价。投资估算是建设项目进行决策、筹集资金和合理控制造价的主要依据。

（2）设计概算：是指在初步设计阶段，根据设计意图，通过编制工程概算文件预先测算和确定的工程造价。与投资估算造价相比，设计概算的准确性有所提高，但受投资估算的控制。设计概算一般又可分为：建设项目总概算、各个单项工程概算、各单位工程概算。

（3）修正概算：是指在技术设计阶段，根据技术设计的要求，通过编制修正概算文件，预先测算和确定的工程造价。

注意！修正概算是对设计概算的修正和调整，比设计概算准确，但受设计概算控制。

（4）施工图预算：是指在施工图设计阶段，根据施工图纸，通过编制预算文件、预先测算和确定的工程造价。施工图预算比设计概算或修正概算更为详尽和准确，但同样要受前一阶段工程造价的控制，并非每一个工程项目都要确定施工图预算。目前，有些工程项目需要确定招标控制价以限制最高投标报价。

（5）合同价：是指在工程发承包阶段通过签订总承包合同、建筑安装工程承包合同、设备材料采购合同以及技术和咨询服务合同确定的价格。合同价属于市场价格，它是由发承包双方根据市场行情通过招投标等方式达成一致、共同认可的成交价格。但应注意：合同价并不等同于最终结算的实际工程造价。根据计价方法不同，建筑工程合同有许多类型，不同类型合同的合同价内涵也会有所不同。

（6）结算价：是指在工程竣工验收阶段，按合同调价范围和调价方法，对实际发生的工程量增减、设备和材料价差等进行调整后计算和确定的价格，反映的是工程项目实际造价。工程结算文件一般由承包单位编制，由发包单位审查，也可以委托具有相应资质的工程造价咨询机构进行审查。

（7）决算价：是指工程竣工决算阶段，以实物数量和货币指标为计量单位，综合反映竣工项目从筹建开始到项目竣工交付使用为止的全部建设费用。工程决算文件一般是由建设单位编制，上报相关主管部门审查。

1.1.3　工程计价依据

工程计价是指按照规定的程序、方法和依据，对工程造价及其构成内容进行估计或确定的行为。

工程计价依据是指在计价活动中，所要依据的与计价内容、计价方法和价格标准相关的工程计量计价标准，工程计价定额及工程造价信息等。

由于影响工程造价的因素很多，每一项工程的造价都要根据工程的用途、类别、结构特征、建设标准、所在地区和坐落地点、市场价格信息，以及政府的产业政策、税收政策和金融政策等做具体计算。因此就需要把确定上述因素相关的各种量化定额或指标等作为计价的基础。计价依据除法律法规规定的以外，一般以合同形式加以确定。

1. 广东省建筑与装饰工程计价依据组成

广东省建筑与装饰工程计价方法包括：工程量清单计价法和定额计价法。采用工程量清单计价的，其计价依据由《建设工程工程量清单计价规范》GB 50500—2013、《房屋建筑与装饰工程工程量计算规范》GB 50854—2013、《广东省建设工程计价依据（2018）》及《广东省建筑与装饰工程工程量清单计价指引》组成。采用定额计价的，其计价依据由《广东省建设工程计价依据（2018）》确定。

2.《广东省建设工程计价依据（2018）》概述

（1）《广东省建设工程计价依据（2018）》包括《广东省建筑与装饰工程综合定额（2018）》《广东省安装工程综合定额（2018）》《广东省市政工程综合定额（2018）》广东省

园林工程综合定额（2018）、广东省建设工程施工机具台班费用编制规则（2018）等内容。

（2）《广东省建设工程计价依据（2018）》编制原则

1）采用"量价合一"的表现形式，消耗量体现全省的统一性，保证绿色施工和安全生产的需要；工、料、机价格采用编制时期综合价格，由各市动态调整，合理确定工程造价。

2）项目划分、计量单位和工程量计算规则三者必须有机统一、简洁明了，便于初步设计概算编制、投标报价、工程价款结算以及单位内部核算与管理。

3）项目的工、料、机消耗量参考全国统一定额及公路专业定额，参考其他省市最新定额，在《广东省建设工程计价依据（2010）》的基础上，结合现行设计规范、施工验收规范、质量评定标准和安全操作规程下实际施工发生的社会平均水平调整取定，科学理顺量价关系，贴近市场实际。

4）依据广东省地方标准《建筑工程绿色施工评价标准》，删减因工艺材料落后等因素需要淘汰的项目，提升绿色环保施工管理标准。

5）局部调整各专业册定额子目水平偏差和不合理部分，对措施项目、其他项目、税金、附录等进行了审查梳理，修改相关内容、计费基数、计费标准等。

6）根据《建设工程工程量清单计价规范》GB 50500—2013以及《房屋建筑与装饰工程工程量计算规范》GB 50854—2013完善定额子目设置、结构、内容，结合广东省实际情况，满足工程量清单计价和定额计价的需要。

7）定额编制有利于衔接市场实际，有利于服务项目管理，有利于推行工程量清单计价，有利于促进工程造价管理信息化发展，有利于形成公平、规范的计价市场秩序，有利于增强政府宏观调控和政策引导作用。

 任务小结

本任务主要在解析建设工程、建设项目总投资和工程造价等基本概念的基础上，对项目建设各阶段造价间的关系加以梳理说明，并对广东省计价依据做出解析。

通过本任务的学习，学生能够对本课程的内容有基本的认识。

 课后习题

一、单项选择题

1. 根据现行建设项目投资相关规定，固定资产投资应与（　　）相对应。

A. 工程费用＋工程建设其他费用　　　　　B. 建设投资＋建设期利息

C. 建设安装工程费＋设备及工器具购置费　　D. 建设项目总投资

2. 以下不属于建设投资包含的内容有（　　）。

A. 工程费用　　　　　　　　　　　　　　B. 工程建设其他费

C. 预备费　　　　　　　　　　　　　　　D. 建设期利息

3. 根据现行建设项目工程造价构成的相关规定，工程造价是指（　　）。

A. 为完成工程项目建造，生产性设备及配合工程安装设备的费用

B. 建设期内直接用于工程建造、设备购置及其安装的建设投资

C. 为完成工程项目建设，在建设期内投入且形成现金流出的全部费用

D. 在建设期内预计或实际支出的建设费用

4. 建设工程项目总投资由固定资产投资和(　　)组成。

A. 流动资金　　　　　　　　　　　　B. 建筑安装工程费

C. 设备及工器具购置费　　　　　　　D. 预备费

二、问答题

1. 什么是工程的建设程序？请指出工程建设各程序所对应的工程造价。

2. 请分别说出广东省建筑与装饰工程用清单计价和定额计价的计价依据组成。

任务 1.2　工程量计算

知识要点

1. 熟悉工程量的计算方法；

2. 掌握用统筹法计算工程量。

1.2.1　工程量的含义及计算方法

1. 工程量的含义

工程量是指以物理计量单位或自然计量单位所表示的分部分项工程项目和措施项目的实物数量。物理计量单位是指以公制度量表示的长度、面积、体积和重量等计量单位。自然计量单位是指以建筑成品表现在自然状态下的简单点数所表示的个、条、樘、块等计量单位。

2. 工程量的计算方法

工程量计算又称工程计量，工程计量一般分为手工计量与软件计量两种方法。

（1）手工计量

为了避免漏算或重算，提高计算的准确程度，工程量的计算应按照一定的顺序进行。具体的计算顺序应根据具体工程和个人的习惯来确定。一般分为单位工程计算顺序和单个分部分项工程计算顺序。单位工程计算顺序，一般按相关计价规范（清单计价）清单列项顺序或按照工程定额（定额计价）上的章节顺序计算工程量；单个分部分项工程计算顺序，一般有按顺时针方向计算法；按"先横后竖、先上后下、先左后右"计算法；按图纸分项编号顺序计算法等。

（2）应用计算机软件计算工程量

工程计量可利用计算机软件进行计量。建筑工程计量软件效率更高，国内现在主流软件有广联达、鲁班和斯维尔等公司的产品。

1.2.2　统筹法计算工程量

1. 统筹法的概念

统筹法是一种计划和管理的方法，是运筹学的一个分支，在 20 世纪 50 年代由我国著名数学家华罗庚教授首创。

运用统筹法计算工程量，就是分析在工程量计算过程中各分部分项工程量之间的固有规律和相互之间的依赖关系。实践表明，每个分部分项工程量计算虽有着各自的特点，但

都离不开"线""面"之类的基数。另外，某些分部分项工程的工程量计算结果往往是另一些分项工程的工程量计算的基础数据。因此，根据这个特性，运用统筹法原理对每个分部分项工程的工程量进行分析，然后依据计算过程的内在联系，按先主后次，统筹安排计算程序，可以简化繁琐的计算，形成统筹计算工程量的计算方法。

2. 统筹法计算工程量的基本要点

统筹法计算工程量的基本要点是：统筹程序，合理安排；利用基数，连续计算；一次算出，多次使用；结合实际，灵活机动。

（1）统筹程序，合理安排

工程量计算程序的安排是否合理，关系着预算工作的效率高低，进度快慢。按施工顺序或定额顺序计算工程量，往往不能充分利用数据间的内在联系而形成重复计算，浪费时间和精力，有时还易出现计算差错。

如室内地面包括房心回填土、混凝土垫层和块料地面三道工序，如果按照施工顺序或者定额顺序计算工程量，如图 1-2-1 所示：

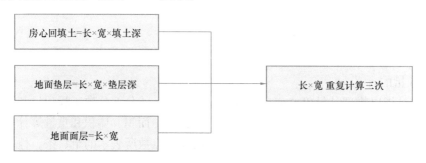

图 1-2-1　按施工顺序计算

如果按照数学规律统筹程序，合理安排计算工程量，如图 1-2-2 所示：

图 1-2-2　统筹顺序计算

可见，地面面层这道工序，长×宽只计算一次，还能够把后两道工序的工程量计算出来，且计算的数字结果相同，减少了重复计算。这个简单的实例，能够说明统筹程序的意义。

（2）利用基数，连续计算

在工程量计算过程中，有些数据需要反复使用多次，这些基本数据称为基数。基数的计算一般分为一般线面基数的计算、偏轴线基数的计算和基数的扩展计算三种类型。

1）一般线面基数的计算

就是以"线"或"面"为基数，利用连乘或加减，算出与它有关的分项工程量。基数就是"线"和"面"的长度和面积。一般线面基数包括以下的"三线一面"：

$L_{中}$——建筑平面图中外墙（墙厚相同）中心线的总长度。与其有关的项目有：外墙基挖地槽、外墙基础垫层、外墙基础砌筑、外墙墙基防潮层、外墙圈梁、外墙墙身砌筑等分项工程。

$L_{外}$——建筑平面图中外墙外边线的总长度。与其有关的项目有：平整场地、勒脚、腰线、外墙勾缝、外墙抹灰、散水等分项工程。

$L_{内}$——建筑平面图中内墙净长线长度。与其有关的项目有：内墙基挖地槽、内墙基础垫层、内墙基础砌筑、内墙基础防潮层、内墙圈梁、内墙墙身砌筑、内墙抹灰等分项工程。

$S_{底}$——建筑物底层建筑面积。与其有关的项目有：平整场地、天棚抹灰、楼地面及屋面等分项工程。

【例 1-2-1】某建筑物基础平面图、剖面图如图 1-2-3 所示，试计算各基数。

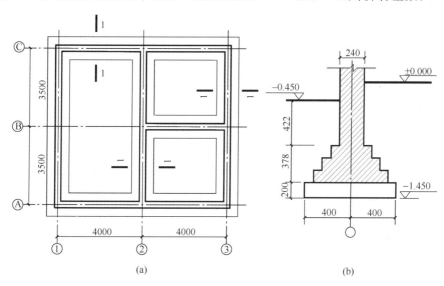

图 1-2-3　某建筑物基础平面与剖面图
（a）基础平面图；（b）基础 1—1 断面图

【解】图 1-2-3 所示的"三线一面"计算过程如下：

$L_{中}=(4\times2+3.5\times2)\times2=30.00\text{m}$

$L_{外}=(4\times2+0.24+3.5\times2+0.24)\times2=30.96\text{m}$

$L_{内}=4-0.24+3.5\times2-0.24=10.52\text{m}$

$S_{底}=(4\times2+0.24)\times(3.5\times2+0.24)=59.66\text{m}^2$

2）偏轴线基数的计算

当轴线与中心线不重合时，可以根据两者之间的关系，计算各基数。

【例 1-2-2】某建筑物基础平面图、剖面图如图 1-2-4 所示，试计算各基数。

【解】各基数计算过程见表 1-2-1。

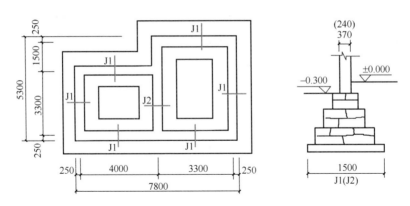

图 1-2-4　某建筑物平面、剖面图

基数计算过程　　　　　　　　　　　　　　　　　　表 1-2-1

序号	项目名称	单位	计算过程	工程量
1	外墙中心线总长度	m	$(7.8-0.185\times2+5.3-0.185\times2)\times2$	24.72
2	外墙外边线总长度	m	$(7.8+5.3)\times2$	26.20
3	内墙净长线长度	m	$3.3-0.12\times2$	3.06
4	建筑物底层建筑面积	m²	$7.8\times5.3-4\times1.5$	35.34

3）基数的扩展计算

某些工程项目的计算不能直接使用基数，但与基数之间有着必然的联系，可以利用基数扩展计算，下面我们可以利用万能公式进行基数的扩展计算。

如图 1-2-5 所示，一个任意非圆弧形状的多边形，如果我们已知其内部周长为 L_1，每边都向外平行扩展 a，那么，外周长：

$$L_2=L_1+8a。$$

上面公式称为万能公式。

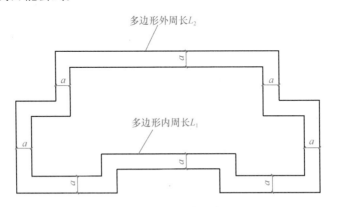

图 1-2-5　万能公式示意图

（3）一次算出，多次使用

在工程量计算过程中，往往有一些不能用"线""面"基数进行连续计算的项目，如木门窗、屋架、钢筋混凝土预制标准构件等。此类项目一般将常用数据一次算出，汇编成土建工程量计算手册（即"册"），也要把那些规律较明显的如槽、沟断面、砖基础大放脚断面等都预先一次算出，也编入册。当需计算有关工程量时，只要查手册就可很快算出所需要的工程量。这样可以减少按图逐项地进行繁琐而重复的计算，也能保证计算的及时与准确性。

（4）结合实际，灵活机动

用"线""面""册"计算工程量，是一般常用的工程量基本计算方法，实践证明，在一般工程上完全可以利用。但在特殊工程上，由于基础断面、墙厚、砂浆强度等级和各楼层的面积不同，就不能完全用"线"或"面"的一个数作为基数，而必须结合实际灵活地计算。

3. 运用统筹法常遇到的几种情况及采用的方法

（1）分段计算法。基础断面不同，在计算基础工程量时，就应分段计算。

（2）分层计算法。如遇多层建筑物，各楼层的建筑面积或砌筑砂浆强度等级不同时，均可分层计算。

（3）补加计算法。即在同一分项工程中，遇到局部外形尺寸或结构不同时，为便于利用基数进行计算，可先将其看作相同条件计算，然后再加上多出部分的工程量。如基础深度不同的内外墙基础、宽度不同的散水等工程。

（4）补减计算法。与补加计算法相似，只是在原计算结果上减去局部不同部分的工程量。如在楼地面工程中，各层楼面除每层盥洗室为水磨石面层外，其余均为水泥砂浆面层，则可先按各楼层均为水泥砂浆面层计算，然后补减盥洗室的水磨石地面工程量。

任务小结

本任务介绍工程造价实务中工程量的计算方法，主要讲解统筹法，并通过实例详细分析统筹法在计量中的应用。通过本任务的学习与演练，为学生后续的计量工作打下坚实的基础。

课后习题

问答题

1. 线面基数中的"三线一面"是指的什么？
2. 请举例说明在计算哪些工程量时可以用到"三线一面"参数。

任务 1.3　工程量清单计价

工程造价构成
（以广东省为例）

知识要点

1. 熟悉工料单价法和综合单价法的区别；
2. 熟悉建安工程费的构成；
3. 熟悉工程量清单计价的概念和计价程序；
4. 熟悉招标工程量清单的构成和编制；

5.掌握综合单价的计算。

1.3.1 工程计价的基本方法及建筑安装工程费用构成

1.工程计价的基本方法

工程计价的方法有多种，各有差异，但工程计价的基本过程和原理是相同的。从工程费用计算角度分析，工程计价的顺序是：分部分项工程造价→单位工程造价→单项工程造价→建设项目总造价。影响工程造价的主要因素有两个：单位价格和实物工程数量，可用图1-3-1所示的基本计算式表达：

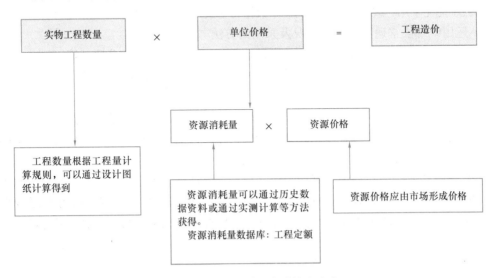

图 1-3-1　工程造价基本计算表达式

可见，工程子项的单位价格高，工程造价就高；工程子项的实物工程数量大，工程造价也越高。

对工程子项的单位价格分析，可以有两种形式：工料单价法和综合单价法。

（1）工料单价法

如果工程项目单位价格仅仅考虑人工、材料、施工机具资源要素的消耗量和价格形成，则单位价格＝∑（工程子项的资源要素消耗量×资源要素的价格）。至于人工、材料、施工机具资源要素消耗量定额，它是工程计价的重要依据，与劳动生产率、社会生产力水平、技术和管理水平密切相关。资源要素的价格是影响工程造价的关键因素。在社会主义市场经济体制下，工程计价时采用的资源要素的价格应该是市场价格。

（2）综合单价法

综合单价法主要适用于工程量清单计价。我国现行的工程量清单计价的综合单价为非完全综合单价。根据《建设工程工程量清单计价规范》GB 50500—2013 的规定，综合单价由完成工程量清单中一个规定计量单位项目所需的人工费、材料费、施工机具使用费、管理费和利润，以及一定范围的风险费用组成。而规费和增值税，是在求出单位工程分部分项工程费、措施项目费和其他项目费后再统一计取，最后汇总得出单位工程造价。

按照《建设工程工程量清单计价规范》GB 50500—2013 第3.1.4条规定：工程量清单应采用综合单价计价。

工程计价模式包括工程定额计价模式和工程量清单计价模式（图 1-3-2）。

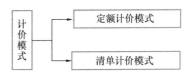

图 1-3-2 工程造价计价模式

一般来说，工程定额主要用于国有资金投资工程编制投资估算、设计概算、施工图预算和最高投标限价，对于非国有资金投资工程，在项目建设前期和交易阶段，工程定额可以作为计价的辅助依据。工程量清单主要用于建设工程发承包及实施阶段，工程量清单计价用于合同价格形成以及后续的合同价款管理。

2. 建筑安装工程费用的构成

按照住房城乡建设部、财政部《关于印发〈建筑安装工程费用项目组成〉的通知》（建标〔2013〕44 号）规定，建筑安装工程费用项目组成有两种划分方式。

（1）按费用构成要素划分

建筑安装工程费按照费用构成要素划分：由人工费、材料（包含工程设备，下同）费、施工机具使用费、企业管理费、利润、规费和税金组成。其中人工费、材料费、施工机具使用费、企业管理费和利润包含在分部分项工程费、措施项目费和其他项目费中（图 1-3-3）。

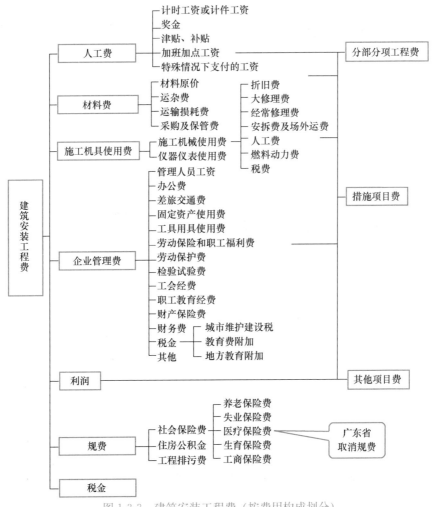

图 1-3-3 建筑安装工程费（按费用构成划分）

建筑安装工程费中，人工费、材料费、施工机具使用费构成及计算如图 1-3-4 所示。

费用名称	含义	构成内容	计算方法
1.人工费	指直接从事建筑安装工程施工的生产工人和附属生产单位工人开支的各项费用	①计时工资或计件工资；②奖金；③补贴津贴；④加班加点工资；⑤特殊情况下支付的工资	公式1：人工费=Σ(工日消耗量×日工资单位) 日工资单价= $\dfrac{\text{生产工人平均月工资(计时、计件)+平均月(奖金+津贴补贴+特殊情况下支付的工资)}}{\text{年平均每月法定工作日}}$ 公式2：人工费=Σ(工程工日消耗量×日工资单位)
2.材料费	指施工过程中耗费的原材料、辅助材料、构配件、零件、半成品或成品、工程设备的费用	1.材料单价构成①材料原价；②材料运杂费；③运输损耗费；④采购及保管费2.工程设备单价构成①设备原价；②设备运杂费；③采购及保管费	1.材料费=Σ(材料消耗量×材料单位) 材料单价={(材料原价+运杂费)×[1+运输损耗率(%)]}×[1+采购保管费率(%)] 2.工程设备费=Σ(工程设备量×工程设备单价) 工程设备单价=(设备原价+运杂费)×[1+采购保管费率(%)]
3.施工机具使用费	指施工机械作业所发生的施工机械、仪器仪表使用费或其租赁费	机械台班单价构成①折旧费；②大修理费；③经常修理费；④安拆费及场外运费；⑤人工费；⑥燃料动力费；⑦税金	1.施工机械使用费=Σ(施工机械台班消耗量×机械台班单价) 2.仪器仪表使用费=工程使用的仪器仪表摊销费+维修费
注：人工费公式1：主要适用于施工企业投标报价时自主确定人工费，也是工程造价管理机构编制计价定额确定定额人工单价或发布人工成本信息的参考依据。 人工费公式2：适用于工程造价管理机构编制计价定额时确定定额人工费，是施工企业投标报价的参考依据			

图 1-3-4 人工费、材料费、施工机械使用费构成及计算方法

建筑安装工程费中，企业管理费构成及计算如图 1-3-5 所示。

费用名称	含义	构成内容	计算方法
企业管理费	建筑安装企业组织施工生产和经营管理所需的费用	①管理人员工资；②办公费；③差旅交通费；④固定资产使用费；⑤工具用具使用费；⑥劳动保险和职工福利费；⑦劳动保护费；⑧检验试验费；⑨工会经费；⑩职工教育经费；⑪财产保险费；⑫财务费；⑬税金；⑭其他	企业管理费=取费基数×企业管理费费率(%)
(1) 以分部分项工程费为计算基础 企业管理费费率(%)= $\dfrac{\text{生产工人年平均管理费}}{\text{年有效施工天数×人工单价}}$ ×人工费占分部分项工程费比例(%) (2) 以人工费和机械费合计为计算基础 企业管理费费率(%)= $\dfrac{\text{生产工人年平均管理费}}{\text{年有效施工天数×(人工单价+每一工日机械使用费)}}$ ×100% (3) 以人工费为计算基础 企业管理费费率(%)= $\dfrac{\text{生产工人年平均管理费}}{\text{年有效施工天数×人工单价}}$ ×100%			
注：上述公式适用于施工企业投标报价时自主确定管理费，是工程造价管理机构编制计价定额确定企业管理费的参考依据。 工程造价管理机构在确定计价定额中企业管理费时，应以定额人工费或(定额人工费+定额机械费)作为计算基数，其费率根据历年工程造价积累的资料，辅以调查数据确定，列入分部分项工程和措施项目中			

图 1-3-5 企业管理费构成及计算方法

建筑安装工程费中，利润和规费的构成及计算如图 1-3-6 所示。

费用名称	含义	构成内容	计算方法
1.利润	指施工企业完成所承包工程获得的盈利	—	(1)施工企业根据企业自身需求并结合建筑市场实际自主确定，列入报价中。 (2)工程造价管理机构在确定计价定额中利润时，应以定额人工费或（定额人工费+定额机械费）作为计算基数，其费率根据历年工程造价积累的资料，并结合建筑市场实际确定，以单位（单项）工程测算，利润在税前建筑安装工程费的比重可按不低于5%且不高于7%的费率计算。利润应列入分部分项工程和措施项目中
2.规费	指按国家法律、法规规定由省级政府和省级有关权力部门规定必须缴纳或计取的费用	1.社会保险费（养老保险费、失业保险费、医疗保险费、生育保险费、工伤保险费） 2.住房公积金 3.工程排污费	(1) 社会保险费和住房公积金 　　社会保险费和住房公积金应以定额人工费为计算基础，根据工程所在地省、自治区、直辖市或行业建设主管部门规定费率计算。 　　社会保险费和住房公积金 =Σ(工程定额人工费×社会保险费和住房公积金费率) 式中：社会保险费和住房公积金费率可以每万元发承包价的生产工人人工费和管理人员工资含量与工程所在地规定的缴纳标准综合分析取定。 　　工程排污费等其他应列而未列入的规费应按工程所在地环境保护等部门规定的标准缴纳，按实计取列入

图 1-3-6　利润构成及计算表

增值税税金：目前按税前造价的 9% 计算。

（2）按造价形成划分

建筑安装工程费按照工程造价形成由分部分项工程费、措施项目费、其他项目费、规费和税金组成。分部分项工程费、措施项目费、其他项目费包含人工费、材料费、施工机具使用费、企业管理费和利润（图 1-3-7）。

政策文件拓展阅读——粤建标函[2019]819号

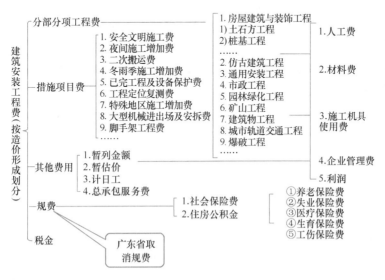

图 1-3-7　建筑安装工程费（按造价形成划分）

1）分部分项工程费：是指各专业工程的分部分项工程应予列支的各项费用，其中专业工程和分部分项工程的概念如图 1-3-8 所示。

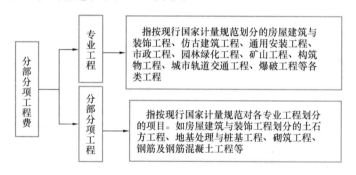

图 1-3-8　分部分项工程费的概念解析图

2）措施项目费

措施项目费是指为完成建设工程施工，发生于该工程施工前和施工过程中的技术、生活、安全、环境保护等方面的费用。内容包括：

① 安全文明施工费：是指在工程项目施工期间，施工单位为保证安全施工、文明施工和保护现场内外环境等发生的措施项目费用。

A. 环境保护费：是指施工现场为达到环保部门要求所需要的各项费用。

B. 文明施工费：是指施工现场文明施工所需要的各项费用。

C. 安全施工费：是指施工现场安全施工所需要的各项费用。

D. 临时设施费：是指施工企业为进行建设工程施工所必须搭设的生活和生产用的临时建筑物、构筑物和其他临时设施费用。包括临时设施的搭设、维修、拆除、清理费或摊销费等。

② 夜间施工增加费：是指因夜间施工所发生的夜班补助费、夜间施工降效、夜间施工照明设备摊销及照明用电等费用。

③ 二次搬运费：是指因施工场地条件限制而发生的材料、构配件、半成品等一次运输不能到达堆放地点，必须进行二次或多次搬运所发生的费用。

④ 冬雨季施工增加费：是指在冬季或雨季施工需增加的临时设施、防滑、排除雨雪，人工及施工机械效率降低等费用。

⑤ 已完工程及设备保护费：是指竣工验收前，对已完工程及设备采取的必要保护措施所发生的费用。

⑥ 工程定位复测费：是指工程施工过程中进行全部施工测量放线和复测工作的费用。

⑦ 特殊地区施工增加费：是指工程在沙漠或其边缘地区、高海拔、高寒、原始森林等特殊地区施工增加的费用。

⑧ 大型机械设备进出场及安拆费：是指机械整体或分体自停放场地运至施工现场或由一个施工地点运至另一个施工地点，所发生的机械进出场运输及转移费用及机械在施工现场进行安装、拆卸所需的人工费、材料费、机械费、试运转费和安装所需的辅助设施的费用。

⑨ 脚手架工程费：是指施工需要的各种脚手架搭、拆、运输费用以及脚手架购置费的摊销（或租赁）费用。

除上述按整体单位或单项工程项目考虑需要支出的措施项目费用外，还有各专业工程施工作业所需支出的措施项目费用，如现浇混凝土所需的模板、构件或设备安装所需的操作平台搭设等措施项目费用。

措施项目及其包含的内容详见各类专业工程的现行国家或行业计量规范。

3）其他项目费

① 暂列金额：是指建设单位在工程量清单中暂定并包括在工程合同价款中的一笔款项。用于施工合同签订时尚未确定或者不可预见的所需材料、工程设备、服务的采购，施工中可能发生的工程变更、合同约定调整因素出现时的工程价款调整以及发生的索赔、现场签证确认等的费用。

② 计日工：是指在施工过程中，施工企业完成建设单位提出的施工图纸以外的零星项目或工作所需的费用。

③ 总承包服务费：是指总承包人为配合、协调建设单位进行的专业工程发包，对建设单位自行采购的材料、工程设备等进行保管以及施工现场管理、竣工资料汇集整理等服务所需的费用。

1.3.2　工程量清单计价简介

1. 工程量清单计价的概念

工程量清单计价是国际上普遍采用的工程招投标时合同价格的计算方式，已有上百年历史，规章制度完善成熟。

在我国，工程量清单计价的基本原理可以描述为：按照《建设工程工程量清单计价规范》GB 50500—2013的规定，在各相应专业工程工程量计算规范规定的清单项目设置和工程量计算规则基础上，针对具体工程的施工图纸和施工组织设计计算出各个清单项目的工程量，根据规定的方法计算出综合单价，并汇总各清单合价得出工程总价。

在建设工程招标投标工作中，招标人自行或委托具有资质的中介机构编制工程量清单，并作为招标文件的一部分提供给投标人，由投标人依据工程量清单，根据各种渠道所获得的工程造价信息、经验数据和企业定额，结合企业自身管理水平，自主报价的计价方式。

工程量清单计价活动涵盖施工招标、合同管理以及竣工交付全过程，主要包括编制招标工程量清单、招标控制价、投标报价、确定合同价、工程计量与价款支付、合同价款的调整、工程结算和工程计价纠纷处理等活动。

工程量清单计价能为企业提供一个平等的竞争条件，满足市场经济条件下竞争的需要，有利于工程款的拨付和工程造价的最终结算，有利于招标人对投资的控制。

2.《建设工程工程量清单计价规范》GB 50500—2013 的内容

《建设工程工程量清单计价规范》GB 50500—2013（下简称"计价规范"）由正文、附录、条文说明三部分组成。正文和附录两大部分，二者具有同等效力。正文 16 章 58 节 257 条文，附录 11 项 42 节。

计价规范适用于建设工程发承包及其实施阶段的计价活动，主要包括：招标工程量清单、招标控制价、投标报价的编制，工程合同价款的约定，竣工结算的办理以及施工过程中工程计量、合同价款支付、施工索赔与现场签证、合同价款调整和合同价款争议的解决等活动。

（1）计价规范适应范围

1）使用国有资金投资的建设工程发承包必须采用工程量清单计价。

2）非国有资金投资的建设工程，宜采用工程量清单计价。

3）不采用工程量清单计价的建设工程，应执行《建设工程工程量清单计价规范》GB 50500—2013 中除工程量清单等专门性规定外的其他规定。

（2）计价规范发展过程

计价规范的发展进程如图 1-3-9 所示。

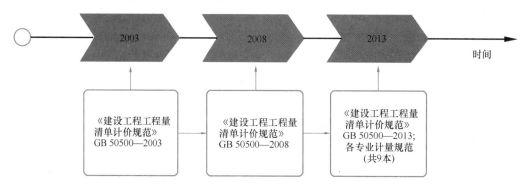

图 1-3-9　计价规范的发展进程

1.3.3　工程量清单的构成

建设工程发承包及实施阶段的工程造价应由分部分项工程费、措施项目、其他项目、规费和税金组成，工程量清单也由分部分项工程费清单、措施项目清单、其他项目清单、规费和税金清单构成。

工程量清单又包含招标工程量清单和已标价工程量清单。

招标工程量清单是指招标人依据国家标准、招标文件、设计文件以及施工现场实际情况编制的，随招标文件发布供投标报价的工程量清单，包括其说明和表格。

已标价工程量清单是指构成合同文件组成部分的投标文件中已标明价格，经算术性错误修正（如有）且承包人已确认的工程量清单，包括其说明和表格。

1.3.4　招标工程量清单的编制方法

1. 工程量清单的编制方法

（1）按《建设工程工程量清单计价规范》GB 50500—2013 和各专业工程工程量计算规范的规定，列出项目编码、项目名称、项目特征、计量单位。

（2）按拟建工程的设计图纸、设计要求、设计说明、施工方案以及相关设计规范、施工规范的有关规定编制每个分部分项工程项目的工程特征。

（3）按工程量清单工程量的计算规则计算每个分部分项工程项目的工程量。

（4）按《建设工程工程量清单计价规范》GB 50500—2013 要求，填写《计价规范》规定的工程量清单标准表格。

2. 工程量清单的编制表格应符合的规定：

（1）工程量清单编制使用表格按计价规范的工程计价表格执行。

（2）扉页应按规定的内容填写、签字、盖章，由造价人员编制的工程量清单应有负责审核的造价工程师签字、盖章。受委托编制的工程量清单，应有造价工程师签字、盖章以及工程造价咨询人盖章。

（3）总说明应按下列内容填写：

1）工程概况：建设规模、工程特征、计划工期、施工现场实际情况、自然地理条件、环境保护要求等；

2）工程招标和专业工程发包范围；

3）工程量清单编制依据；

4）工程质量、材料、施工等的特殊要求；

5）其他需说明的问题。

3. 分部分项工程量清单的编制

分部分项工程量清单及其编制分部分项工程是分部工程和分项工程的总称。

分部工程清单是单项或单位工程的组成部分。按结构部位、路段长度及施工特点或施工任务，可将单项或单位工程划分为若干分部工程。

分项工程是分部工程的组成部分。按不同施工方法、材料、工序及路段长度等，可将分部工程划分为若干个分项工程。

工程量清单编制和计价的基本计算单元就是分项工程。分部分项工程量清单必须载明项目编码、项目名称、项目特征、计量单位和工程量。分部分项工程量清单必须根据相关工程现行国家计量规范中规定的项目编码、项目名称、项目特征、计量单位和工程量计算规则进行编制。

（1）项目编码

项目编码是分部分项工程项目清单和措施项目清单的项目名称的数字标识，分为五级十二位。十二位以 12 位阿拉伯数字表示，前 9 位为统一编码，应按《房屋建筑与装饰工程工程量计算规范》GB 50854—2013 附录中的相应规定来设置，不得变动。后 3 位是清单项目名称顺序码，根据拟建工程的工程量清单项目名称和项目特征设置。同一招标工程的项目编码不得有重码。

清单项目编码解释如图 1-3-10 所示。

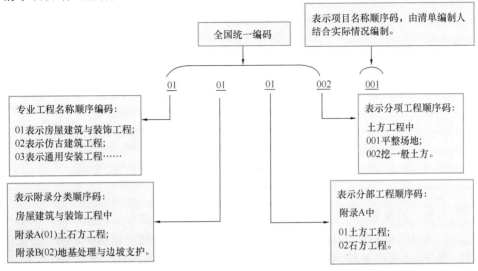

图 1-3-10　清单项目编码解释

一级：表示专业工程代码，两位。

二级：表示附录分类顺序码，两位。

三级：表示分部工程顺序码，两位。

四级：表示分项工程项目名称顺序码，三位。

五级：表示清单项目名称顺序编码，三位。

前四级编码全国统一，如 010402002 表示的是建筑工程的第四章砌筑工程第二节砌块砌体部分的砌块柱，此编码是可以从九本工程量计算规范中查询得到的。第五级由招标人针对招标工程项目具体编制，从 001 起顺序编制，不得有重号。

1) 编制清单中自行设置编码时应注意：

① 一个项目编码对应于一个项目名称、计量单位、计算规则、工程内容、综合单价。在自行设置编码时，以上五项中只要有一项不同，就应另设编码。例如，M10 水泥砂浆砌筑 240mm 建筑物实心砖外墙（010401003001）；M7.5 水泥砂浆砌筑 240mm 建筑物实心砖外墙（010401003002）。

② 项目编码不应再设附码。

③ 随着工程建设中新材料、新技术、新工艺等的不断出现，工程量计算规范的附录所列的工程量清单项目不可能包含所有项目，在编制工程量清单时，当出现工程量计算规范附录中未包括的清单项目时，编制人应进行补充。

2) 在编制补充项目时应注意以下三个方面：

① 补充项目的编码应按工程量计算规范的规定确定，具体做法如下：补充项目的编码由工程量计算规范的代码、B 和三位阿拉伯数字组成，并应从 001 起顺序编制。例如，房屋建筑与装饰工程如需补充项目，则其编码应从 01B001 开始顺序编制，同一招标工程的项目不得重码。

② 在工程量清单中应附补充项目的项目名称、项目特征、计量单位、工程量计算规则和工作内容。

③ 将编制的补充项目报省级或行业工程造价管理机构备案。表 1-3-1 为补充项目编制示例。

补充项目编制示例

表 1-3-1

项目编码	项目名称	项目特征	计量单位	工程量计算规则	工作内容
01B001	成品 GRC 隔墙	1. 隔墙材料品种、规格 2. 隔墙厚度 3. 嵌缝、塞口材料品种	m²	按设计图示尺寸以面积计算，扣除门窗洞口及单个面积≥0.3m² 的孔洞所占面积	(1) 骨架及边框安装 (2) 隔板安装 (3) 嵌缝、塞口

（2）项目名称

项目名称应按附录的项目为基础，考虑该项目的规格、型号、材质等特征要求，结合拟建项目的实际情况，使其工程量清单项目名称具体化、细化，以反映影响工程造价的主要因素。例如，《房屋建筑与装饰工程工程量计算规范》GB 50854—2013 中编号为"010503002"的项目名称为"矩形梁"，可以根据拟建工程的实际情况确定为"C35 现浇混凝土矩形梁 300×500"；项目名称为"砖基础"中的"砖基础"应区分"柱基础""墙基础""管道基础"等。

分部分项工程项目清单的设置是以形成工程实体为原则，它是计量的前提。清单项目名称均以工程实体命名。所谓实体是指工程项目的主要部分，对附属或次要部分不设置项目。但项目必须包括完成或形成实体部分的全部内容。如"钢网架 010601001"工程项目，实体部分指钢网架，完成这个项目还包括刷油漆、探伤检查等。刷油漆尽管也是实体，但对钢网架而言，它则属于附属项目。

（3）项目特征

项目特征是构成分部分项工程项目清单、措施项目自身价值的本质特征，是确定一个清单项目综合单价不可缺少的重要依据。编制的工程量清单项目特征时应按各专业工程工程量计算规范附录中规定的项目特征，结合技术规范、标准图集及施工图纸等资料，按照工程结构、使用材质及规格或安装位置等情况，予以详细而准确的表述和说明，见表 1-3-2。

项目特征示例

表 1-3-2

项目编码	项目名称	项目特征	计量单位	工程数量
010501005001	桩承台基础	1. 混凝土种类：商品混凝土 2. 混凝土强度等级：C30 碎石最大粒径 20mm	m³	130.66

1）必须描述的内容

① 涉及正确计量的内容必须描述。如对门窗洞口尺寸或框外围尺寸的描述，虽然可以按"m²"计量，但如采用"樘"计量，则上述描述仍是必需的。

② 涉及结构要求的内容必须描述。如混凝土构件的混凝土强度等级，使用 C20 还是C30 或 C40 等。因混凝土强度等级不同，其价值也不同，必须按设计要求的混凝土强度等级准确描述。

③ 涉及材质要求的内容必须描述。如油漆的品种，是调和漆还是硝基清漆等；管材的材质，是碳素钢管还是塑料管、不锈钢管等；还需要对管材的规格、型号进行描述。

2）可不详细描述的内容

① 无法准确描述的可不详细描述。如土壤类别，要求清单编制人准确判定某类土壤在石方中所占比例是困难的，可考虑将土壤类别描述为综合，但应注明由投标人根据地勘资料自行确定土壤类别，决定报价。

② 施工图纸、标准图集标注明确的，可不再详细描述。对这些项目可描述为见××图集××页号及节点大样等。这样描述，可以有效减少在施工过程中对项目理解的不一致，收到事半功倍的效果。因此，如果有条件，在项目特征描述中应尽可能采用这一方法。

③ 有一些项目虽然可不详细描述，但清单编制人在项目特征描述中应注明由投标人自定，如土方工程中的"取土运距""弃土运距"等，投标人可根据在建工程施工情况统筹组织安排，自主决定取、弃土方的运距，可以充分体现竞争的要求。

④ 如清单项目的项目特征与现行定额某些项目的规定一致，也可采用见××定额项

目的方式表述。由于现行定额经过多年的贯彻实施，每个定额项目实质上都是在一定项目特征下的消耗量标准及其价值表示。

在各专业工程工程量计算规范附录中还有关于各清单项目"工程内容"的描述。工程内容是指完成清单项目可能发生的具体工作和操作程序，但应注意的是，在编制分部分项工程项目清单时，工程内容通常无须描述，因为在工程量计算规范中，工程量清单项目与工程量计算规则、工程内容有一一对应关系，当采用工程量计算规范标准时，工程内容均有规定。

（4）计量单位

1）计量单位选择，除各专业另有特殊规定外均按以下单位计量：

① 以质量计算的项目单位为：吨（t）或千克（kg）。

② 以体积计算的项目，单位为：立方米（m³）。

③ 以面积计算的项目，单位为：平方米（m²）。

④ 以长度计算的项目，单位为：米（m）。

⑤ 以自然计量单位计算的项目，单位为：个、套、块、樘、组、台等。

⑥ 没有具体数量的项目，单位为：宗、项等。

各专业有特殊计量单位的，再另外加以说明。当计量单位有两个或两个以上时，应根据所编工程量清单项目的特征要求，选择最适宜表现该项目特征并方便计量的单位。例如：门窗工程计量单位为"樘"或"m²"两个计量单位，实际工作中，就应选择最适宜、最方便计量和组价的单位来表示。

2）工程数量的有效位数应遵守下列规定：

① 以"t"为单位，应保留小数点后三位数字，第四位四舍五入；例如"2.879t"。

② 以"m³""m²""m""kg"为单位，应保留小数点后二位数字，第三位四舍五入，例如"4.53m³""123.45m²""580.48m"。以"个""项"等为单位，应取整数。例如，"16个""78项"。

（5）工程量计算规则

工程量主要通过工程量计算规则计算得到，工程量计算规则是指对清单项目工程量计算的规定。除另有说明外，所有清单项目的工程量应以实体工程量为准，并以完成后的净值计算；投标人投标报价时，应在单价中考虑施工中的各种损耗和需要增加的工程量。

（6）编制实例

根据【例1-2-1】的工程背景资料，该工程的施工方案为：人工开挖基础工程土方，不考虑开挖时排地表水及基底钎探，不考虑支挡土板施工，工作面为300mm，放坡系数为1∶0.33；开挖基础土，其中一部分土壤考虑按挖方量的60%进行现场运输、堆放，采用人力车运输，距离为40m，另一部分土壤在基坑边5m内堆放；平整场地弃、取土运距为5m；弃土外运运距为5km；回填土为夯填；土壤类别三类土，均属天然密实土，现场内土壤堆放三个月。

根据以上背景资料及现行国家标准《建设工程工程量清单计价规范》GB 50500—2013、《房屋建筑与装饰工程工程量计算规范》GB 50854—2013，编制该工程±0.000以下基础工程的平整场地、挖沟槽土方、挖基坑土方、弃土外运、土方回填等项目的分部分项工程量清单见表1-3-3（具体内容的编辑方法可参见本教材任务3.2部分的内容）。

分部分项工程和单价措施项目清单与计价表　　　　　　表 1-3-3

工程名称：　　　　　　　　　　　　　　　　　　　　　　　　　第 1 页　共 1 页

序号	项目编码	项目名称	项目特征描述	计量单位	工程量	综合单价	综合合价	其中 暂估价
1	010101001001	平整场地	（1）土壤类别：三类土 （2）弃土运距：5m （3）取土运距：5m	m²	73.71			
2	010101003001	挖沟槽土方	（1）土壤类别：三类土 （2）挖土深度：1.3m （3）弃土运距：40m	m³	47.7			
3	010101004001	挖基坑土方	（1）土壤类别：三类土 （2）挖土深度：1.55m （3）弃土运距：40m	m³	8.2			
4	010103002001	余方弃置	充土运距：5km	m³	30.84			
5	010103001001	土方回填	（1）土质要求：满足规范及设计 （2）密实度要求：满足规范及设计 （3）粒径要求：满足规范及设计 （4）夯填（碾压）：夯填 （5）运输距离：40m	m³	20.43			

1.3.5　工程量清单计价程序

工程量清单计价程序可以归纳为：

（1）根据分部分项工程量清单、《建设工程工程量清单计价规范》GB 50500—2013、《房屋建筑与装饰工程工程量计算规范》GB 50854—2013、施工图、消耗量定额等资料计算计价工程量。

（2）根据计价工程量、消耗量定额、工料机市场价、管理费率、利润率和分部分项工程量清单计算清单的综合单价。

（3）根据综合单价及分部分项工程量清单计算分部分项工程费。

（4）根据措施项目清单、施工图等确定措施项目费。

（5）根据其他项目清单，确定其他项目清单费。

（6）根据规费项目清单和有关费率计算规费项目清单费。

（7）根据分部分项工程清单费、措施项目清单费、其他项目清单费、规费项目清单费和税率计算税金。

（8）将上述五项费用汇总，即为拟建工程工程量清单总造价。

以广东省为例，工程量清单计价程序见表 1-3-4。

广东省工程量清单计价程序表 表 1-3-4

序号	名称	计算办法
1	分部分项工程费	Σ（清单工程量×综合单价）
2	措施项目费	2.1＋2.2
2.1	绿色施工安全防护措施费	按规定计算（包括利润）
2.2	其他措施项目费	按规定计算（包括利润）
3	其他项目费	按规定计算
4	税前工程造价	1＋2＋3
5	增值税销项税额	税率按税务部门的规定计算
6	总造价	4＋5

1.3.6 综合单价的计算

综合单价分析表

采用清单计价模式时，分部分项工程费和以单价计算的措施项目费都是以清单工程量乘以综合单价得来的，确定综合单价是分部分项工程和单价措施项目清单与计价表编制过程中最主要的内容。综合单价包括完成一个规定清单项目所需的人工费、材料和工程设备费、施工机具费、管理费、利润，并考虑风险费用的分摊。

综合单价＝人工费＋材料和工程设备费＋施工机具费＋管理费＋利润

1. 确定综合单价时的注意事项

（1）根据项目特征来组价

报价编制人应依据招标文件中清单项目的特征描述确定综合单价。在招标投标过程中，当出现招标工程量清单特征描述与设计图纸不符时，投标人应以招标工程量清单的项目特征描述为准，确定投标报价的综合单价。当施工中施工图纸或设计变更与招标工程量清单项目特征描述不一致时，发承包双方应按实际施工的项目特征，依据合同约定重新确定综合单价。

（2）材料、工程设备暂估价的处理

招标文件中在其他项目清单中提供了暂估单价的材料和工程设备，应按其暂估的单价计入清单项目的综合单价中。

（3）考虑合理的风险

招标文件中要求投标人承担的风险费用，投标人应考虑计入综合单价。在施工过程中，当出现的风险内容及其范围（幅度）在招标文件规定的范围（幅度）内时，综合单价不得变动，合同价款不做调整。根据国际惯例并结合我国工程建设的特点，发承包双方对工程施工阶段的风险宜采用如下分摊原则：

1）对于主要由市场价格波动导致的价格风险，如工程造价中的建筑材料、燃料等价格风险，发承包双方应当在招标文件中或在合同中对此类风险的范围和幅度予以明确约定，进行合理分摊。根据工程特点和工期要求，一般采取的方式是承包人承担5％以内的材料、工程设备价格风险，10％以内的施工机具使用费风险。

2）对于法律、法规、规章或有关政策出台导致工程税金、规费、人工费发生变化，并由省级、行业建设行政主管部门或其授权的工程造价管理机构根据上述变化发布的政策性调整，以及由政府定价或政府指导价管理的原材料等价格进行了调整，承包人不应承担此类风险，应按照有关调整规定执行。

3）对于承包人根据自身技术水平、管理、经营状况能够自主控制的风险，如承包人的管理费、利润的风险，承包人应结合市场情况，根据企业自身的实际合理确定、自主报价，该部分风险由承包人全部承担。

2. 综合单价确定的步骤和方法

（1）依据提供的工程量清单和施工图纸，按照工程所在地区颁发的计价定额的规定，确定所组价综合单价的定额项目名称，并计算出相应的工程量。

（2）依据工程造价政策规定或工程造价信息确定其人工、材料、施工机具台班单价。

（3）在考虑风险因素确定管理费率和利润率的基础上，按规定程序计算出所组价定额项目的合价。

（4）将若干项所组价的定额项目合价相加除以工程量清单项目工程量，便得到工程量清单项目综合单价。

定额项目合价＝定额项目工程量×[∑（定额人工消耗量×人工单价）＋∑（定额材料消耗量×材料单价）＋∑（定额机械台班消耗量×机械台班单价）＋价差（基价或人工、材料、施工机具费用）＋管理费和利润]

工程量清单综合单价＝∑（定额项目合价＋未计价材料费）/工程量清单项目工程量

3. 工程量清单综合单价分析表的编制

为表明综合单价的合理性，投标人应对其进行单价分析，以作为评标时的判断依据。综合单价分析表的编制应反映上述综合单价的编制过程，并按照规定的格式进行。

任务小结

本任务内容属于本门课程的基础核心内容。讲解了建安工程费的构成，由工料单价法和综合单价法引出清单计价和定额计价两种计价方式，从而对工程量清单计价的概念和计价程序给予了详细说明，并通过典型案例讲解招标工程量清单的构成、编制和综合单价的计算。

通过本任务的学习，学生能够掌握建安工程费的构成，掌握工程量清单计价方法的概念和程序，初步具备编制工程量清单和计算综合单价的能力。

课后习题

一、单项选择题

1. 采用工程量清单计价方式招标时，对工程量清单的完整性和准确性负责的是（   ）。

A. 编制招标文件的招标代理人　　　　　B. 编制清单的工程造价咨询人

C. 发布招标文件的招标人　　　　　　　D. 确定中标的投标人

2. 分部分项工程量清单的项目编码的设置，应采用（   ）位阿拉伯数字表示。

A. 九　　　　　　　B. 十　　　　　　　C. 十二　　　　　　　D. 十四

3. 在分部分项工程量清单的项目编码中，三、四位为（   ）。

A. 专业工程代码 B. 分部工程顺序码

C. 附录分类顺序码 D. 清单项目名称顺序码

4. 编制房屋建筑工程施工招投标的工程量清单，第3个单位工程的实心砖墙的项目编码为（ ）。

A. 010503002003 B. 010403003003

C. 010401003003 D. 010503003003

5. 根据《建设工程工程量清单计价规范》GB 50500—2013，关于项目特征，说法正确的是（ ）。

A. 项目特征是编制工程量清单的基础 B. 项目特征是确定工程内容的核心

C. 项目特征是项目自身价值的本质特征 D. 项目特征工程结算的关键依据

6. 编制某单位工程施工图预算时，先根据地区统一单位估价表中的各项工程工料单价，乘以相应的工程量并相加，得到单位工程的人工费、材料费和机具使用费三者之和，再汇总其他费用求和。这种编制预算的方法是（ ）。

A. 工料单价法 B. 综合单价法 C. 全费用单价法 D. 实物量法

7. 根据现行计价依据的相关规定，编制招标控制价和投标报价时的其他项目费不包括（ ）。

A. 暂列金额 B. 社会保险费 C. 计日工 D. 总承包服务费

8. 关于工程量清单计价，下列计价公式中不正确的是（ ）。

A. 单位工程直接费＝Σ（假定建筑安装产品工程量×工料单价）

B. 分部分项工程费＝Σ（分部分项工程量×分部分项工程综合单价）

C. 措施项目费＝Σ按"项"计算的措施项目费＋Σ（措施项目工程量×措施项目综合单价）

D. 单位工程报价＝分部分项工程费＋措施项目费＋其他项目费＋规费＋增值税

9. 根据现行建筑安装工程费用项目组成规定，下列费用项目属于按造价形成划分的是（ ）。

A. 人工费 B. 企业管理费 C. 利润 D. 税金

10. 根据我国现行建筑安装工程费用项目组成的规定，下列费用中应计入暂列金额的是（ ）。

A. 施工过程中可能发生的工程变更以及索赔、现场签证等费用

B. 应建设单位要求，完成建设项目之外的零星项目费用

C. 对建设单位自行采购的材料进行保管所发生的费用

D. 特殊地区施工增加费

二、多项选择题

1. 根据《建设工程工程量清单计价规范》GB 50500—2013，关于分部分项工程量清单的编制，下列说法正确的有（ ）。

A. 以重量计算的项目，其计量单位应为吨或千克

B. 以吨为计量单位时，其计算结果应保留三位小数

C. 以立方米为计量单位时，其计算结果应保留三位小数

D. 以千克为计量单位时，其计算结果应保留一位小数

E. 以"个""项"为单位的，应取整数

2. 按照费用构成要素划分的建筑安装工程费用项目组成规定，下列费用项目应列入材料费的有（　　）。

A. 周转材料的摊销、租赁费用

B. 材料运输损耗费用

C. 施工企业对材料进行一般鉴定、检查发生的费用

D. 材料运杂费中的增值税进项税额

E. 材料采购及保管费用

3. 根据现行建筑安装工程费用项目组成规定，下列费用项目中，属于建筑安装工程企业管理费的有（　　）。

A. 仪器仪表使用费　　　　　　　　B. 工具用具使用费

C. 建筑安装工程一切险　　　　　　D. 地方教育附加费

E. 劳动保险费

三、简答题

综合单价中包含哪些费用？

任务 1.4　定额计价概述

定额的构成
（以广东省为例）

知识要点

1. 掌握广东省定额计价的费用组成及计价程序；

2. 熟悉广东省房屋建筑与装饰工程综合定额（2018）。

1.4.1　广东省定额计价的费用组成及计价程序

定额计价是我国采用的一种与计划经济相适应的工程造价计价模式，是国家通过颁布统一的计价定额对建筑产品价格进行计划管理。

广东省采用定额计价，是按照《广东省房屋建筑与装饰工程综合定额（2018）》的规定计算建设工程造价的计价。采用定额计价时，工程造价由分部分项工程费（包括定额分部分项工程费、价差及利润）、措施项目费、其他项目费和税金组成。费用组成如图 1-4-1 所示，工程造价计价程序见表 1-4-1。

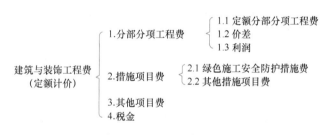

图 1-4-1　建筑与装饰工程费构成（定额计价）

定额计价程序 表 1-4-1

序号	名称	计算方法
1	分部分项工程费	1.1+1.2+1.3
1.1	定额分部分项工程费	Σ（工程量×子目基价）
1.2	价差	Σ［数量×（编制价－定额价）］
1.3	利润	人工费×利润率
2	措施项目费	2.1+2.2
2.1	绿色施工安全防护措施费	按规定计算（包括价差和利润）
2.2	其他措施项目费	按规定计算（包括价差和利润）
3	其他项目费	按有关规定计算
4	税前工程造价	1+2+3
5	增值税销项税额	税率按税务部门规定计算
6	总造价	4+5

注：1. 定额计价法所称子目基价是指为完成《广东省房屋建筑与装饰工程综合定额（2018）》分部分项工程项目所需的人工费、材料费、施工机具费、管理费之和；

2. 定额计价所称价差是指编制时人工、材料和施工机具费的价格和《广东省房屋建筑与装饰工程综合定额（2018）》取定的相应价格之差，结算需调整的必须在招标文件中明确。

1.4.2　《广东省房屋建筑与装饰工程综合定额（2018）》概述

《广东省房屋建筑与装饰工程综合定额（2018）》（下简称《综合定额》）是在国家标准《建设工程工程量清单计价规范》GB 50500—2013、《建设工程劳动定额》《房屋建筑与装饰工程消耗量定额》TY01—31—2015 及《广东省建设工程计价依据（2010）》的基础上，结合广东省实际，根据现行国家产品标准、设计规范和施工验收规范、质量评定标准、安全操作规程、绿色施工评价标准等编制的。

（1）《广东省房屋建筑与装饰工程综合定额（2018）》适用于广东省行政区域内采用绿色施工标准新建、扩建和改建的房屋建筑与装饰工程。

（2）《广东省房屋建筑与装饰工程综合定额（2018）》是广东省房屋建筑与装饰工程合理确定和有效控制工程造价、衡量工程造价合理性的基础，是编审设计概算、施工图预算、招标控制价、竣工结算的依据，是处理工程造价纠纷、鉴定工程造价的依据，也可作为企业投标报价、加强内部管理和核算的参考。

（3）《广东省房屋建筑与装饰工程综合定额（2018）》是完成单位工程量所需的人工费用、材料、机具等消耗量及管理费标准。该消耗量及费用标准是按正常的施工条件，以广东省建筑企业的施工机械装备程度、合理的施工工期，采用绿色施工标准的施工工艺、劳动组织为基础综合确定的，反映了社会平均水平。

（4）《广东省房屋建筑与装饰工程综合定额（2018）》由分部分项工程项目、措施项目、其他项目、税金、附录共五部分组成。子目基价及其组项价格均不包含增值税可抵扣进项税额。

（5）《广东省房屋建筑与装饰工程综合定额（2018）》按章、节、项目、子目排列，各章均有章说明、工程量计算规则，项目由工作内容和定额表格组成，有的加上必要的附注。工作内容简明扼要地说明主要施工工序，次要施工工序虽未具体说明，但均已综合考虑在内。

（6）《广东省房屋建筑与装饰工程综合定额（2018）》的分部分项工程项目包括土石方工程，围护及支护工程，桩基础工程，砌筑工程，混凝土及钢筋混凝土工程，装配式混凝土结构、建筑构件及部品工程，金属结构工程，木结构工程，门窗工程，屋面及防水工程，保温、隔热、防腐工程，楼地面工程，墙、柱面装饰与隔断、幕墙工程，天棚工程，油漆涂料裱糊工程，其他装饰工程，景观工程，石作工程，拆除工程共 19 个分部工程。每个分部工程又分为若干个项目，如土石方工程包括土方工程、石方工程、回填方及其他三节，比国标清单多了三章，分别为：装配式混凝土结构、建筑构件及部位工程、景观工程。

（7）《广东省房屋建筑与装饰工程综合定额（2018）》的措施项目包括模板工程、脚手架工程、垂直运输工程、材料及小型构件二次水平运输、成品保护工程、井点降水工程、绿色施工安全防护措施费、措施其他项目共 8 个内容。

定额换算

 **任务小结**

本任务主要讲解广东省定额计价的费用组成及计价程序，并介绍了《广东省房屋建筑与装饰工程综合定额（2018）》的概述部分。

通过本任务的学习，学生能够掌握定额计价的要点，并且对《广东省房屋建筑与装饰工程综合定额（2018）》有初步的认识，为后续定额运用打下基础。

 **课后习题**

一、判断题

1.《广东省房屋建筑与装饰工程综合定额（2018）》反映的是社会平均先进水平。

（　　）

2.《广东省房屋建筑与装饰工程综合定额（2018）》中子目基价及其组项价格均不包含增值税可抵扣进项税额。

（　　）

二、简答题

请从计价程序上分析广东省定额计价和清单计价有什么区别？

学习情境 2　建筑面积计算

 知识目标

1. 了解建筑面积的概念与作用；
2. 熟悉不计算建筑面积的范围；
3. 掌握应计算建筑面积的范围和规则。

 能力目标

能够深刻理解建筑面积计算规范，并能够对计算半面积的类型进行归纳，在能够满足职业资格考试需要的同时，也能够根据实际工程项目，综合运用建筑面积计算规范的条文，正确计算出建筑面积。

 思政要点

1. 计算建筑面积时，要严格遵守现行的建筑面积计算规范的条文规定和说明，树立坚持标准、行为规范的理念；
2. 要严格按照规范要求保留小数，培养学生严谨细致、精益求精的工匠作风；
3. 实际项目在计算建筑面积时，需要在掌握建筑面积计算规范的前提下，进行综合的、全面的分析和运用，对于条文之间争议或歧义的地方，需要多角度、多维度的思考，培养学生树立局部与整体、对立与统一的大局、全局观念。

任务 2.1　建筑面积的概念及相关术语

根据住房和城乡建设部要求，《建筑工程建筑面积计算规范》GB/T 50353—2013，自2014 年 7 月 1 日起实施。

2.1.1　建筑面积

建筑物（包括墙体）所形成的楼地面面积。建筑面积包括使用面积、辅助面积和结构面积。使用面积和辅助面积的总和称为有效面积。

2.1.2　相关术语

1. 自然层：按楼地面结构分层的楼层称为自然层。

2. 结构层高：楼面或地面结构层上表面至上部结构层上表面之间的垂直距离（图 2-1-1）。

（1）上下均为楼面时，结构层高是相邻两层楼板结构层上表面之间的垂直距离。

（2）建筑物最底层，从"混凝土构造"的上表面，算至上层楼板结构上表面。分两种情况：

1）有混凝土底板的，从底板上表面算起（如底板上有上反梁，则应从上反梁上表面

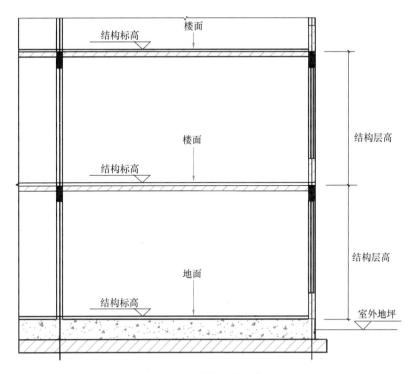

图 2-1-1 结构层高示意图

算起）；

2）无混凝土底板、有地面构造的，以地面构造中最上一层混凝土垫层或混凝土找平层上表面算起。

（3）建筑物顶层，从楼板结构层上表面算至屋面板结构层上表面。

3. 围护结构：围合建筑空间的墙体、门、窗。

4. 建筑空间：以建筑界面限定的、供人们生活和活动的场所。

5. 结构净高：楼面或地面结构层上表面至上部结构层下表面之间的垂直距离。

6. 围护设施：为保障安全而设置的栏杆、栏板等围挡。

7. 地下室：室内地坪面低于室外地坪面的高度超过室内净高的 1/2 的房间。

8. 半地下室：室内地坪面低于室外地坪面的高度超过室内净高的 1/3，且不超过 1/2 的房间。

9. 架空层：仅有结构支撑而无外围护结构的开敞空间层。

10. 走廊：建筑物中的水平交通空间。

11. 架空走廊：专门设置在建筑物的二层或二层以上，作为不同建筑物之间水平交通的空间。

12. 结构层：整体结构体系中承重的楼板层。

13. 落地橱窗：突出外墙面且根基落地的橱窗。

14. 凸窗（飘窗）：凸出建筑物外墙面的窗户。

15. 檐廊：建筑物挑檐下的水平交通空间。

16. 挑廊：挑出建筑物外墙的水平交通空间。

17. 门斗：建筑物入口处两道门之间的空间。

18. 雨篷：建筑出入口上方为遮挡雨水而设置的部件。

19. 门廊：建筑物入口前有顶棚的半围合空间。

20. 楼梯：由连续行走的梯级、休息平台和维护安全的栏杆（或栏板）、扶手以及相应的支托结构组成的作为楼层之间垂直交通使用的建筑部件。

21. 阳台：附设于建筑物外墙，设有栏杆或栏板，可供人活动的室外空间。

22. 主体结构：接受、承担和传递建设工程所有上部荷载，维持上部结构整体性、稳定性和安全性的有机联系的构造。

23. 变形缝：防止建筑物在某些因素作用下引起开裂甚至破坏而预留的构造缝。

24. 骑楼：建筑底层沿街面后退且留出公共人行空间的建筑物。

25. 过街楼：跨越道路上空并与两边建筑相连接的建筑物。

26. 建筑物通道：为穿过建筑物而设置的空间。

27. 露台：设置在屋面、首层地面或雨篷上的供人室外活动的有围护设施的平台。

露台应满足四个条件：①位置，设置在屋面、地面或雨篷顶；②可出入；③有围护设施；④无盖。这四个条件须同时满足。如果设置在首层并有围护设施的平台，且其上层为同体量阳台，则该平台应视为阳台，按阳台的规则计算建筑面积。

28. 勒脚：在房屋外墙接近地面部位设置的饰面保护构造。

29. 台阶：联系室内外地坪或同楼层不同标高而设置的阶梯形踏步。

任务 2.2　建筑面积的作用

建筑面积计算是工程计量的最基础工作，在工程建设中具有重要意义。首先，工程建设的技术经济指标中，大多数以建筑面积为基数，建筑面积是核定估算、概算、预算工程造价的一个重要基础数据，是计算和确定工程造价，并分析工程造价和工程设计合理性的一个基础指标；其次，建筑面积是国家进行建设工程数据统计、固定资产宏观调控的重要指标；最后，建筑面积还是房地产交易、工程承发包交易、建筑工程有关营运费的核定等的一个关键指标。建筑面积的作用具体有以下几个方面：

1. 确定建设规模的重要指标。根据项目立项批准文件所核准的建筑面积，是初步设计的重要控制指标。

2. 确定各项技术经济指标的基础。根据建筑面积，计算每平方米建筑面积的工程造价及其他经济指标，如：

单位面积工程造价＝工程造价/建筑面积

单位建筑面积的材料消耗指标＝工程材料用量/建筑面积

单位建筑面积人工用量＝工程人工工日消耗量/建筑面积

3. 评价设计方案的依据。建筑设计和建筑规划中，经常使用建筑面积控制某些指标，如：

容积率＝建筑总面积/建筑占地面积×100%

建筑密度＝建筑物底层面积/建筑占地总面积×100%

4. 计算有关分项工程量的依据和基础。建筑面积是确定某些分项工程量的基本数据。

5. 选择概算指标和编制概算的基础数据。用概算指标编制概算时，要以建筑面积为计算基础。

任务 2.3　建筑面积的计算条文及解释

2.3.1　计算建筑面积的部分

1. 建筑物的建筑面积，应按自然层外墙结构外围水平面积之和计算。结构层高在 2.20m 及以上的，应计算全面积；结构层高在 2.20m 以下的，应计算 1/2 面积。

（1）"围护结构外表面水平面积"主要强调建筑面积计算应计算墙体结构的面积，按建筑平面图结构外轮廓尺寸计算，而不应包括墙体构造所增加的抹灰厚度、材料厚度等。

（2）勒脚是指建筑物外墙与室外地面或散水接触部分墙体的加厚部分，其高度一般为室内地坪与室外地面的高差，也有将勒脚高度提高到底层窗台。因为勒脚是墙根很矮的一部分墙体加厚，不能代表整个外墙结构，故计算建筑面积时不考虑勒脚。

（3）下部为砌体，上部为彩钢板围护的建筑物（图 2-3-1，俗称轻钢厂房），其建筑面积的计算：

1）当 $h < 0.45\text{m}$ 时，建筑面积按彩钢板外围水平面积计算；

2）当 $h \geqslant 0.45\text{m}$ 时，建筑面积按下部砌体外围水平面积计算。

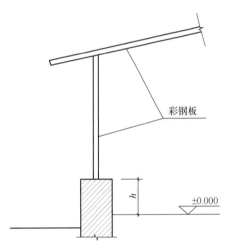

图 2-3-1　下部为砌体，上部为彩钢板围护的建筑物示意图

（4）当外墙结构本身在一个层高范围内不等厚时（不包括勒脚，外墙结构在该层高范围内材质不变），以楼地面结构标高处的外围水平面积计算。

【例 2-3-1】计算如图 2-3-2 所示建筑物的建筑面积。

【解】建筑面积＝$(3+3.6+3.3+0.12 \times 2) \times (5.4+0.12 \times 2) \times 3 = 171.57\text{m}^2$

2. 建筑物内设有局部楼层时，如图 2-3-3 所示，对于局部楼层的二层及以上楼层，有围护结构的应按其围护结构外围水平面积计算，无围护结构的应按其结构底板水平面积计算，且结构层高在 2.20m 及以上的，应计算全面积，结构层高在 2.20m 以下的，应计算 1/2 面积。

（1）无论是单层、多层，只要是在一个自然层内设置的局部楼层都适用本条，如复式房屋。

（2）建筑物内设有局部楼层，其首层面积已包括在原建筑物中，不能重复计算，因此从二层以上开始计算局部楼层的建筑面积。

（3）围护结构是指围合建筑空间的墙体、门、窗。围护设施是指为保障安全而设置的栏杆、栏板等围挡。

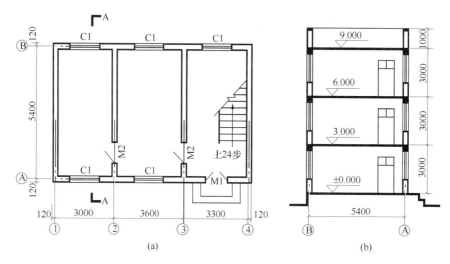

图 2-3-2　某建筑物平面与剖面图
（a）底层平面图；（b）A—A 剖面图

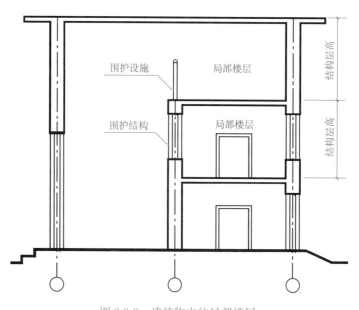

图 2-3-3　建筑物内的局部楼层

局部楼层分两种：①有围护结构；②无围护结构。需要注意的是：无围护结构的情况下，必须要有围护设施。如果既无围护结构也无围护设施，则不属于楼层，不计算建筑面积。

【**例 2-3-2**】以图 2-3-4 为例，假设局部楼层①②③层高均超过 2.20m，试计算该建筑物的建筑面积。

【**解**】首层建筑面积＝50×10＝500m²

有围护结构的局部楼层②建筑面积＝5.49×3.49＝19.16m²

无围护结构（有围护设施）的局部楼层③建筑面积＝（5＋0.1）×（3＋0.1）＝15.81m²

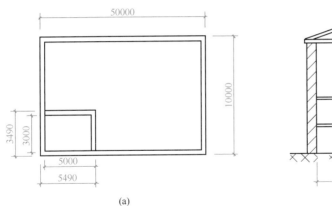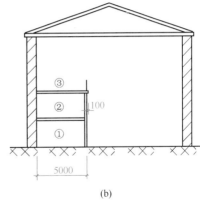

图 2-3-4　建筑物内部设有局部楼层示意图

合计建筑面积＝500＋19.16＋15.81＝534.97m²

3. 对于形成建筑空间的坡屋顶，结构净高在 2.10m 及以上的部位应计算全面积；结构净高在 1.20m 及以上至 2.10m 以下的部位应计算 1/2 面积；结构净高在 1.20m 以下的部位不应计算建筑面积。

只要具备建筑空间的两个基本要素（围合空间，可出入、可利用），即使设计中未体现某个房间的具体用途，仍然应计算建筑面积。可出入是指人能够正常出入，即通过门或楼梯等进出；而必须通过窗、栏杆、人孔、检修孔等出入的不算可出入。

【例 2-3-3】试计算图 2-3-5 所示坡屋顶的建筑面积。

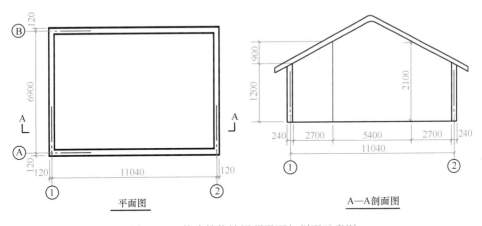

图 2-3-5　某建筑物坡屋顶平面与剖面示意图

【解】该建筑物坡屋顶的建筑面积

＝2.70×(6.90＋0.12×2)×1/2×2＋5.40×(6.90＋0.12×2)＝57.83m²

4. 对于场馆看台下的建筑空间，结构净高在 2.10m 及以上的部位应计算全面积；结构净高在 1.20m 及以上至 2.10m 以下的部位应计算 1/2 面积；结构净高在 1.20m 以下的部位不应计算建筑面积。室内单独设置的有围护设施的悬挑看台，应按看台结构底板水平投影面积计算建筑面积。有顶盖无围护结构的场馆看台应按其顶盖水平投影面积的 1/2 计算面积（图 2-3-6）。

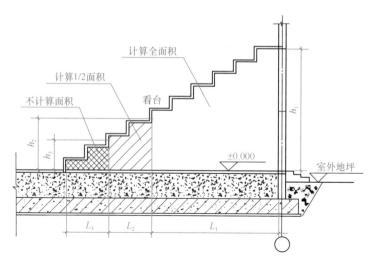

图 2-3-6　场馆看台下部空间示意图

5. 地下室、半地下室应按其结构外围水平面积计算。结构层高在 2.20m 及以上的，应计算全面积；结构层高在 2.20m 以下的，应计算 1/2 面积（图 2-3-7）。

（1）由于地下室、半地下室与正常楼层的计算原则一致，故实际在计算建筑面积时，无须对地下室、半地下室进行严格意义的划分。

（2）当外墙为变截面时，按地下室、半地下室楼地面结构标高处的外围水平面积计算。

（3）地下室的外墙结构不应包括找平层、防水层、保护墙。

（4）地下空间未形成建筑空间的，不属于地下室或半地下室，不计算建筑面积。

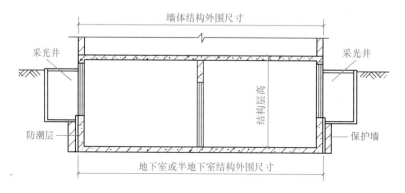

图 2-3-7　某地下室剖面示意图

6. 出入口外墙外侧坡道有顶盖的部位，应按其外墙结构外围水平面积的 1/2 计算面积（图 2-3-8）。

出入口坡道计算建筑面积应满足两个条件：①有顶盖；②有侧墙（即规范中约定的"外墙结构"，但侧墙不一定封闭）。计算建筑面积时，有顶盖的部位按外墙（侧墙）结构外围水平面积计算；无顶盖的部位，即使有侧墙，也不计算建筑面积。

7. 建筑物架空层及坡地建筑物吊脚架空层，应按其顶板水平投影计算建筑面积。结构层高在 2.20m 及以上的，应计算全面积；结构层高在 2.20m 以下的，应计算 1/2 面积（图 2-3-9）。

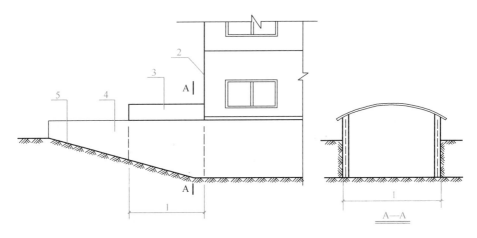

图 2-3-8 某地下出入口示意图

架空层是指仅有结构支撑而无外围结构的开敞空间层。

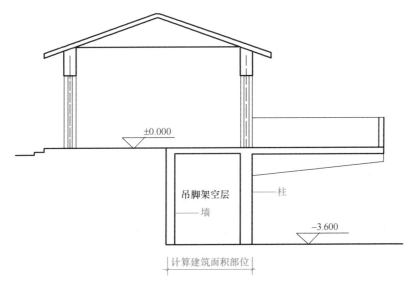

图 2-3-9 建筑物吊脚架空层示意图

8. 建筑物的门厅、大厅应按一层计算建筑面积，门厅、大厅内设置的走廊应按走廊结构底板水平投影面积计算建筑面积。结构层高在 2.20m 及以上的，应计算全面积；结构层高在 2.20m 以下的，应计算 1/2 面积（图 2-3-10）。

9. 对于建筑物间的架空走廊，有顶盖和围护设施的，应按其围护结构外围水平面积计算全面积；无围护结构、有围护设施的，应按其结构底板水平投影面积计算 1/2 面积。

架空走廊即专门设置在建筑物在二层或二层以上，作为不同建筑物之间为水平交通的空间（图 2-3-11）。

架空走廊建筑面积计算分为两种情况：①有围护结构且有顶盖，计算全面积；②无围护结构、有围护设施，无论是否有顶盖，均计算 1/2 面积。有围护结构的，按围护结构计算面积；无围护结构的，按底板计算面积。

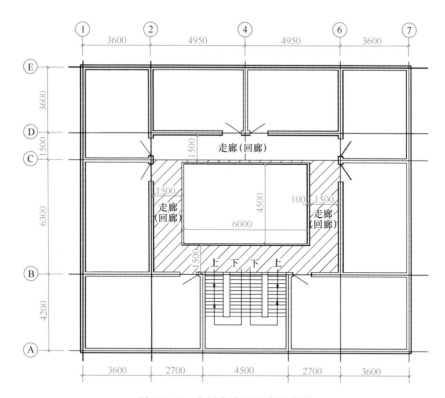

图 2-3-10　大厅内设置回廊示意图

(a)

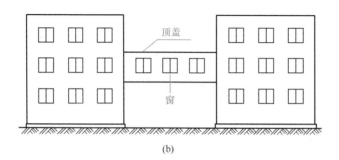

(b)

图 2-3-11　建筑物间的架空走廊示意图

（a）无围护结构的架空通廊；（b）有围护结构的架空通廊

10. 对于立体书库、立体仓库、立体车库，有围护结构的，应按其围护结构外围水平面积计算建筑面积；无围护结构、有围护设施的，应按其结构底板水平投影面积计算建筑面积。无结构层的应按一层计算，有结构层的应按其结构层面积分别计算。结构层高在 2.20m 及以上的，应计算全面积；结构层高在 2.20m 以下的，应计算 1/2 面积。

【例 2-3-4】某图书馆立体书库平面与剖面示意图如图 2-3-12 所示，试计算其建筑面积。

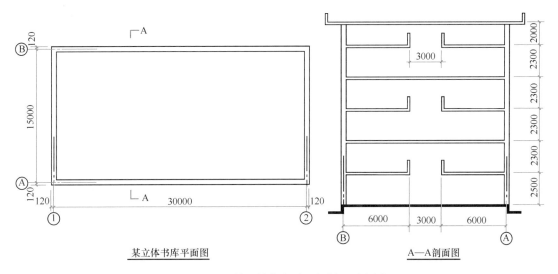

图 2-3-12　某立体书库平面与剖面示意图

【解】建筑面积

$=(30+0.12\times2)\times(15.0+0.12\times2)\times3+(30+0.12\times2)\times(6+0.12)\times2\times2+(30+0.12\times2)\times(6+0.12)\times2\times1/2=2307.92m^2$

11. 有围护结构的舞台灯光控制室，应按其围护结构外围水平面积计算。结构层高在 2.20m 及以上的，应计算全面积；结构层高在 2.20m 以下的，应计算 1/2 面积。

【例 2-3-5】某影剧院，室内有舞台灯光控制室，平面与剖面示意图如图 2-3-13 所示，

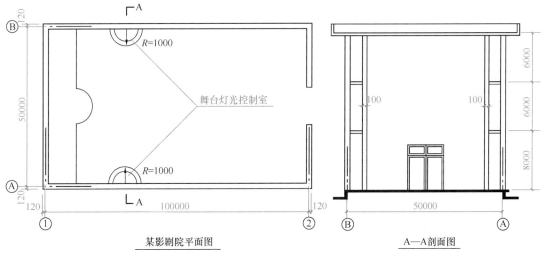

图 2-3-13　某影剧院平面与剖面示意图

试计算该影剧院的建筑面积。

【解】建筑面积

$S=(100+0.12\times2)\times(50+0.12\times2)+3.14\times0.5\times(1+0.2)\times2\times2\times2=5045.10\text{m}^2$

12. 附属在建筑物外墙的落地橱窗，应按其围护结构外围水平面积计算。结构层高在2.20m及以上的，应计算全面积；结构层高在2.20m以下的，应计算1/2面积（图2-3-14）。

橱窗有在建筑物主体结构内的，有在主体结构外的。

在建筑物主体结构内的橱窗，其建筑面积随自然层一起计算，不执行本条款。在建筑物主体结构外的橱窗，属于建筑物的附属结构，落地是指该橱窗下设置有基础。

本条仅适用于"落地橱窗"。如橱窗无基础，为悬挑式时，按凸（飘）窗的规定计算建筑面积。

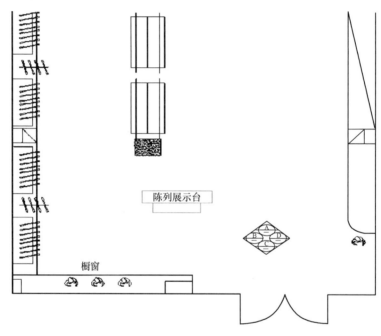

图2-3-14 主体结构内橱窗示意图

13. 窗台与室内楼地面高差在0.45m以下且结构净高在2.10m及以上的凸（飘）窗，应按其围护结构外围水平面积计算1/2面积（图2-3-15、图2-3-16）。

此处高差是指结构高差。结构高差取0.45m，是基于设计规范的原则取定。凸（飘）窗须同时满足两个条件方能计算建筑面积：①结构高差在0.45m以下；②结构净高在2.10m及以上。

14. 有围护设施的室外走廊（挑廊），应按其结构底板水平投影面积计算1/2面积；有围护设施（或柱）的檐廊，应按其围护设施（或柱）外围水平面积计算1/2面积（图2-3-17）。

（1）室外走廊（包括挑廊）、檐廊都是室外水平交通空间。其中挑廊是悬挑的水平交通空间；檐廊是底层的水平交通空间，有屋檐或挑廊作为顶盖，且一般有柱或栏杆、栏板等。底层无围护设施但有柱的室外走廊可参照檐廊的规则计算建筑面积。

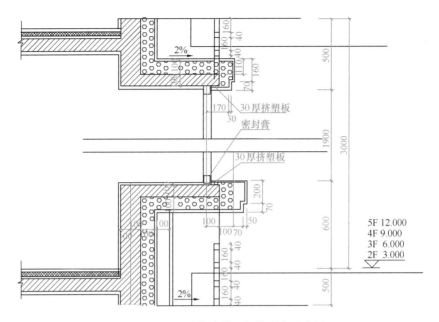

图 2-3-15　不计算建筑面积的飘窗示意图

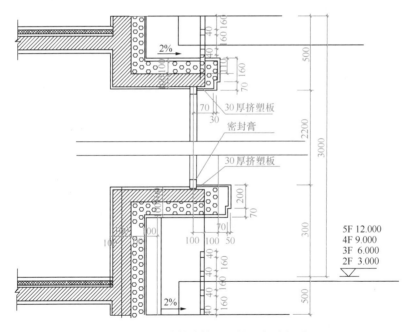

图 2-3-16　计算建筑面积的飘窗示意图

（2）无论是哪一种廊，除了必须有地面结构外，还必须有栏杆、栏板等围护设施或柱。这两个条件缺一不可，缺少任何一个条件都不计算建筑面积。

15. 门斗应按其围护结构外围水平面积计算建筑面积，且结构层高在 2.20m 及以上的，应计算全面积；结构层高在 2.20m 以下的，应计算 1/2 面积（图 2-3-18）。

（1）门斗是建筑物入口处两道门之间的空间，它是有顶盖和围护结构的全围合空间。

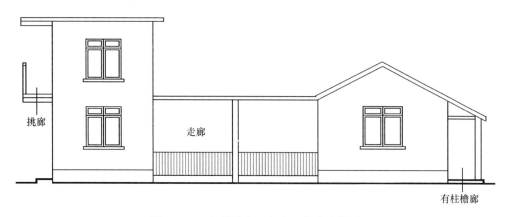

图 2-3-17　室外挑廊、走廊、檐廊示意图

（2）门斗是全围合的，门廊、雨篷至少有一面不围合。

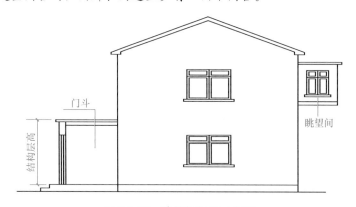

图 2-3-18　建筑物门斗示意图

16. 门廊应按其顶板的水平投影面积的 1/2 计算建筑面积；有柱雨篷应按其结构板水平投影面积的 1/2 计算建筑面积；无柱雨篷的结构外边线至外墙结构外边线的宽度在 2.10m 及以上的，应按雨篷结构板的水平投影面积的 1/2 计算建筑面积。

（1）雨篷是指建筑物出入口上方、突出墙面、为遮挡雨水而单独设立的建筑部件。雨篷划分为有柱雨篷（包括独立柱雨篷、多柱雨篷、柱墙混合支撑雨篷、墙支撑雨篷）和无柱雨篷（悬挑雨篷）。

（2）有柱雨篷和无柱雨篷计算规则不同

1）有柱雨篷，没有出挑宽度的限制；无柱雨篷，出挑宽度≥2.10m 时才能计算建筑面积。出挑宽度是指雨篷结构外边线至外墙结构外边线的宽度，弧形或异形时，为最大宽度（图 2-3-19 中尺寸 b）。

2）有柱雨篷不受跨越层数的限制，均可计算建筑面积，有柱雨篷顶板跨层达到二层顶板标高处，仍可计算建筑面积。

3）门廊是指在建筑物出入口，无门、三面或二面有墙，上部有板（或借用上部楼板）围护的部位。门廊划分为全凹式、半凹半凸式、全凸式。

4）不单独设立顶盖，利用上层结构板（如楼板、阳台底板）进行遮挡，不视为雨篷，

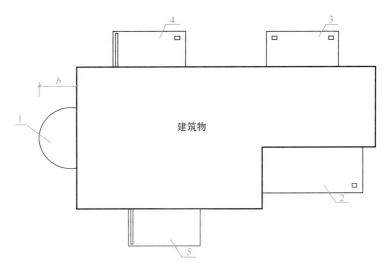

图 2-3-19　雨篷示意图

1—悬挑雨篷；2—独立柱雨篷；3—多柱雨篷；4—柱墙混合支撑雨篷；5—墙支撑雨篷

不计算建筑面积。

【例 2-3-6】某建筑物雨篷如图 2-3-20 所示，试计算其建筑面积。

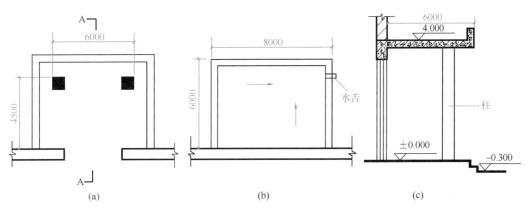

图 2-3-20　有柱雨篷示意图

（a）雨篷平面图；（b）雨篷顶投影图；（c）A—A 剖面图

【解】建筑面积＝6.00×8.00×1/2＝24.00m²

17. 设在建筑物顶部的、有围护结构的楼梯间、水箱间、电梯机房等，结构层高在 2.20m 及以上的应计算全面积；结构层高在 2.20m 以下的，应计算 1/2 面积（图 2-3-21）。

目前建筑物屋顶上的装饰性结构构件（即屋顶造型）各种材质均有，且形式各异。除了本条款规定的"楼梯间、水箱间、电梯机房"以外，屋顶上的建筑部件属于建筑空间的可以计算建筑面积，不属于建筑空间的则归为屋顶造型，不计算建筑面积。

18. 围护结构不垂直于水平面的楼层，应按其底板面的外墙外围水平面积计算。结构净高在 2.10m 及以上的部位，应计算全面积；结构净高在 1.20m 及以上至 2.10m 以下的部位，应计算 1/2 面积；结构净高在 1.20m 以下的部位，不应计算建筑面积。

对于围护结构向内倾斜的情况做如下划分：

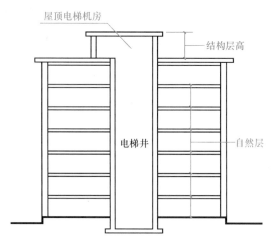

图 2-3-21　建筑物电梯机房、电梯井示意图

（1）多（高）层建筑物顶层，楼板以上部位的外侧均视为屋顶，按本规范第 3 条计算建筑面积（图 2-3-22）。

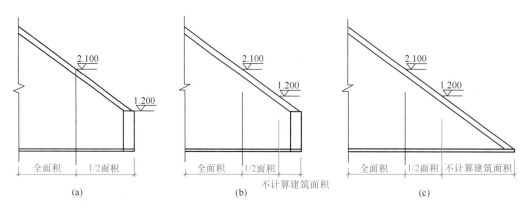

图 2-3-22　多（高）层建筑物顶层斜屋面示意图

（2）多（高）层建筑物其他层，倾斜部位均视为斜围护结构，底板面处的围护结构应计算全面积（图 2-3-23）。

（3）单层建筑物时，计算原则同多（高）层建筑物其他层，即倾斜部位均视为斜围护结构，底板面处的围护结构应计算全面积（图 2-3-24）。

19. 建筑物的室内楼梯、电梯井、提物井、管道井、通风排气竖井、烟道，应并入建筑物的自然层计算建筑面积。有顶盖的采光井应按一层计算面积，且结构净高在 2.10m 及以上的，应计算全面积；结构净高在 2.10m 以下的，应计算 1/2 面积。

（1）建筑物的楼梯间层数按建筑物的层数计算。有顶盖的采光井包括建筑物中的采光井和地下室采光井（图 2-3-25）。

（2）有顶盖的采光井不论多深、采光多少层，均只计算一层建筑面积。如图 2-3-25 所示，采光两层，但只计算一层建筑面积。

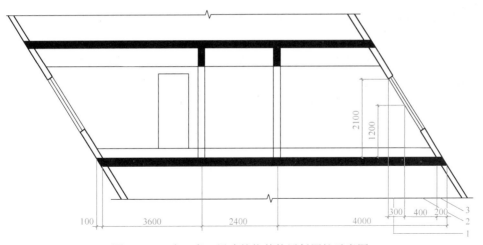

图 2-3-23　多（高）层建筑物其他层斜围护示意图

1—计算 1/2 面积；2—不计算建筑面积；3—部分计算全面积

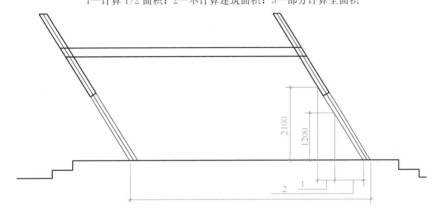

图 2-3-24　单层建筑物斜围护示意图

1—计算 1/2 面积；2—不计算建筑面积

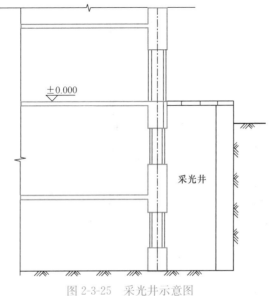

图 2-3-25　采光井示意图

20. 室外楼梯应并入所依附建筑物自然层，并应按其水平投影面积的 1/2 计算建筑面积。

层数为室外楼梯依附的楼层数，即梯段部分投影到建筑物范围的层数。利用室外楼梯下部的建筑空间不得重复计算建筑面积；利用地势砌筑的为室外踏步，不计算建筑面积。

21. 在主体结构内的阳台，应按其结构外围水平面积计算全面积；在主体结构外的阳台，应按其结构底板水平投影面积计算 1/2 面积。

主体结构按如下原则进行判断：

(1) 砖混结构：通常以外墙（即围护结构，包括墙、门、窗）来判断，外墙以内为主体结构内，外墙以外为主体结构外，见图 2-3-26。

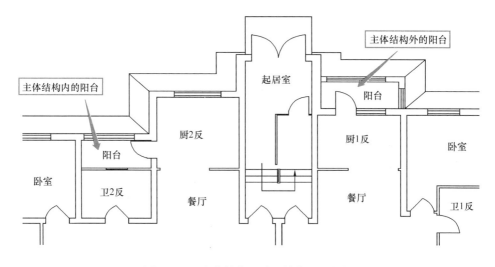

图 2-3-26　主体结构（砖混结构）的判断

(2) 框架结构：柱梁体系之内为主体结构内，柱梁体系之外为主体结构外。

(3) 剪力墙结构：

1) 如阳台在剪力墙包围之内，则属于主体结构内，应计算全面积，如图 2-3-27 所示。

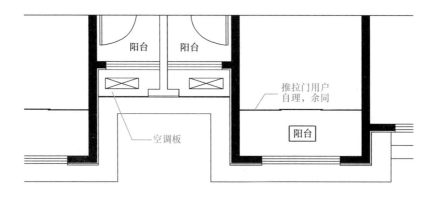

图 2-3-27　主体结构（剪力墙结构）的判断（一）

2）如相对两侧均为剪力墙时，也属于主体结构内，应计算全面积，如图 2-3-28、图 2-3-29所示。

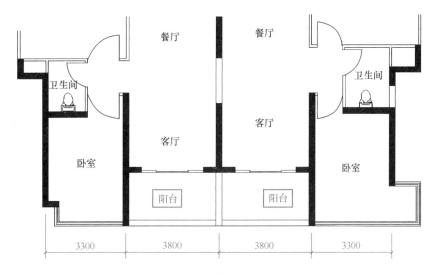

图 2-3-28　主体结构（剪力墙结构）判断（二）

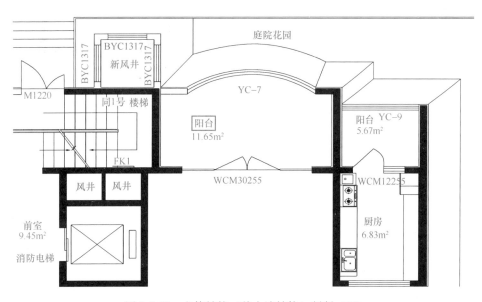

图 2-3-29　主体结构（剪力墙结构）判断（三）

3）如相对两侧仅一侧为剪力墙时，属于主体结构外，应计算1/2面积，如图 2-3-30所示。

4）如相对两侧均无剪力墙时，属于主体结构外，应计算1/2面积，如图 2-3-31所示。

【例 2-3-7】某建筑物阳台，如图 2-3-32 所示，试计算其建筑面积。

【解】建筑面积 $S=(3.4+0.12×2)×1.5+3.3×1.2×1/2=7.44m^2$

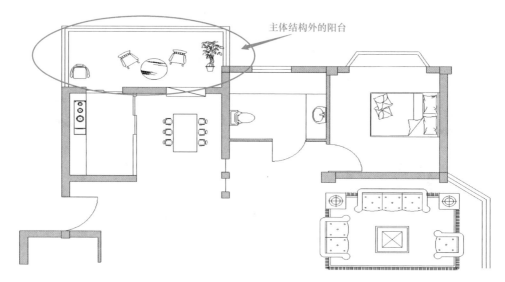

图 2-3-30 主体结构（剪力墙结构）判断（四）

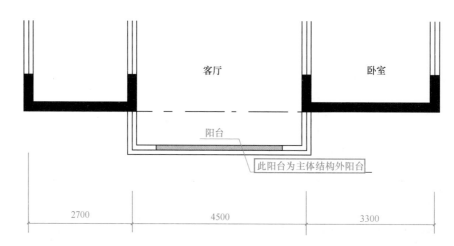

图 2-3-31 主体结构（剪力墙结构）判断（五）

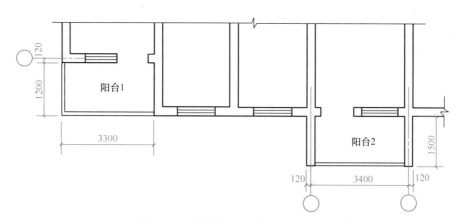

图 2-3-32 某建筑物阳台平面示意图

22. 有顶盖无围护结构的车棚、货棚、站台、加油站、收费站等，应按其顶盖水平投影面积的 1/2 计算建筑面积。

（1）不分顶盖材质，不分单、双排柱，不分矩形柱、异形柱，均按顶盖水平投影面积的 1/2 计算建筑面积。

（2）顶盖下有其他能计算建筑面积的建筑物时，仍按顶盖水平投影面积计算 1/2 面积，顶盖下的建筑物另行计算建筑面积。

【例 2-3-8】 试计算如图 2-3-33 所示车棚的建筑面积。

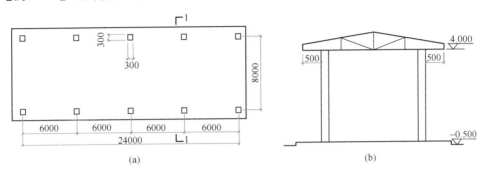

图 2-3-33 车棚

（a）平面图；（b）1—1 剖面图

【解】 建筑面积 $S=(8+0.3+0.5\times2)\times(24+0.3+0.5\times2)\times0.5=117.65\text{m}^2$

23. 以幕墙（图 2-3-34）作为围护结构的建筑物，应按幕墙外边线计算建筑面积。

直接作为外墙起围护作用的幕墙，按其外边线计算建筑面积；设置在建筑物墙体外起装饰作用的幕墙，不计算建筑面积。

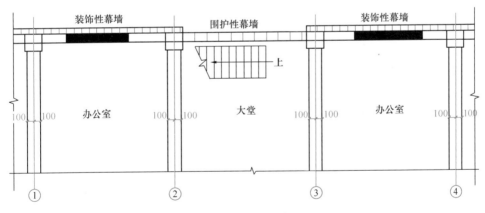

图 2-3-34 幕墙示意图

24. 建筑物的外墙外保温层（图 2-3-35），应按其保温材料的水平截面积计算，并计入自然层建筑面积。

25. 与室内相通的变形缝，应按其自然层合并在建筑物建筑面积内计算。对于高低联跨的建筑物，当高低跨内部连通时，其变形缝应计算在低跨面积内。与室内不相连通的变形缝见图 2-3-36。

变形缝指防止建筑物在某些因素作用下引起开裂甚至破坏而预留的构造缝。变形缝一

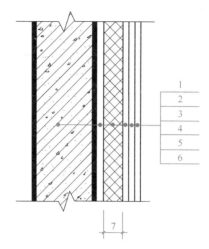

图 2-3-35　外墙外保温示意图

1—墙体；2—粘结胶浆；3—保温材料；4—标准网；5—加强网；

6—抹面胶浆；7—计算建筑面积部位

般分为伸缩缝、沉降缝和抗震缝三种。与室内相通的变形缝，是指暴露在建筑物内，可以看得见的变形缝。

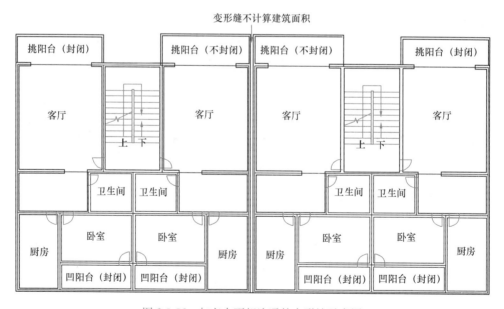

图 2-3-36　与室内不相连通的变形缝示意图

【例 2-3-9】试计算图 2-3-37 所示高低跨食堂的建筑面积。

【解】大餐厅建筑面积 $S_1 = 9.37 \times 12.37 = 115.91 \text{m}^2$

操作间和小餐厅建筑面积 $S_2 = 4.84 \times 6.305 \times 2 = 61.03 \text{m}^2$

食堂的建筑面积 $S = S_1 + S_2 = 115.91 + 61.03 = 176.94 \text{m}^2$

26. 对于建筑物内的设备层、管道层、避难层等有结构层的楼层，结构层高在 2.20m 及以上的，应计算全面积；结构层高在 2.20m 以下的，应计算 1/2 面积。

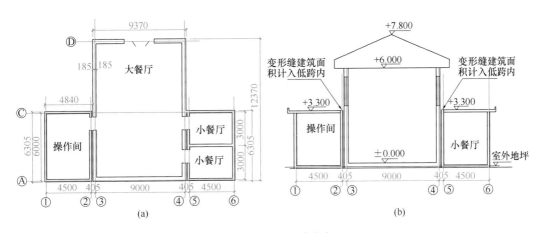

图 2-3-37　高低跨食堂

(a) 平面图；(b) 1-1 剖面图

设备层、管道层虽然其具体功能与普通楼层不同，但在结构上及施工消耗上并无本质区别，且本规范定义自然层为"按楼地面结构分层的楼层"，因此设备、管道楼层归为自然层，其计算规则与普通楼层相同。

2.3.2　不计算建筑面积的范围

1. 与建筑物内不相连通的建筑部件。

"与建筑物内不相连通"是指没有正常的出入口。即：通过门进出的，视为"连通"；通过窗或栏杆等翻出去的，视为"不连通"。如图 2-3-38 所示，凸出的建筑部件与建筑物之间没有门，只有窗，因此属于"不连通"，不计算建筑面积。

图 2-3-38　与建筑物不相连通的阳台

2. 骑楼、过街楼底层的开放公共空间和建筑物通道。

骑楼是指建筑底层沿街面后退且留出公共人行空间的建筑物（图 2-3-39）。

（1）图 2-3-39 中标示为 2 的部分指的是公共人行道，而非建筑物的组成部分。

（2）骑楼凸出部分一般是沿建筑物整体凸出，而不是局部凸出。

过街楼是"跨越道路上空并与两边建筑相连接的建筑物"。建筑物通道是"为穿过建筑物而设置的空间"，如图 2-3-40 所示。

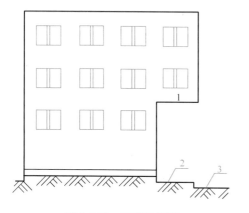

图 2-3-39　骑楼示意图
1—骑楼；2—人行道；3—街道

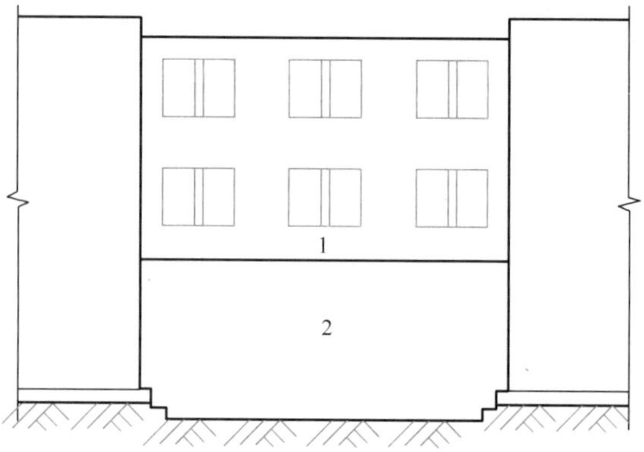

图 2-3-40　过街楼示意图
1—过街楼；2—建筑物通道

3. 舞台及后台悬挂幕布和布景的天桥、挑台等。

舞台及后台悬挂幕布和布景的天桥、挑台指的是影剧院的舞台及为舞台服务的可供上人维修、悬挂幕布、布置灯光及布景等搭设的天桥和挑台等构件设施，如图 2-3-41 所示。

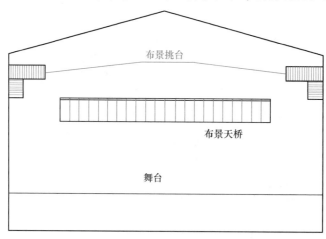

图 2-3-41　布景天桥、挑台示意图

4. 露台、露天游泳池、花架、屋顶的水箱及装饰性结构构件。

屋顶的水箱不计算建筑面积，但屋顶的水箱间应计算建筑面积。

屋顶上的装饰性结构构件（即屋顶造型）由于没有形成建筑空间，故不计算建筑面积。露台（图 2-3-42）须同时满足四个条件：①位置，设置在屋面、地面或雨篷顶；②可出入；③有围护设施；④无盖。

图 2-3-42 露台示意图

5. 建筑物内的操作平台、上料平台、安装箱和罐体的平台。

6. 勒脚、附墙柱、垛、台阶（图 2-3-43）、墙面抹灰、装饰面、镶贴块料面层、装饰性幕墙，主体结构外的空调室外机搁板（箱）、构件、配件，挑出宽度在 2.10m 以下的无柱雨篷和顶盖高度达到或超过两个楼层的无柱雨篷。

（1）台阶是联系室内外地坪或同楼层不同标高而设置的阶梯形踏步，室外台阶还包括与建筑物出入口连接处的平台。

（2）台阶可以利用地势砌筑。

（3）台阶可能利用下层能计算建筑面积的建筑物屋顶砌筑（下层建筑物按本规范相应规定计算建筑面积）。

（4）台阶也可能架空（起点至终点的高度在一个自然层以内）。

（5）由于楼梯是"楼层之间垂直交通"的建筑部件，故由起点至终点的高度达到该建

图 2-3-43 台阶示意图

（a）台阶；（b）利用地势砌筑的台阶；（c）利用下层能计算建筑面积的
建筑物屋顶砌筑的台阶；（d）架空式台阶

筑物一个自然层及以上的称为楼梯。如图 2-3-44 所示，阶梯型踏步下部架空，起点至终点的高度达到一个自然层高，故应归为室外楼梯。

图 2-3-44　架空达到一个自然层高度属于室外楼梯

7. 窗台与室内地面高差在 0.45m 以下且结构净高在 2.10m 以下的凸（飘）窗，窗台与室内地面高差在 0.45m 及以上的凸（飘）窗。

8. 室外爬梯、室外专用消防钢楼梯。

当钢楼梯是建筑物通道，兼顾消防用途时，则应计算建筑面积。

9. 无围护结构的观光电梯。

10. 建筑物以外的地下人防通道，独立的烟囱、烟道、地沟、油（水）罐、气柜、水塔、贮油（水）池、贮仓、栈桥等构筑物。

2.3.3　综合案例

【例 2-3-10】某建筑标准层平面图如图 2-3-45 所示，已知墙厚 240mm，层高 3.0m。试计算该建筑物标准层建筑面积。

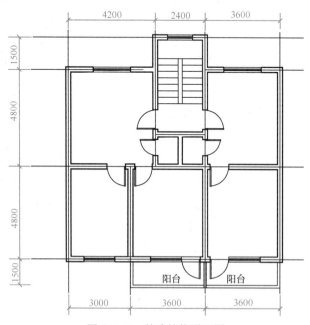

图 2-3-45　某建筑物平面图

【解】房屋建筑面积

$S_1=(3+3.6+3.6+0.12\times2)\times(4.8+4.8+0.12\times2)+(2.4+0.12\times2)$

$\times(1.5-0.12+0.12)$

$=102.73+3.96=106.69\text{m}^2$

阳台建筑面积

$$S_2=0.5\times(3.6+3.6)\times(1.5-0.12)=4.97\text{m}^2$$

则 $S=S_1+S_2=111.66\text{m}^2$

 任务小结

本任务学习了建筑面积计算规范，对术语、条文进行讲解及图文说明，并辅以例题进行讲解。建筑面积计算也是二级造价工程师、一级造价工程师考试的高频考点，需要对每个条文细致掌握，并能灵活、综合运用。

 课后习题

一、单项选择题

1. 建筑面积不包括（   ）。

A. 使用面积 　　　 B. 公共面积 　　　 C. 结构面积 　　　 D. 辅助面积

2. 根据《建筑工程建筑面积计算规范》GB/T 50353—2013，关于大型体育场看台下部设计利用部位建筑面积计算，说法正确的是（   ）。

A. 层高<2.10m，不计算建筑面积

B. 层高≥2.10m，且设计加以利用计算 1/2 面积

C. 1.20m≤净高<2.10m 时，计算 1/2 面积

D. 层高≥1.20m 计算全面积

3. 根据《建筑工程建筑面积计算规范》GB/T 50353—2013，建筑面积应计算 1/2 面积的是（   ）。

A. 门厅、大厅内的走廊 　　　　　　 B. 建筑物的门厅、大厅

C. 半地下车库层高大于 2.20m 　　　 D. 建筑物间有围护设施的架空走廊

4. 根据《建筑工程建筑面积计算规范》GB/T 50353—2013，某单层工业厂房的外墙勒脚以上外围水平面积为 7200m²，厂房高 7.8m，内设有二层办公楼，层高均大于 2.2m，其外围水平面积为 350m²，厂房外设办公室楼梯（只可上到二层），每个自然层水平投影面积为 7.5m²，则该厂房的总建筑面积为（   ）m²。

A. 7557.5 　　　　　 B. 7565 　　　　　 C. 7553.75 　　　　　 D. 7915

5. 根据《建筑工程建筑面积计算规范》GB/T 50353—2013，不应计算建筑面积的是（   ）。

A. 建筑物外墙外侧保温隔热层 　　　 B. 建筑物内的变形缝

C. 无围护结构有围护设施架空走廊 　 D. 屋顶水箱

6. 根据《建筑工程建筑面积计算规范》GB/T 50353—2013，有结构层的立体书库、立体仓库、立体车库建筑面积的应按（   ）区分不同的层高进行计算确定。

A. 自然层　　　　　　B. 结构层　　　　　　C. 书架层　　　　　　D. 车架层

7. 根据《建筑工程建筑面积计算规范》GB/T 50353—2013，建筑面积的计算，说法正确的是（　　）。

A. 无柱雨篷外挑宽度超过 2.10m 时，按雨篷结构板的水平投影面积的 1/2 计算

B. 室外楼梯，按自然层水平投影面积计算

C. 建筑物顶部有围护结构的楼梯间，层高超过 2.10m 的部分计算全面积

D. 在主体结构内的阳台，按其水平投影面积计算

8. 根据《建筑工程建筑面积计算规范》GB/T 50353—2013，建筑物室外楼梯，其建筑面积（　　）。

A. 按水平投影面积计算全面积

B. 按结构外围面积计算全面积

C. 依附于自然层按水平投影面积的 1/2 计算

D. 依附于自然层按结构外层面积的 1/2 计算

二、多项选择题

1. 根据《建筑工程建筑面积计算规范》GB/T 50353—2013 规定，按围护结构外围水平面积计算建筑面积的有（　　）。

A. 附属在建筑物外墙的落地橱窗　　　　B. 有围护结构的舞台灯光控制室

C. 有围护设施的室外走廊　　　　　　　D. 门廊

E. 有围护结构的门斗

2. 根据《建筑工程建筑面积计算规范》GB/T 50353—2013，关于建筑面积计算，以下说法正确的是（　　）。

A. 有围护设施的室外挑廊，应按其结构底板水平投影面积计算 1/2 面积

B. 有围护设施的室外挑廊，应按其围护设施外围面积计算面积

C. 有柱的檐廊，应按柱外围水平面积计算 1/2 面积

D. 有柱的檐廊，应按其顶盖水平投影面积计算 1/2 面积

E. 有围护设施的檐廊，应按其围护设施外围水平面积计算 1/2 面积

3. 某建筑物其外形呈上大下小，其围护结构不垂直于水平面的楼层，根据《建筑工程建筑面积计算规范》GB/T 50353—2013，以下说法错误的是（　　）。

A. 结构层高在 2.10m 及以上的部位，应计算全面积

B. 结构净高在 1.20m 及以上至 2.10m 以下的部位，应计算 1/2 面积

C. 结构净高在 1.20m 以下的部位，不应计算建筑面积

D. 建筑面积按其底板面的水平投影面积计算

E. 建筑面积按其平均高度处的外墙外围水平面积计算

4. 根据《建筑工程建筑面积计算规范》GB/T 50353—2013，下列项目中，按建筑物自然层计算建筑面积的有（　　）。

A. 建筑物的室内楼梯　　　　　　　　　B. 建筑物的室内电梯井

C. 建筑物内跨越多层的门厅　　　　　　D. 有顶盖的采光井

E. 建筑物的室内烟道

5. 根据《建筑工程建筑面积计算规范》GB/T 50353—2013，以下需要计算建筑面积

的有(　　)。

  A. 半地下室   B. 无顶盖出入口坡道

  C. 坡地建筑物吊脚架空层   D. 有顶盖无围护结构的场馆看台

  E. 建筑物的门厅内设置的走廊

  6. 根据《建筑工程建筑面积计算规范》GB/T 50353—2013,不计算建筑面积的有(　　)。

  A. 建筑物首层地面有围护设施的露台   B. 兼顾消防与建筑物相同的室外钢楼梯

  C. 与建筑物相连的室外台阶   D. 与室内相同的变形缝

  E. 形成建筑空间,结构净高 1.50m 的坡屋顶

学习情境 3　建筑工程计量计价

本学习情境主要围绕配套图纸，讲解其涉及的 7 个分部分项工程的清单及定额工程量计算，以及对应案例的计价分析与计算，并同步填写综合单价分析表及清单计价表。在基本知识学习的基础上，利用图纸进行综合训练，分组完成图纸上建筑工程中各分部分项工程的计量与计价工作，锻炼学生的动手、实践、协同工作和职业能力，同步进行素质的训练。

 思维导图

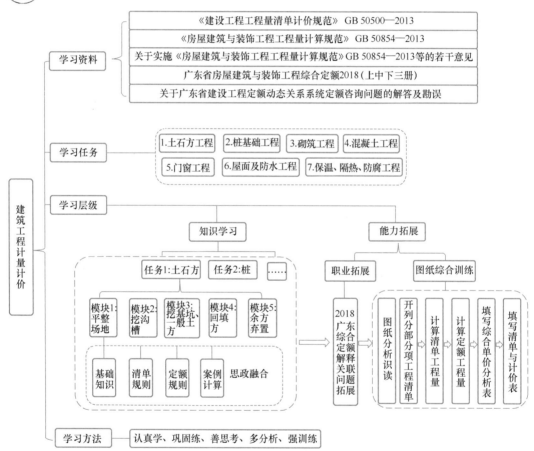

 学习依据

1.《建设工程工程量清单计价规范》GB 50500—2013，以下简称"计价规范"

2.《房屋建筑与装饰工程工程量计算规范》GB 50854—2013，以下简称"国标清单"

政策文件拓展阅读——粤建造发〔2013〕4号

　　3. "广东省关于实施《房屋建筑与装饰工程工程量计算规范》GB 50854—2013 等的若干意见（粤建造发〔2013〕4 号）"，以下简称"〔2013〕4 号文"；

　　4.《广东省房屋建筑与装饰工程综合定额（2018）》（上中下），以下简称"综合定额"；

　　5."关于广东省建设工程定额动态关系系统定额咨询问题的解答"，以下简称"定额解释"。

 知识目标

　　1. 学习过程中掌握工程施工图纸的正确识读方法；

　　2. 学习国标清单，领会清单附录的构成必备五要素，并能灵活应用；

　　3. 学习清单和定额的工程量计算规则，并能运用规则计算各分部工程清单和定额工程量。

政策文件拓展阅读——粤建市〔2019〕6号

　　4. 根据计价规范，学习招标控制价计价表格的构成；

　　5. 根据国标清单、〔2013〕4 号文、综合定额，学习如何进行定额组价；

　　6. 根据工程量清单、定额总说明和章说明的计价因素，学习综合单价分析表的计算；

　　7. 根据计价规范要求，填写招标控制价其他表格的编制。

政策文件拓展阅读——广东省建设工程造价管理规定

 能力目标

　　1. 能根据配套图纸，将各章节的知识灵活应用，并能独立、严谨、准确地完成清单开项、清单和定额工程量的计算、并能将项目编码、项目名称、项目特征、工程量、计量单位等信息准确地填写入工程量清单与计价分析表。

　　2. 能依据配套图纸编制的工程量清单，能独立进行定额组价分析及计算各清单项目的综合单价分析表，并完成清单与计价分析表的编制。

 思政要点

　　1. 实际项目的各个分部分项工程是有机结合成一体的，但授课中各分部分项工程是分章节进行学习的，当进行到后面的分部分项工程量计算与前面工程出现争议或矛盾时，需要综合思考彼此之间的关联性和应采取的施工工艺、方法和组织措施，重新界定和修改各自工程量计算的范围，培养学生树立局部与整体、对立与统一的大局、全局观念；

　　2. 任务驱动法教学，进行小组考核，培养学生小组协作精神、强烈的目标感和责任心；

　　3. 引入实际工程案例，培养学生举一反三、耐心、专注、吃苦耐劳、爱岗敬业的工匠精神，以及解决复杂工程实践问题的能力；

　　4. 实际工程案例的综合训练能培养学生耐心、细心、专注、吃苦耐劳、爱岗敬业的工匠精神。

任务 3.1　土方工程计量计价

知识要点

　　1. 土方工程工程量清单项目附录的构成；

2. 清单和定额工程量的计算规则，以及〔2013〕4 号文关于土石方部分的说明；

3. 定额总说明和土石方工程章说明中关于计价的规定；

4. 定额组价时，土石方工程清单项目与定额子目的对应关系；

5. 综合单价分析表及清单与计价表的填写与编制。

3.1.1 土方工程计量计价的前导知识

1. 施工中土方工程相关的工程内容

施工中土方工程主要内容包括：平整场地、挖土、填土和弃土。

2. 国标清单及综合定额对土方工程的划分

（1）平整场地：建筑物场地厚≤±300mm 的挖、填、运、找平。

（2）沟槽、基坑、一般土方的划分为：

1）底宽≤7m 且底长>3 倍底宽为沟槽；

2）底长≤3 倍底宽且底面积≤150m² 为基坑；

3）超出上述范围则为一般土方。

3.〔2013〕4 号文关于土方工程的若干实施意见

（1）除另有规定外，《工程量计算规范》附录中有两个或两个以上计量单位的，应选择适用于广东省现行计价依据的其中一个计量单位，并严格执行相对应的工程量计算规则。

（2）挖沟槽、基坑、一般土方因工作面和放坡增加的工程量应计入相应土方项目的清单工程量中。

（3）土壤、岩石类别按照《工程量计算规范》的规定确定；如不能准确划分时，招标工程量清单的项目特征应说明岩土分类的基本构成情况，并载明"具体以地勘报告为准"字样。

（4）废料及余方弃置清单项目如需发生弃置、堆放费用的，弃置、堆放费用应在"余方弃置（编码：010103002）"的综合单价中考虑。

（5）挖土石方工程工作内容"运输"只考虑场内运输。场外运输按照"余方弃置（编码：010103002）"列项计算。

（6）挖土方项目的围护（挡土板）指木竹挡土板、支撑。如设计要求混凝土墙、钢挡土墙或圆木桩、混凝土桩、钢挡土桩等的，应另行列项计算。

3.1.2 平整场地工程计量

1. 清单及定额规则（表 3-1-1、表 3-1-2）

平整场地工程量计算规则 表 3-1-1

	项目编码	项目名称	项目特征	计量单位	工程量计算规则	工作内容
国标清单	010101001	平整场地	1. 土壤类别 2. 弃土运距 3. 取土运距	m²	按设计图示尺寸与建筑物首层建筑面积计算	1. 土方挖填 2. 场地找平 3. 运输
	说明：（1）土壤的类别应按表 3-1-2 确定，如土壤类别不能准确划分时，招标人可注明为综合，由投标人根据地勘报告决定报价。 （2）弃、取土运距可以不描述，但应注明由投标人根据施工现场实际情况自行考虑，决定报价					
综合定额	按设计图示尺寸以建筑物按首层外墙外边线面积（没有围护结构时以首层结构外围投影面积）计算，包括落地阳台、地下室出入口、采光井和通风竖井所占面积。建筑物地下室结构外边线突出首层结构外边线时，其突出部分的面积合并计算					

土壤分类　　　　　　　　　　　　　　　　　　　表 3-1-2

土壤分类	土壤名称	开挖方法
一、二类土	粉土、砂土（粉砂、细砂、中砂、粗砂、砾砂）、粉质黏土、弱中盐渍土、软土（淤泥质土、泥炭、泥炭质土）、软塑红黏土、冲填土	用锹、少许用镐、条锄开挖。机械能全部直接铲挖满载者
三类土	黏土、碎石土（圆砾、角砾）混合土、可塑红黏土、硬塑红黏土、强盐渍土、素填土、压实填土	主要用镐、条锄、少许用锹开挖。机械需部分刨松方能铲挖满载者或可直接铲挖但不能满载者
四类土	碎石土（卵石、碎石、漂石、块石）、坚硬红黏土、超盐渍土、杂填土	全部用镐、条锄挖掘、少许用撬棍挖掘。机械须普遍刨松方能铲挖满载者

【例 3-1-1】已知某基础平面图如图 3-1-1 所示，墙体厚度 240mm。试计算平整场地的工程量。

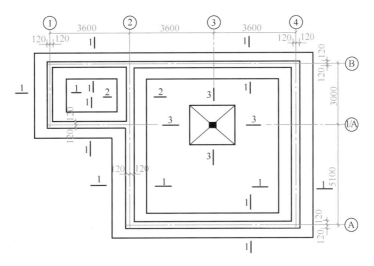

图 3-1-1　某基础平面图

【解】

根据清单和定额的工程量计算规则，该图的清单工程量和定额工程量一致：

$$S=11.04\times3.24+5.1\times7.44=73.71\text{m}^2$$

2. 职业技能要点

（1）工程计量时，要严格遵守相关的清单和定额规范，树立坚持标准、行为规范的计量理念；

（2）要精准算量，严格按照规范要求保留小数，培养学生严谨细致、精益求精的工匠作风。

3. 职业拓展——综合定额要点解析

（1）关于场地平整子目的使用，什么情况可以计算？是否施工了大型土方的项目不可计算场地平整？或是无论有无大型土方（地下室基坑开挖）均应场地平整？

答：建筑场地土方厚度 300mm 以内的挖、填、运、找平时计算平整场地，若厚度大于 300mm 的时候，按一般土方计算；计算了一般土方的项目不可再计算场地平整，平整场地只能计算一次，不能重复计算。

（2）定额子目 A1-1-1 平整场地工作内含挖、填、运土方及找平，其中运土方是弃土方外运还是外购土回来找平？

答：定额子目 A1-1-1 平整场地工作内的运土方，指场地内挖填产生的场内土方运输，不是指弃土方外运或外购土方。

3.1.3 挖沟槽工程计量

1. 清单及定额规则（表 3-1-3）

挖沟槽工程量计算规则 　　　　　　　　　　　　　　表 3-1-3

	项目编码	项目名称	项目特征	计量单位	工程量计算规则	工作内容
国标清单	010101003	挖沟槽土方	1. 土壤类别 2. 弃土运距 3. 取土运距	m^3	按设计图示尺寸以基础垫层底面积乘以挖土深度计算	1. 排地表水 2. 土方开挖 3. 围护（挡土板）及拆除 4. 基地钎探 5. 运输
	注：土方体积按挖掘前的天然密实体积计算					
综合定额	按设计图示尺寸（包括工作面、基础放坡）以体积计算。 其中：（1）沟槽长度的计算： ① 外墙按设计图示中心线长度计算； ② 内墙按图示基础底面之间净长线长度（即基础垫层底之间净长度）计算。 （2）土方开挖宽度：按基础垫层底宽度加工作面宽度确定					

2. 挖土深度的计算

（1）挖土方平均厚度应按自然地面测量标高至设计地坪标高的平均厚度确定。

（2）基础土方开挖深度应按基础垫层底表面标高至交付施工现场地标高确定。

（3）无交付施工场地标高时，应按自然地面标高或设计室外地坪标高确定。

【例 3-1-2】 试确定图 3-1-2 所示某工程单桩承台挖土深度。

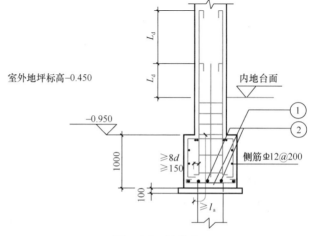

图 3-1-2　桩承台

【解】挖土深度 $h=-0.45-(-2.05)=1.60\text{m}$

3. 挖沟槽常见的断面形式及工程量计算

图 3-1-3、图 3-1-4 中的 K 为放坡系数，L 为沟槽长度，c 为基础工作面。基础工作面 c 的取值见表 3-1-4，放坡系数 K 取值见表 3-1-5。

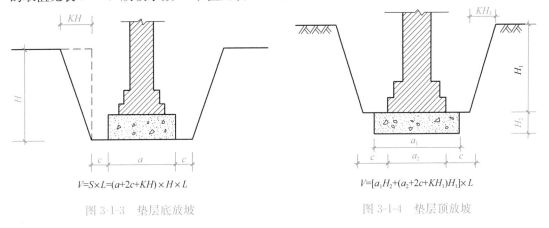

$$V=S\times L=(a+2c+KH)\times H\times L$$

图 3-1-3 垫层底放坡

$$V=[a_1H_2+(a_2+2c+KH_1)H_1]\times L$$

图 3-1-4 垫层顶放坡

基础施工所需工作面 表 3-1-4

基础材料	每边增加工作面宽度/mm
毛石、条石基础	150
砖基础	200
混凝土基础垫层、基础支模板	300
基础垂直面做防水层或防腐层	1000

注：（1）表中基础材料多个并存时，工作面宽度按其中规定的最大宽度计算。
　　（2）挖基础土方需支挡土板时，按槽、坑底宽每侧另增加工作面100mm。
　　（3）砖胎模不计工作面。

放坡系数表 表 3-1-5

土壤类别	放坡起点深度/m	人工挖土	机械挖土		
			坑内作业	坑上作业	沟槽上作业
一、二类土	1.20	1∶0.50	1∶0.33	1∶0.75	1∶0.50
三类土	1.50	1∶0.33	1∶0.25	1∶0.67	1∶0.33
四类土	2.00	1∶0.25	1∶0.10	1∶0.33	1∶0.25

注：（1）沟槽、基坑中土类别不同时，分别按其放坡起点、放坡系数，依不同土类别厚度加权平均计算。
　　（2）计算放坡时，在交接处的重复工程量不予扣除（图 3-1-5），原槽、坑作基础垫层时，放坡自垫层上表面开始计算。
　　（3）基础土方支挡土板时，不得计算放坡。

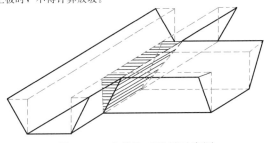

图 3-1-5 交接处工程量示意图

【**例 3-1-3**】根据下图计算沟槽长度，已知内外沟槽宽度分别如图 3-1-6 所示，轴线平分沟槽。

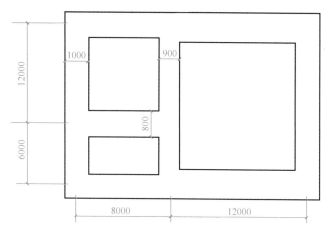

图 3-1-6　某挖沟槽土方平面图

【**解**】外墙沟槽长(宽 1.0m)＝(12＋6＋8＋12)×2＝76m

内墙沟槽长(宽 0.9m)＝6＋12－1.0＝17m

内墙沟槽长(宽 0.8m)＝$8-\dfrac{1.0}{2}-\dfrac{0.9}{2}=7.05$m

4. 职业技能要点

(1) 能够按照土方划分原则和实际条件准确划分土方类型，正确编制对应的清单编码、名称；

(2) 深刻理解规范及定额中沟槽长、宽、高的计算规则，并能理论联系实际进行应用，准确计算对应的工程量。

3.1.4　挖基坑、一般土方工程计量

1. 清单及定额规则（表 3-1-6）

挖基坑、一般土方的工程量计算规则　　　　　　　　　　表 3-1-6

	项目编码	项目名称	项目特征	计量单位	工程量计算规则	工作内容
国标清单	010101002	挖一般土方	1. 土壤类别 2. 挖土深度 3. 弃土运距	m³	按设计图示尺寸以体积计算	1. 排地表水 2. 土方开挖 3. 围护（挡土板）及拆除 4. 基地钎探 5. 运输
	010101004	挖基坑土方			按设计图示尺寸以基础垫层底面积乘以挖土深度计算	
	说明：(1) 土石方体积应按挖掘前的天然密实体积计算。 　　　　(2) 厚度＞±300mm 的竖向布置挖土或山坡切土应按挖一般土方项目编码列项					
综合定额	按设计图示尺寸（包括基础工作面、放坡）以"m³"计算。设计或经批准的施工组织设计（当设计未明确时）对基础施工工作面、放坡没有明确规定的，分别按表 3-1-4、表 3-1-5 取定					

2. **基坑及土方的断面形式及工程量计算**

四面放坡时，其立体形状及工程量计算公式如图 3-1-7 所示。

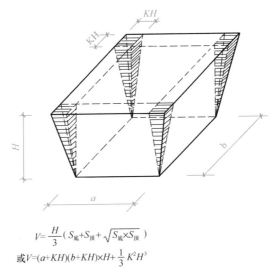

$$V = \frac{H}{3}(S_底 + S_顶 + \sqrt{S_底 \times S_顶})$$

$$或\ V = (a + KH)(b + KH) \times H + \frac{1}{3}K^2H^3$$

图 3-1-7　基坑放坡示意图

3. 国标清单与综合定额规则差异（表 3-1-7）

土方工程国标清单与综合定额差异对比　　　　　　　　　　表 3-1-7

差异点	国标清单	综合定额
桩间土	桩间土不扣除桩的体积	桩间土不扣除桩芯直径 60cm 以内或类似尺寸桩体所占体积

【**例 3-1-4**】已知某独立基础的平面、剖面图如图 3-1-8 所示，二类土，机械坑内挖土，试计算该独立基础的挖土工程量。

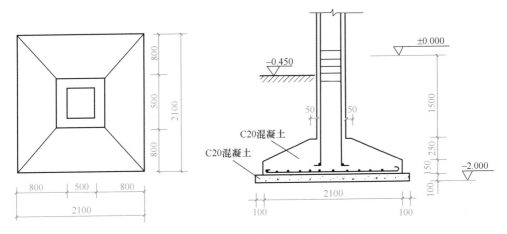

图 3-1-8　某独立基础平面及剖面图

【**解**】根据土方工程的划分，该独立基础的挖土方应列项为挖基坑。

二类土放坡起点 1.20m，该工程挖土深度 $h = 2 - 0.45 = 1.55m$，应放坡开挖。

查表 3-1-4，工作面宽 300mm；查表 3-1-5 中人工挖的放坡系数为 0.33，套用图 3-1-7 中公式，挖基坑的工程量计算如下：

$$S_{下}=(2.3+0.3\times2)^2=2.9^2=8.41\text{m}^2$$

$$S_{上}=(2.3+0.3\times2+2\times0.33\times1.55)^2=3.92^2=15.37\text{m}^2$$

$$V=\frac{1}{3}\times h\times(S_{上}+S_{下}+\sqrt{S_{上}S_{下}})$$

$$=\frac{1}{3}\times1.55\times(8.41+15.37+2.9\times3.92)=18.16\text{m}^3$$

4. 职业拓展——综合定额要点解析

土石方工程第三条第8款"地下室土方大开挖后再挖地槽、地坑，其深度按大开挖后土面至槽、坑底标高计算，加垂直运输和水平运输"，若地下室留出坡道还能计取垂直运输费用么，该条款适用条件是什么？

答：若地下室土方通过出土坡道运出则不再另计垂直运输费用，但地下室因场地限制时，不能留出土坡道时则按定额土石方工程第三条第8款的规定执行。

3.1.5 回填方、余方弃置工程计量

1. 清单及定额工程量计算规则（表3-1-8）

回填方、余方弃置的工程量计算规则 表3-1-8

	项目编码	项目名称	项目特征	计量单位	工程量计算规则	工作内容
国标清单	010103001	回填方	1. 密实度要求 2. 填方材料品种 3. 填方粒径要求 4. 填方来源、运距	m³	按设计图示尺寸以体积计算 1. 场地回填：回填面积乘平均回填厚度 2. 室内回填：主墙间面积乘回填厚度，不扣除间隔墙 3. 基础回填：按挖方清单项目工程量减去自然地坪以下埋设的基础体积（包括基础垫层及其他构筑物）	1. 运输 2. 回填 3. 压实
	010103002	余方弃置	1. 废弃料品种 2. 运距		按挖方清单项目工程量减利用回填方体积（正数）计算	余方点装料运输至弃置点
	说明：(1) 填方密实度要求，在无特殊要求情况下，项目特征可描述为满足设计和规范的要求。 (2) 填方材料品种可以不描述，但应注明由投标人根据设计要求验方后方可填入，并符合相关工程的质量规范要求。 (3) 填方粒径要求，在无特殊要求情况下，项目特征可以不描述					
综合定额	回填方、余方弃置的计算规则同清单					

2. 回填方工程量计算

回填方工程量计算公式：

$$回填方=场地回填+室内回填+基础回填$$

（1）场地回填：按回填面积乘以平均回填厚度计算。

（2）室内回填：按主墙间净面积乘以回填厚度，不扣除间隔墙。

$$室内回填土=室内净面积\times回填土厚度$$

$$回填土厚=设计室内外地坪高差-地面面层和垫层的厚度$$

（3）基础回填：按挖方清单项目工程量减去自然地坪以下埋设的基础体积（包括基础垫层及其他构筑物）。

基础回填工程量区分以下两种情况分别计算（图 3-1-9、图 3-1-10）：

1）交付施工场地标高高于设计室外地坪时，按设计室外地坪以下挖方体积减去埋设的基础体积以"m³"计算（包括基础垫层及其他构筑物）；

2）交付施工场地标高低于设计室外地坪时，按高差填方体积与挖方体积之和减去埋设基础体积（包括基础垫层及其他构筑物）以"m³"计算。

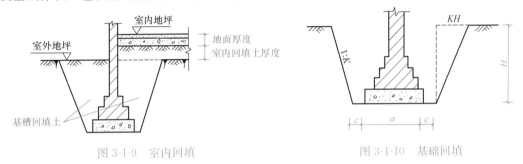

图 3-1-9　室内回填　　　　　　　　　　图 3-1-10　基础回填

3. 余方弃置工程量计算

余（取）土体积计算公式如下：

$$余（取）土体积 = 挖土总体积 - 回填土总体积$$

公式中回填土总体积为天然密实体积，计算结果为正值时为余土外运体积，负值时为需取土体积（不列清单项目仅作为综合单价计价工程量）。

【例 3-1-5】某工程 ±0.000 以下基础工程施工图如图 3-1-11～图 3-1-14 所示，室内外高差 450mm；基础垫层为非原槽浇筑，垫层支模，混凝土强度等级为 C20，地圈梁混凝土强度等级为 C20。土体类别为三类土天然密实，机械挖土，不考虑排地表水、基底钎探和支挡土板，工作面宽 300mm，放坡系数 1：0.33；开挖基础土，挖方量的 60% 进行现场运输、堆放，采用人力车运输，距离 40m，另一部分在坑边 5m 内堆放。平整场地弃、取土运距 5m。余土外运 5km，回填为夯填。试列出该土方工程的分部分项工程量清单。

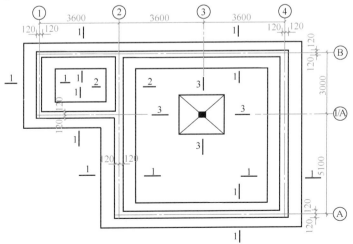

图 3-1-11　某工程基础平面图

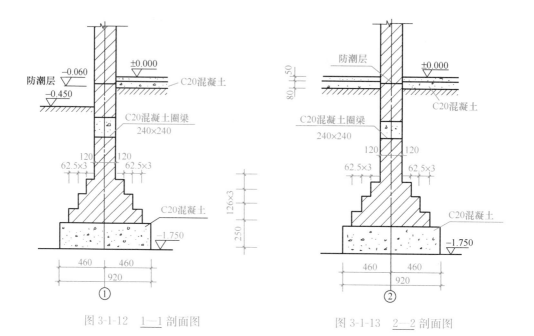

图 3-1-12　1—1 剖面图　　　　　　　　　图 3-1-13　2—2 剖面图

图 3-1-14　3—3 剖面图

【解】 清单工程量计算表见表 3-1-9；分部分项工程量清单见表 3-1-10。

清单工程量计算表

表 3-1-9

序号	项目编码	项目名称	计算式	工程量	单位
1	010101001001	平整场地	$S = 11.04 \times 3.24 + 5.1 \times 7.44 = 73.71$	73.71	m²
2	010101003001	挖沟槽土方	$L_{外} = (10.8 + 8.1) \times 2 = 37.8$ $L_{内} = 3 - 0.92 - 0.3 \times 2 = 1.48$ $S_{1-1(2-2)} = (0.92 + 2 \times 0.3) \times 1.3 = 1.98$ $V = (37.8 + 1.48) \times 1.98 = 77.77$	77.77	m³
3	010101004001	挖基坑土方	$S_{下} = (2.3 + 0.3 \times 2)^2 = 2.9^2 = 8.41$ $S_{上} = (2.3 + 0.3 \times 2 + 2 \times 0.33 \times 1.55)^2 = 3.92^2$ $\qquad = 15.29$ $V = \dfrac{1}{3} \times h \times (S_{上} + S_{下} + \sqrt{S_{上} \times S_{下}})$ $\quad = \dfrac{1}{3} \times 1.55 \times (2.9^2 + 3.92^2 + 2.9 \times 3.92) = 18.16$	18.16	m³

续表

序号	项目编码	项目名称	计算式	工程量	单位
4	010103001001	土方回填	① 垫层：$V=(37.8+2.08)\times0.92\times0.250+2.3\times$　　　$2.3\times0.1=9.70$ ② 埋在土下砖基础(含圈梁)： 　　$V=(37.8+2.76)\times(1.05\times0.24+0.0625\times3\times$　　　$0.126\times4)=40.56\times0.3465=14.05$ ③ 埋在土下的混凝土基础及柱： 　　$V=\dfrac{1}{3}\times0.25\times(0.5^2+2.1^2+0.5\times2.1)+1.05\times$ 　　$0.4\times0.4+2.1\times2.1\times0.15=1.31$ 　　基坑回填：$V=77.77+18.16-9.7-14.05-1.31$　　　　　$=70.87$ 　　室内回填：$V=(3.36\times2.76+7.86\times6.96-0.4\times$　　　$0.4)\times(0.45-0.13)=20.42$	91.29	m³
5	010103002001	余方弃置	$V=95.93-91.29=4.64$	4.64	m³

分部分项工程量清单　　　　　　　　　　　　　　　　　　　　表 3-1-10

序号	项目编码	项目名称	项目特征	计量单位	工程量
1	010101001001	平整场地	1. 土壤类别：三类土 2. 弃土运距：5m 3. 取土运距：5m	m²	73.71
2	010101003001	挖沟槽土方	1. 土壤类别：三类土 2. 挖土深度：1.3m 3. 弃土运距：40m	m³	77.77
3	010101004001	挖基坑土方	1. 土壤类别：三类土 2. 挖土深度：1.55m 3. 弃土运距：40m	m³	18.16
4	010103001001	土方回填	1. 土质要求：满足规范及设计 2. 密实度要求：满足规范及设计 3. 粒径要求：满足规范及设计 4. 夯填（碾压）：夯填 5. 运输距离：40m	m³	91.29
5	010103002001	余方弃置	弃土运距：5km	m³	4.64

3.1.6　土方工程计价

1. 定额计价的部分章说明

（1）一般规定

1）干土、湿土的划分：首先应以地质勘测资料为准，含水率＜25％为干土，含水率≥25％且小于液限为湿土；或以地下常水位为准划分，地下常水位以上为干土，以下为湿土，如采用降水措施的，应以降水后的水位为地下常水位，降水措施费用应另行计算。

2）本章未包括现场障碍物清除、地下水位以下施工的排（降）水、边坡支护，发生时应另行计算。

3）本章土石方运输子目适用于运距在 30km 以内的运输，运距超过 30km（但不超过 50km）部分按每增加 1km 相应定额子目乘以系数 0.65 计算，运距超过 50km 的按相关管理部门的规定计算，运输之外的消纳费用等其他费用未包含在定额中。

（2）土方

1）土方定额子目是按干土编制的。人工挖湿土时，相应定额子目人工费乘以系数1.18；机械挖湿土时，相应定额子目人工费、机具费乘以系数1.10。

2）桩间土不扣除桩芯直径60cm以内或类似尺寸桩体所占体积。人工挖桩间土方，相应定额子目人工费乘以系数1.30；机械挖桩间土方，相应定额子目人工费、机具费乘以系数1.10。

3）在挡土板支撑下人工挖沟槽、基坑土方时，相应定额子目人工费乘以系数1.20。

4）挖掘机在垫板上进行作业，相应定额子目的人工费、机具费乘以系数1.25，搭拆垫板的费用另行计算。

5）推土机推土、铲运机铲土的平均土层厚度小于30cm时，推土机台班消耗量乘以1.25，铲运机台班消耗量乘以系数1.17。

6）机械挖土方需人工辅助开挖时，按施工组织设计的规定分别计算机械、人工挖土工程量，如施工组织设计无规定的，按机械挖土方95%、人工挖土方5%计算。

7）地下室土方大开挖后再挖地槽、地坑，其深度按大开挖后土面至槽、坑底标高计算，加垂直运输和水平运输。

2. 综合单价分析表编制说明

综合单价分析表　　　　　　表3-1-11

工程名称：　　　　　　标段：　　　　　第　页　共　页

项目编码		项目名称		计量单位		工程量	
清单综合单价组成明细							

（表格内容略）

（1）为便于学习和理解，本教材综合单价分析表中的单价按定额套取。

（2）表 3-1-11 中的第一行，均按国标清单的规定填写，工程量为清单工程量。

（3）表 3-1-11 中第五行的第一至第八列，均按综合定额的规定填写，其中"数量"一列，计算式为：数量＝定额工程量÷清单工程量÷定额单位的扩大倍数。

（4）表 3-1-11 中第五行"合价"列，等于对应的单价列×数量。

【例 3-1-6】根据例题 3-1-5 的题目及计算出的清单工程量，进行各清单项目的计价分析。

【解】1）平整场地：定额编码 A1-1-1，定额工程量同清单工程量，综合单价计算表格如下：

表中的"数量"＝定额工程量÷定额单位÷清单工程量＝0.01；表中的"单价"照抄定额；表中"合价"＝单价×数量；清单项目综合单价＝Σ合价。平整场地的综合单价计算结果见表 3-1-12。

综合单价分析表　　　　　　　　　　　　　　表 3-1-12

工程名称：土石方工程　　　　　　　　标段：　　　　　　　　第 1 页　共 5 页

项目编码	010101001001	项目名称		平整场地		计量单位	m²	工程量	73.71
清单综合单价组成明细									
定额编号	定额项目名称	定额单位	数量	单价				合价	
				人工费	材料费	机具费	管理费和利润	人工费	材料费	机具费	管理费和利润
A1-1-1	平整场地	100m²	0.01	13.8		155.97	60.26	0.14		1.56	0.6
人工单价		小计						0.14		1.56	0.6
		未计价材料费									
清单项目综合单价								2.3			

2）挖沟槽土方：根据定额计价说明，机械挖土时人工和机械的比例为 5% 和 95%，查找人工、机械挖沟槽定额分别为 A1-1-21 和 A1-1-42；另外根据题目条件，挖土的 60% 需要人工运土，实际运距 40m，查找定额 A1-1-27，定额运距为 20m，需要进行定额替换。表中各项数据的计算过程同表 3-1-12，挖沟槽土方的综合单价计算结果见表 3-1-13。

综合单价分析表　　　　　　　　　　　　　　表 3-1-13

工程名称：土石方工程　　　　　　　　标段：　　　　　　　　第 2 页　共 5 页

项目编码	010101003001	项目名称		挖沟槽土方		计量单位	m³	工程量	77.77
清单综合单价组成明细									
定额编号	定额项目名称	定额单位	数量	单价				合价	
				人工费	材料费	机具费	管理费和利润	人工费	材料费	机具费	管理费和利润
A1-1-21	人工挖沟槽土方 三类土 深度在 2m 内	100m³	0.0005	5307.07			1884.01	2.65			0.94

续表

定额编号	定额项目名称	定额单位	数量	单价 人工费	单价 材料费	单价 机具费	单价 管理费和利润	合价 人工费	合价 材料费	合价 机具费	合价 管理费和利润
A1-1-42	挖掘机挖沟槽、基坑土方 三类土	1000m³	0.001	642.66		4224.03	1727.68	0.61		4.01	1.64
A1-1-27换	人工运土方20m以内 实际运距(m)：40	100m³	0.006	2475.62			878.84	14.85			5.27
人工单价		小计						18.11		4.01	7.85
		未计价材料费									
	清单项目综合单价							29.99			

3）挖基坑土方：根据定额计价说明，机械挖土时人工和机械的比例为5％和95％，查找人工、机械挖基坑定额分别为A1-1-12和A1-1-42；另外根据题目，挖土的60％需要人工运土，实际运距40m，查找定额A1-1-27，定额运距为20m，需要进行定额替换。表中各项数据的计算过程同表3-1-13，挖基坑土方的综合单价计算结果见表3-1-14。

综合单价分析表　　　　　　　　　　表3-1-14

工程名称：土石方工程　　　　　　　　标段：　　　　　　　第3页 共5页

项目编码	010101004001		项目名称	挖基坑土方		计量单位	m³	工程量	18.16

清单综合单价组成明细

定额编号	定额项目名称	定额单位	数量	单价 人工费	单价 材料费	单价 机具费	单价 管理费和利润	合价 人工费	合价 材料费	合价 机具费	合价 管理费和利润
A1-1-12	人工挖基坑土方 三类土 深度在2m内	100m³	0.0005	5572.43			1978.22	2.79			0.99
A1-1-42	挖掘机挖沟槽、基坑土方 三类土	1000m³	0.001	642.66		4224.03	1727.68	0.61		4.01	1.64
A1-1-27换	人工运土方20m以内 实际运距(m)：40	100m³	0.006	2475.62			878.84	14.85			5.27
人工单价		小计						18.25		4.01	7.9
		未计价材料费									
	清单项目综合单价							30.17			

4) 回填方：回填土查找定额为 A1-1-129；运土查找定额 A1-1-27，定额运距为 20m，需要进行定额替换。根据题目要求，运土的定额工程量＝91.29－（77.77＋18.16）×0.4＝52.92m³，数量＝55.92÷91.29÷100＝0.0058。表中各项数据的计算过程同表 3-1-14，回填方的综合单价计算结果见表 3-1-15。

综合单价分析表　　　　　　　　　　表 3-1-15

工程名称：土石方工程　　　　　　　　　　标段：　　　　　　　　　　第 4 页　共 5 页

项目编码	010103001001	项目名称	回填方		计量单位	m³	工程量	91.29
清单综合单价组成明细								
定额编号	定额项目名称	定额单位	数量	单价				
				人工费	材料费	机具费	管理费和利润	
A1-1-29	回填土夯实机夯实槽、坑	100m³	0.01	1231.8		209.44	511.64	
A1-1-27换	人工运土方 20m 以内实际运距（m）：40	100m³	0.0058	2475.62			878.84	

定额编号	定额项目名称	定额单位	数量	合价			
				人工费	材料费	机具费	管理费和利润
A1-1-29	回填土夯实机夯实槽、坑	100m³	0.01	12.32		2.09	5.12
A1-1-27换	人工运土方 20m 以内实际运距（m）：40	100m³	0.0058	14.35			5.09
人工单价	小计			26.67		2.09	10.21
	未计价材料费						
清单项目综合单价				38.97			

5) 余方弃置：人工装车查找定额 A1-1-35，运土查找定额 A1-1-53，定额运距为 20m，需要进行定额替换。表中各项数据的计算过程同表 3-1-15，余方弃置的综合单价计算结果见表 3-1-16。

综合单价分析表　　　　　　　　　　表 3-1-16

工程名称：土石方工程　　　　　　　　　　标段：　　　　　　　　　　第 5 页　共 5 页

项目编码	010103002001	项目名称	余方弃置		计量单位	m³	工程量	4.64
清单综合单价组成明细								
定额编号	定额项目名称	定额单位	数量	单价				
				人工费	材料费	机具费	管理费和利润	
A1-1-35	人工装车土方	100m³	0.01	1122.67			398.54	
A1-1-53换	自卸汽车运土方运距 1km 内实际运距	100m³	0.001			13869.48	4923.67	

定额编号	定额项目名称	定额单位	数量	合价			
				人工费	材料费	机具费	管理费和利润
A1-1-35	人工装车土方	100m³	0.01	11.23			3.99
A1-1-53换	自卸汽车运土方运距 1km 内实际运距	100m³	0.001			13.87	4.92
人工单价	小计			11.23		13.87	8.91
	未计价材料费						
清单项目综合单价				34.01			

6）根据题目中的已知条件，清单工程量和综合单价的计算结果，填写分部分项工程量清单与计价表（表3-1-17）。

分部分项工程和单价措施项目清单与计价表　　　　　　　　表3-1-17

工程名称：土石方工程　　　　　　　　　　　　标段：　　　　　　　　　第1页　共1页

序号	项目编码	项目名称	项目特征描述	计量单位	工程量	金额（元）		
						综合单价	综合合价	其中暂估价
1	010101001001	平整场地	1. 土壤类别：三类土 2. 弃土运距：5m 3. 取土运距：5m	m²	73.71	2.3	169.53	
2	010101003001	挖沟槽土方	1. 土壤类别：三类土 2. 挖土深度：1.3m 3. 弃土运距：40m	m³	77.77	29.99	2332.32	
3	010101004001	挖基坑土方	1. 土壤类别：三类土 2. 挖土深度：1.55m 3. 弃土运距：40m	m³	18.16	30.17	547.89	
4	010103001001	回填方	1. 土质要求：满足规范及设计 2. 密实度要求：满足规范及设计 3. 粒径要求：满足规范及设计 4. 夯填（碾压）：夯填 5. 运输距离：40m	m³	91.29	38.97	3557.57	
5	010103002001	余方弃置	人工装土，汽车运土 弃土运距：5km	m³	4.64	34.01	157.81	

3. 职业技能要点

（1）紧跟政策，关注造价相关信息，及时掌握造价相关规范、标准不断更新的动态变化，培养与时俱进的学习精神和学习习惯。

（2）工程计价时，要严格遵守现行的国标清单，按照标准文件的构成和程序逐步计价，树立坚持标准、行为规范的造价理念。

（3）进行综合单价分析时，要认真分析清单项目工作内容、定额组价的子目构成、定额总说明和章说明、定额解释和相关说明以及政策文件变化等信息，培养学生收集整理资料、与时俱进的职业习惯和判断分析能力，增强学生的思辨精神。

4. 职业拓展——综合定额要点解析

（1）土石方工程说明第二条第6点"本章土石方运输子目适用于50km以内的运输，运距超过50km的按相关管理部门的规定计算，运输之外的收纳费用等其他费用未包含在定额中。"即土石方运输子目是否包含余泥渣土排放费？

答：不包含。

（2）定额子目 A1-1-130 回填砂与定额子目 A1-4-123 垫层填砂均为砂基层，是否为回填厚度为 300mm 以内使用定额子目 A1-4-123 垫层填砂定额，超出 300mm 使用 A1-1-130 回填砂？

答：应根据具体使用的性质、作用和部位不同选择，定额 A1-1-130 子目用于回填，定额子目 A1-4-123 用于垫层。

 **任务小结**

本任务首先学习了土方项目的划分标准、〔2013〕4 号文的若干实施意见，然后分平整场地、挖沟槽、挖基坑和一般土方、回填和余方弃置几个模块对工程计量的清单和定额规则进行了学习，并辅以案例进行练习和巩固；在计量的基础上，进一步学习了定额的计价说明、案例的综合单价分析和计算、分部分项工程清单与计价表的填写。最后为与职业接轨，将土石方工程的定额解释进行了补充，以拓展学习者的职业视角。

通过本任务的计价实战演练，学生能够掌握土石方工程的定额运用要点，掌握土石方工程组价及综合单价的计算，具备编制土石方工程量清单计价表的能力。

 课后习题

一、单项选择题

1. 挖土方的工程量按设计图示尺寸的体积计算，此时的体积是指（　　）。

　　A. 虚方体积　　　　　B. 夯实后体积　　　　C. 松填体积　　　　D. 天然密实体积

2. 根据《房屋建筑与装饰工程工程量计算规范》GB 50854—2013，土石方工程中，建筑物场地厚度在 ±300mm 以内的，平整场地工程量应（　　）。

　　A. 按建筑物自然层面积计算　　　　　　B. 按设计图示厚度计算

　　C. 按建筑有效面积计算　　　　　　　　D. 按建筑物首层面积计算

3. 根据《房屋建筑与装饰工程工程量计算规范》GB 50854—2013，当土方开挖底长≤3 倍底宽，且底面积为 300m²，开挖深度为 0.8m 时，清单项应列为（　　）。

　　A. 平整场地　　　　B. 挖一般土方　　　　C. 挖沟槽土方　　　D. 挖基坑土方

4. 某建筑首层建筑面积 500m²，场地较为平整，其自然地面标高为 +87.5m，设计室外地面标高为 +87.15m，则其场地土方清单列项和工程量分别为（　　）。

　　A. 按平整场地列项：500m²　　　　　　B. 按一般土方列项：500m²

　　C. 按平整场地列项：175m³　　　　　　D. 按一般土方列项：175m³

5. 三类土的放坡起点是（　　）m。

　　A. 1.2　　　　　　B. 1.3　　　　　　C. 1.5　　　　　　D. 2

6. 根据《房屋建筑与装饰工程工程量计算规范》GB 50854—2013，当建筑物外墙砖基础垫层底宽为 850mm，基槽挖土深度为 1.6m，设计中心线长为 40000mm，土层为三类土，放坡系数为 1∶0.33，则此外墙基础人工挖沟槽工程量应为（　　）。

　　A. 34m³　　　　　B. 54.4m³　　　　　C. 113.8m³　　　　D. 126.59m³

7. 土方定额子目是按干土编制的，人工挖湿土时，相应定额子目（　　）。

　　A. 人工费乘以系数 1.18　　　　　　　　B. 人工费乘以系数 1.10

C. 人工费、机具费乘以系数 1.18　　　　　 D. 人工费、机具费乘以系数 1.10

8. 土方定额子目是按干土编制的。机械挖湿土时，相应定额子目人工费、机具费乘以系数（　　）。

　　A. 1.1　　　　　　 B. 1.18　　　　　　 C. 1.2　　　　　　 D. 1.3

9. 人工挖桩间土方，相应定额子目人工费乘以系数（　　）。

　　A. 1.1　　　　　　 B. 1.18　　　　　　 C. 1.2　　　　　　 D. 1.3

10. 机械挖桩间土方，相应定额子目人工费、机具费乘以系数（　　）。

　　A. 1.1　　　　　　 B. 1.18　　　　　　 C. 1.2　　　　　　 D. 1.3

11. 在挡土板支撑下人工挖沟槽、基坑土方时，相应定额子目人工费乘以系数（　　）。

　　A. 1.1　　　　　　 B. 1.18　　　　　　 C. 1.2　　　　　　 D. 1.3

12. 挖掘机在垫板上进行作业，相应定额子目的人工费、机具费乘以系数（　　）。

　　A. 1.1　　　　　　 B. 1.18　　　　　　 C. 1.2　　　　　　 D. 1.25

13. 混凝土基础砌砖胎模的工作面（　　）。

　　A. 250　　　　　　 B. 300　　　　　　 C. 400　　　　　　 D. 不计算

二、多项选择题

1. 土石方工程中回填方总量包括（　　）。

　　A. 室内回填　　　　　　　　　　　　 B. 室外回填

　　C. 基础回填　　　　　　　　　　　　 D. 场地回填

2. 根据《房屋建筑与装饰工程工程量计算规范》GB 50854—2013 规定，关于土方的项目列项或工程量计算正确的为（　　）。

　　A. 建筑物场地厚度为 250mm 的挖土应按平整场地项目列项

　　B. 挖一般土方的工程量通常按开挖虚方体积计算

　　C. 基础土方开挖需区分沟槽、基坑和一般土方项目分别列项

　　D. 冻土开挖工程量需按夯实后体积计算

3. 下列对回填方的要求，（　　）说法正确。

　　A. 填方材料品种可由投标人根据设计要求验方后方填入

　　B. 填方粒径要求，在无特殊要求情况下，项目特征可以不描述

　　C. 如需买土回填应在项目特征填方来源中描述，并注明买土方数量

　　D. 填方密实度要求，在无特殊要求情况下，项目特征可描述为满足设计和规范的要求

4. 某工程石方清单为暂估项目，施工过程中需要通过现场签证确认实际完成工程量，挖方全部外运。已知开挖范围为底长 25m，宽度 9m，使用斗容量为 10m³ 的汽车平装外运 55 车，则关于石方清单列项和工程量，说法正确的有（　　）。

　　A. 按挖一般石方列项　　　　　　　　 B. 按挖沟槽石方列项

　　C. 按挖基坑石方列项　　　　　　　　 D. 工程量 357.14m³

　　E. 工程量 550.00m³

5. 根据《房屋建筑与装饰工程工程量计算规范》GB 50854—2013，关于管沟土方工程量计算的说法，正确的有（　　）。

　　A. 按管沟宽乘以深度再乘以管道中心线长度计算

B. 按设计管道中心线长度计算

C. 按设计管底垫层面积乘以深度计算

D. 按管道外径水平投影面积乘以挖土深度计算

E. 按管沟开挖断面乘以管道中心线长度计算

6. 根据《房屋建筑与装饰工程工程量计算规范》GB 50854—2013，关于土方工程量计算与项目列项，说法正确的有（　　）。

A. 建筑物场地挖、填度≤±300mm 的挖土应按一般土方项目编码列项计算

B. 平整场地工程量按设计图示尺寸以建筑物首层建筑面积计算

C. 挖一般土方应按设计图示尺寸以挖掘前天然密实体积计算

D. 挖沟槽土方工程量按沟槽设计图示中心线长度计算

E. 挖基坑土方工程量按设计图示尺寸以体积计算

7. 某坡地建筑基础，设计基底垫层宽为 8.0m，基础中心线长为 22.0m，开挖深度为 1.6m，地基为中等风化软岩，根据《房屋建筑与装饰工程工程量计算规范》GB 50854—2013 规定，关于基础石方的项目列项或工程量计算正确的为（　　）。

A. 按挖沟槽石方列项　　　　　　B. 按挖基坑石方列项

C. 按挖一般石方列项　　　　　　D. 工程量为 286.1m³

E. 工程量为 22.0m

任务 3.2　桩及基础工程计量计价

 **知识要点**

1. 了解桩基础清单项目附录的构成；

2. 熟悉〔2013〕4 号文对桩基础工程清单的补充说明；

3. 掌握桩基础工程清单、定额工程量的计算规则；

4. 能根据实际工程开列桩基础项目清单，并进行清单、定额工程量的计算；

5. 熟悉定额总说明和桩基础工程章说明中关于计价的规定；

6. 进行桩基础清单项目定额组价时，能正确分析清单项目名称的工作内容与定额子目的对应关系，并选择出需要进行组价的定额；

7. 能够正确填写并计算桩基础工程的综合单价分析表及清单与计价表。

3.2.1　桩基础工程量计算的基础知识

1. 常见桩的类型及施工方法见表 3-2-1。

常见桩的类型及施工方法　　　　　　　　　表 3-2-1

序号	桩类型	施工方法	施工中需要考虑的工作内容
1	预制混凝土桩	打桩、静力压桩	接桩、送桩、截桩、填芯
2	钢管桩		接桩、切割、管内取土、填芯
3	混凝土灌注桩	沉管、钻孔、冲孔、旋挖	成孔、检测、后压浆、入岩增加、泥浆运输、灌混凝土、截桩

2. 桩的相关概念

（1）试验桩：大面积施工前，应先进行试打来检验桩的承载力，如果达不到设计要求就需要提出处理方案；试打桩没有问题才能开展桩的大面积施工。一般情况下，一个单体工程或一个规模较小的住宅小区抽检试验桩的数量：不少于总桩数的 1%，且不少于 3 根；当总桩数少于 50 根时，不少于 2 根。

（2）送桩：预制桩在施工过程中，当桩顶设计标高低于自然地面标高时，需要借助送桩器将桩沉到设计标高，然后再拔出送装器，此施工过程称为送桩。

（3）接桩：受预制设备和运输条件影响，单根预制桩的制作长度受限，通常不能满足设计桩长的要求，施工时需按照设计桩长将预制桩分节打入，现场进行接桩。简单理解，即桩的设计长度超过预制桩的单根长度就需要接桩。

（4）截桩：桩施工完后，需要截掉桩头，确保桩跟承台及上部结构的有效连接。

3. 〔2013〕4 号文关于桩基础工程的若干实施意见

（1）打（压）预制混凝土桩的送桩工程量另行列项计算，项目名称明确为"×××的送桩"。

（2）预制混凝土管桩的桩长不包括桩尖长度，其桩尖按粤表 C.1.1 另行列项计算。

（3）灌注桩、地下连续墙的入岩增加费按粤表 C.2.1 另行列项计算。如设计要求有空桩的，空桩单独列项计算，项目名称明确为"×××的空桩"。

（4）人工挖孔灌注桩暂不执行（010302005），混凝土护壁、桩芯分别按照粤表 C.2.2 的规定执行。

广东省补充的桩基础清单见表 3-2-2。

广东补充的桩基础清单   表 3-2-2

项目编码	项目名称	项目特征	计量单位	工程量计算规则	工作内容
粤 010301005	桩尖	1. 桩尖类型 2. 设计材质 3. 桩尖质量 4. 规格尺寸	个	以个计量，按设计图示数量计算	制作、运输、安装
粤 010302008	入岩增加费	1. 地层情况 2. 入岩厚度 3. 成孔方法	m³	按入岩厚度乘以设计截面面积以体积计算	入岩成孔增加的人工、材料、机械等
粤 010302009	人工挖孔混凝土护壁	1. 护壁厚度、高度 2. 护壁混凝土种类、强度等级	m³	按设计图示尺寸截面积（含护壁）乘以成孔长度以立方米计算	1. 模板制作、安装 2. 混凝土制作、运输 3. 护壁浇捣、养护

项目编码	项目名称	项目特征	计量单位	工程量计算规则	工作内容
粤 010302010	人工挖孔混凝土桩芯	1. 桩芯长度 2. 桩芯直径、扩底直径、扩底高度 3. 桩芯混凝土种类、强度等级	m³	按设计图示尺寸截面积乘以桩芯长度以立方米计算	1. 混凝土制作、运输 2. 桩芯灌注、振捣、养护

3.2.2　预制桩工程计量

1. 国标清单附录及工程量计算规则（表 3-2-3）

打桩的国标清单附录　　　　　　　　　　　　　表 3-2-3

项目编码	项目名称	项目特征	计量单位	工程量计算规则	工作内容
010301001	预制钢筋混凝土方桩	1. 地层情况 2. 送桩深度、桩长 3. 桩截面 4. 桩倾斜度 5. 沉桩方法 6. 接桩方式 7. 混凝土强度等级	1. m 2. m³ 3. 根	1. 以米计量，按设计图示尺寸以桩长（包括桩尖）计算 2. 以立方米计量，按设计图示截面积乘以桩长（包括桩尖）以实体积计算 3. 以根计量，按设计图示数量计算	1. 工作平台搭拆 2. 桩机竖拆、移位 3. 沉桩 4. 接桩 5. 送桩
010301002	预制钢筋混凝土管桩	1. 地层情况 2. 送桩深度、桩长 3. 桩外径、壁厚 4. 桩倾斜度 5. 沉桩方法 6. 桩尖类型 7. 混凝土强度等级 8. 填充材料种类 9. 防护材料种类			1. 工作平台搭拆 2. 桩机竖拆、移位 3. 沉桩 4. 接桩 5. 送桩 6. 桩尖制作安装 7. 填充材料、刷防护材料
010301003	钢管桩	1. 地层情况 2. 送桩深度、桩长 3. 材质 4. 管径、壁厚 5. 桩倾斜度 6. 沉桩方法 7. 填充材料种类 8. 防护材料种类	1. t 2. 根	1. 以吨计量，按设计图示尺寸以质量计算 2. 以根计量，按设计图示数量计算	1. 工作平台搭拆 2. 桩机竖拆、移位 3. 沉桩 4. 接桩 5. 送桩 6. 切割钢管、精割盖帽 7. 管内取土 8. 填充材料、刷防护材料

项目编码	项目名称	项目特征	计量单位	工程量计算规则	工作内容
010301004	截（凿）桩头	1. 桩类型 2. 桩头截面、高度 3. 混凝土强度等级 4. 有无钢筋	1. m³ 2. 根	1. 以立方米计量，按设计桩截面乘以桩头长度以体积计算。 2. 以根计量，按设计图示数量计算	1. 截（切割）桩头 2. 凿平 3. 废料外运

说明：(1) 地层情况按本规范的规定，并根据岩土工程勘察报告按单位工程各地层所占比例（包括范围值）进行描述。对无法准确描述的地层情况，可注明由投标人根据岩土工程勘察报告自行决定报价。

  (2) 项目特征中的桩截面、混凝土强度等级、桩类型等可直接用标准图代号或设计桩型进行描述。

  (3) 预制钢筋混凝土方桩、预制钢筋混凝土管桩项目以成品桩编制，应包括成品桩购置费，如果用现场预制，应包括现场预制桩的所有费用。

  (4) 打试验桩和打斜桩应按相应项目单独列项，并应在项目特征中注明试验桩或斜桩（斜率）。

  (5) 截（凿）桩头项目适用于本规范附录所列桩的桩头截（凿）。

  (6) 预制钢筋混凝土管桩桩顶与承台的连接构造按本规范混凝土工程的相关项目列项。

2. 综合定额工程量计算规则

（1）预制钢筋混凝土桩

1）打（压）预制混凝土方桩工程量，按设计图示桩长（包括桩尖）以"m"计算；打（压）预制混凝土管桩工程量，按设计图示桩长（不包括桩尖）以"m"计算。预制混凝土管桩采用一体化桩尖的，桩尖并入桩长计算。

2）钢桩尖制作工程量，按设计图示尺寸以"t"计算，不扣除孔眼（0.04m² 内）、切边、切肢的质量，焊条、铆钉、螺栓等不另增加质量，不规则或多边形钢板以其外接矩形面积乘以厚度乘以单位理论质量计算。

3）预制混凝土接桩工程量，按设计图示接头数量以"个"计算。

4）预制混凝土管桩填芯工程量，按设计长度乘以管内截面积以"m³"计算。

十字桩尖如图 3-2-1 所示，桩顶填芯如图 3-2-2 所示。

图 3-2-1　十字桩尖

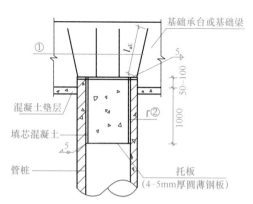

图 3-2-2　桩顶填芯

钢筋、钢板重量计算公式如下：

$$钢筋重量(kg) = 0.00617 \times D^2(mm) \times L(m)$$

$$钢板重量(kg)=7.85×厚度(mm)×面积(m^2)$$

（2）钢管桩

1）打（压）钢管桩（图 3-2-3）工程量，按入土长度以"t"计算。

2）钢管桩（图 3-2-4）接桩工程量，按设计图示数量以"个"计算。

3）钢管桩内切割工程量，按设计图示数量以"根"计算。

4）钢管桩精割盖帽工程量，按设计图示数量以"个"计算。

5）钢管桩管内取土工程量，按设计图示尺寸以"m³"计算。

6）钢管桩填芯工程量，按设计长度乘以管内截面积以"m³"计算。

图 3-2-3　桩入土施工　　　　　　图 3-2-4　钢管桩

（3）所有桩的长度，除另有规定外，预算按设计长度；结算按实际入土桩的长度（单独制作的桩尖除外）计算，超出地面的桩长度不得计算。

【例 3-2-1】某工程的室外地坪标高−1.200m，桩顶设计标高−3.800m；预应力钢筋混凝土管桩施工共 220 根，设计桩长为 20m，预制桩长 12m，桩外径为 ϕ400，内径为 ϕ200，桩头 6 根钢筋。钢桩尖每个重 35kg。桩顶填充材料为 C30 预拌混凝土，填芯高度 1.5m。据工程地质勘察资料知：土壤级别为二类土。试根据现行的国标清单和〔2013〕4号文编制工程量清单。

【解】根据题目，设计桩长 20m，预制桩长 12m，需现场接桩施工，接桩后桩顶高于室外地坪无需送桩施工。根据〔2013〕4 号文的规定，本题总桩数 220 根，试验桩应单列清单，试验桩数量＝max(2.2,3)＝3 根；桩尖亦应单列补充的清单。此外，预制桩与承台及上部结构连接需要截桩施工。

综上所述，本题应列预制钢筋混凝土管桩、预制钢筋混凝土管桩实验桩、截桩、桩尖 4 个清单项目。根据国标清单的 5 要素，整理后的分部分项工程量清单见表 3-2-4。

预制钢筋混凝土管桩分部分项工程量清单　　　　　　　　表 3-2-4

序号	项目编码	项目名称	项目特征	计量单位	工程量
1	010301002001	预制钢筋混凝土管桩	1. 地层情况：二类土 2. 单桩长 20m，217 根 3. 桩外径 400mm，壁厚 100mm 4. 桩顶填充材料为 C30 预拌混凝土，1.5m	m	4340

续表

序号	项目编码	项目名称	项目特征	计量单位	工程量
2	010301002002	预制钢筋混凝土管桩的试验桩	1. 地层情况：二类土 2. 单桩长 20m，3 根 3. 桩外径 400mm，壁厚 100mm 4. 桩顶填充材料为 C30 预拌混凝土，1.5m	m	60
3	010301004001	截（凿）桩头	1. 预制钢筋混凝土管桩 2. 桩外径 400mm，壁厚 100mm 3. 混凝土强度等级：C30 预拌混凝土 4. 有无钢筋：有	根	220
4	粤 010301005001	桩尖	1. 钢桩尖 2. 质量：35kg/个	个	220

注：该例题的定额工程量，其计算结果与清单工程量一致。

3. 职业技能要点

(1) 能够根据国标清单、〔2013〕4 号文，准确开列工程量清单；

(2) 能够根据国标清单、综合定额，正确选择清单项目的计量单位。

3.2.3 灌注桩工程计量

1. 国标清单附录及工程量计算规则（表 3-2-5）

灌注桩国标清单　　　　　　　　　　　表 3-2-5

项目编码	项目名称	项目特征	计量单位	工程量计算规则	工作内容
010302001	泥浆护壁成孔灌注桩	1. 地层情况 2. 空桩长度、桩长 3. 桩径 4. 成孔方法 5. 护筒类型、长度 6. 混凝土种类、强度等级	1. m 2. m³ 3. 根	1. 以米计量，按设计图示尺寸以桩长（包括桩尖）计算 2. 以立方米计量，按不同截面在桩上范围内以体积计算 3. 以根计量，按设计图示数量计算	1. 护筒埋设 2. 成孔、固壁 3. 混凝土制作、运输、灌注、养护 4. 土方、废泥浆外运 5. 打桩场地硬化及泥浆池、泥浆沟
010302002	沉管灌注桩	1. 地层情况 2. 空桩长度、桩长 3. 复打长度 4. 桩径 5. 沉管方法 6. 桩尖类型 7. 混凝土种类、强度等级			1. 打（沉）拔钢管 2. 桩尖制作、安装 3. 混凝土制作、运输、灌注、养护
010302003	干作业成孔灌注桩	1. 地层情况 2. 空桩长度、桩长 3. 桩径 4. 扩孔直径、高度 5. 成孔方法 6. 混凝土种类、强度等级			1. 成孔、扩孔 2. 混凝土制作、运输、灌注、振捣、养护

项目编码	项目名称	项目特征	计量单位	工程量计算规则	工作内容
010302006	钻孔压浆桩	1. 地层情况 2. 空钻长度、桩长 3. 钻孔直径 4. 水泥强度等级	1. m 2. 根	1. 以米计量，按设计图示尺寸以桩长开矿 2. 以根计量，按设计图示数量计算	钻孔、下注浆管、投放骨料、浆液制作、运输、压浆
010302007	灌注桩后压浆	1. 注浆导管导管材料、规格 2. 注浆导管长度 3. 单孔注浆量 4. 水泥强度等级	孔	按设计图示以注浆孔数计算	1. 注浆导管制作、安装 2. 浆液制作、运输、压浆

说明：（1）对无法准确描述的地层情况，可注明由投标人根据岩土工程勘察报告自行决定报价。

（2）项目特征中的桩长包括桩尖，空桩长度＝桩深－桩长，孔深为自然地面至设计桩底的深度。

（3）泥浆护壁成孔灌注桩是指在泥浆护壁条件下成孔，采用水下灌注混凝土的桩。

（4）沉管灌注桩的沉管方法包括锤击沉管法、振动沉管法、振动冲击沉管法、内夯沉管法等。

（5）干作业成孔灌注桩是指不用泥浆护壁和套管护壁的情况下，用钻机成孔后，下钢筋笼，灌注混凝土的桩，适用于地下水位以上的土层使用。

（6）混凝土种类：指清水混凝土、彩色混凝土、水下混凝土等，如在同一地区既使用预拌（商品）混凝土，又允许现场搅拌混凝土时，也应注明（下同）。

（7）混凝土灌注桩的钢筋笼制作、安装，按本规范附录 E 中相关项目编码列项。

2. 综合定额工程量计算规则

（1）成孔混凝土灌注桩

1）沉管灌注混凝土桩、夯扩桩工程量，按桩长乘以设计截面面积以"m³"计算。

2）灌注桩检测管工程量，钢检测管按质量以"t"计算，塑料管按长度以"m"计算。桩底（侧）后压浆工程量按设计注入水泥用量以"t"计算。如水泥用量差别大，允许换算。

3）钢护筒工程量，按钢护筒加工后的成品质量以"t"计算。

4）素混凝土桩（CFG 桩）工程量，按桩长乘以设计截面面积以"m³"计算。

5）钻、冲孔桩工程量，按桩长乘以设计截面面积以"m³"计算。

6）旋挖桩工程量，按桩长乘以设计截面面积以"m³"计算。

7）钻孔桩、冲孔桩和旋挖桩入岩增加费，按入岩厚度乘以设计截面面积以"m³"计算。

8）钻孔（旋挖）桩和冲孔桩的灌注混凝土工程量，预算按设计图示桩长乘以设计截面面积以"m³"计算，结算按实调整。

（2）泥浆运输工程量，按钻、冲孔桩工程量以"m³"计算。

（3）截（凿）桩头

1）桩头钢筋截断工程量，按设计图示数量以"根"计算。

2）机械切割预制桩头工程量，按设计图示数量以"个"计算。凿桩头工程量，除另有规定外，按设计要求以"m³"计算。设计没有要求的，预算时其长度从桩头顶面标高计至桩承台底以上 100mm，结算时按实调整。凿灌注桩、钻（冲）孔桩的工程量，按凿桩头长度乘桩设计截面面积再乘以系数 1.20 计算。

（4）所有桩的长度，除另有规定外，预算按设计长度；结算按实际入土桩的长度（单独制作的桩尖除外）计算，超出地面的桩长度不得计算，成孔灌注混凝土桩的计算桩长以成孔长度为准。

【例 3-2-2】某工程采用排桩进行基坑支护，排桩采用旋挖钻孔灌注桩施工。场地标高为 494.50，旋挖桩桩径为 1000mm，桩长为 20m，采用水下商品混凝土 C30，桩顶标高为 493.50，超灌高度 1m，桩数为 206 根（无试验桩）。根据地质资料和设计情况，一、二类土约占 25%，三类土约占 20%，四类土约占 55%。试根据现行的国标清单，列出该排桩分部分项工程量清单。

【解】根据国标清单分析，本题应列：泥浆护壁成孔灌注桩（旋挖桩）、截（凿）桩头 2 个清单项目。工程量计算及分部分项工程量清单整理见表 3-2-6、表 3-2-7。

清单工程量计算表

表 3-2-6

序号	项目编码	项目名称	工程量计算	工程量	单位
1	010302001001	泥浆护壁成孔灌注桩（旋挖桩）	206	206	根
2	010301004001	截（凿）桩头	$\pi \times 0.5^2 \times 1 \times 206 = 161.79$	161.79	m²

分部分项工程量清单

表 3-2-7

序号	项目编码	项目名称	项目特征	计量单位	工程量
1	010302001001	泥浆护壁成孔灌注桩（旋挖桩）	1. 地层情况：一、二类土约占 25%，三类土约占 20%，四类土约占 55% 2. 空桩长度：2~2.6m，桩长 20m 3. 桩径：1000mm 4. 成孔方法：旋挖钻孔 5. 混凝土种类、强度等级：水下商品混凝土 C30	根	206
2	010301004001	截（凿）桩头	1. 桩类型：旋挖桩 2. 桩头截面、高度：1000mm、不少于 1m 3. 混凝土强度等级：C30 4. 有无钢筋：有	m²	161.79

注：该例题的定额工程量，其计算结果与清单工程量一致。

【例 3-2-3】某工程有泥浆护壁钻孔灌注桩 100 根（无试验桩），设计桩径为 60cm，设计桩长平均为 25m，按设计要求需进入中风化岩 0.5m，桩顶标高为 -2.5m，施工场地标高为 -0.5m，截桩头 0.1m。泥浆运输距离为 3km。混凝土采用预拌混凝土 C20。本工程土为二类土。试根据现行的国标清单和粤建造发〔2013〕4 号文编制工程量清单。

【解】根据国标清单、粤建造发〔2013〕4 号文分析，本题应列：泥浆护壁成孔灌注桩、泥浆护壁成孔灌注桩的空桩、入岩增加费、截（凿）桩头 4 个清单项目。工程量计算及分部分项工程量清单整理见表 3-2-8、表 3-2-9。

清单工程量计算表　　　　　　　　　　　　　　表 3-2-8

序号	项目编码	项目名称	工程量计算	工程量	单位
1	010302001001	泥浆护壁成孔灌注桩	$\pi \times \dfrac{0.6^2}{4} \times 25 \times 100 = 706.5$	706.5	m³
2	010302001002	泥浆护壁成孔灌注桩的空桩	$\pi \times \dfrac{0.6^2}{4} \times 2 \times 100 = 56.52$	56.52	m³
3	粤 010302008001	入岩增加费	$\pi \times \dfrac{0.6^2}{4} \times 0.5 \times 100 = 14.13$	14.13	m³
4	010301004001	截（凿）桩头	$\pi \times \dfrac{0.6^2}{4} \times 0.1 \times 100 \times 1.2 = 3.39$	3.39	m³

分部分项工程量清单　　　　　　　　　　　　　　表 3-2-9

序号	项目编码	项目名称	项目特征	计量单位	工程量
1	010302001001	泥浆护壁成孔灌注桩	1. 地层情况：二类土 2. 设计桩长：25m 3. 桩径 600mm 4. 成孔方法：钻孔桩 5. 混凝土种类、强度：预拌 C20 混凝土	m³	706.5
2	010302001002	泥浆护壁成孔灌注桩的空桩	1. 地层情况：二类土 2. 空桩长度：2m 3. 桩径 600mm 4. 成孔方法：钻孔桩	m³	56.52
3	粤 010302008001	入岩增加费	1. 地层情况：中风化岩 2. 入岩厚度：0.5m 3. 成孔方法：钻孔桩	m³	14.13
4	010301004001	截（凿）桩头	1. 泥浆护壁成孔灌注桩 2. 桩径 600mm 3. 混凝土强度等级：预拌 C20 混凝土 4. 有无钢筋：有	m³	3.39

注：该例题的定额工程量，其计算结果与清单工程量一致。

3.2.4　桩基础工程计价

1. 定额计价的部分章说明

（1）一般说明

1）不同土壤类别、机械类别和性能均包括在定额内。

2）本定额打（压）预制桩未包括接桩，打（压）桩的接桩按相应子目另行计算。

3）定额不包括清除地下障碍物，若发生时按实计算。

4）打（压）试验桩套相应打（压）桩子目，人工费、机具费乘以系数 2.00。

5）单位工程打（压）桩、灌注桩工程量在下表规定数量以内时，其人工费、机具费按相应子目乘以系数1.25。

需调整系数的桩工程量限值表见表3-2-10。

需调整系数的桩工程量限值表 表 3-2-10

项目	单位工程工程量
预制钢筋混凝土方桩	200m³
砂、砂石桩	40m³
钻孔、旋挖成孔灌注桩	150m³
沉管、冲孔灌注桩	100m³
预制钢筋混凝土管桩	1000m³

6）打桩工程以平地（坡度≤15°）打桩为准，坡度>15°打桩时，按相应项目人工费、机具费乘以系数1.15。如在坑内（基坑深度>1.5m，基坑面积≤500m²）打桩或在地坪上打坑槽内（坑槽深度>1m）桩时，按相应项目人工费、机具费乘以系数1.11。

7）本章打桩工程均按打直桩考虑，如遇打斜桩（包括俯打、仰打）斜率在1∶6以内时按相应项目人工费、机具费乘以系数1.25；斜率大于1∶6时，按相应项目人工费、机具费乘以系数1.43。

8）型钢综合包括桩帽、送桩器、桩帽盖、钢管、钢模、金属设备及料斗等。

（2）经审定的施工方案，单位工程内出现送桩和打桩的应分别计算。送桩工程量按送桩长度计算（即打桩机架底至桩顶面或自桩顶面至自然地坪面另加0.5m计算），套用相应打（压）桩子目，并按照下述规定调整消耗量。

1）预制混凝土桩送桩，人工费及机具费乘以系数1.20。

2）钢管桩送桩，人工费、机具费乘以系数1.50。

3）预制混凝土桩和钢管桩送桩时，不计算预制混凝土桩和钢管桩的材料费用。

（3）有计算送桩的打（压）预制混凝土桩项目，子目桩消耗量103.8m改为101m。

（4）预制混凝土方桩接桩定额钢材用量与设计不同时，按实调整，其他不变。

（5）预制混凝土方桩和预制混凝土管桩，定额按购入成品构件考虑。

（6）沉管混凝土灌注桩，钻、冲孔灌注桩、旋挖桩、素混凝土桩（CFG桩）的混凝土含量按1.20扩散系数考虑，实际灌注量不同时，可调整混凝土量，其他不变。

（7）沉管混凝土灌注桩

1）在原位打扩大桩时，人工费乘以系数0.85，机具费乘以系数0.50。

2）沉管混凝土灌注桩至地面部分（包括地下室）采用砂石代替混凝土时，其材料按实计算。

3）如在支架上打桩，人工费及机具费乘以系数1.25。

4）活页桩尖铁件摊销每立方米混凝土1.5kg。

2. 桩基础工程定额计价案例

根据【例3-2-1】条件，试计算各清单项目综合单价分析表，并填写分部分项工程清单与计价表。

【解】

1）预制钢筋混凝土管桩的综合单价分析

① 预制管桩，桩径 400mm，设计桩长 20m，定额编码 A1-3-37，数量＝1÷10＝0.1。

② 设计桩长 20m，预制桩长 12m，故需接桩，定额编码 A1-3-47，定额工程量＝217 个，数量＝217÷4340÷10＝0.005。

③ 桩顶需要混凝土填芯，定额编码 A1-3-50，定额工程量＝$3.14÷4×0.2^2×1.5×217＝10.2207m^3$，数量＝10.2207÷4340÷10＝0.0002355；混凝土材料编码 8021905，数量＝0.0002355×10.1（定额 A1-3-50 的混凝土含量）＝0.0024。

根据上述分析，查找相应定额，填写相应数据，计算对应合价，汇总结果见表 3-2-11。

综合单价分析表   表 3-2-11

工程名称：桩基础工程   标段：   第 1 页 共 4 页

项目编码	010301002001		项目名称	预制钢筋混凝土管桩		计量单位	m	工程量	4340
清单综合单价组成明细									
定额编号	定额项目名称	定额单位	数量	单价					
				人工费	材料费	机具费	管理费和利润		

定额编号	定额项目名称	定额单位	数量	人工费	材料费	机具费	管理费和利润	人工费	材料费	机具费	管理费和利润
A1-3-37	压预制管桩 桩径 400mm 桩长(m)18 以外	100m	0.01	686.45	11545.83	2598.06	1227.75	6.86	115.46	25.98	12.28
A1-3-47	管桩电焊接桩 Ø400	10 个	0.005	178.42	124.78	537.73	267.7	0.89	0.62	2.69	1.34
A1-3-50	预制混凝土 管桩填芯 填混凝土	10m³	0.0002	1278.25	8.92	13.01	482.67	0.3			0.11
8021905	普通预拌混凝土 碎石粒径综合 考虑 C30	m³	0.0024		340				0.81		
人工单价	小计							8.05	116.89	28.67	13.73
	未计价材料费										
	清单项目综合单价							167.35			

2）预制钢筋混凝土管桩试验桩的综合单价分析

① 预制管桩试验桩，根据定额章说明：打试验桩套相应打（压）桩子目，人工费、机具费乘以系数 2；又根据定额总说明：管理费和利润的计算基数均为人工费和机具费之和，且随其变动而调整。故定额编码 A1-3-37，数量＝1÷10＝0.1，人工、机具、管理费、利润的单价均为定额价乘以系数 2。

② 设计桩长 20m，预制桩长 12m，故需接桩，定额编码 A1-3-47，定额工程量＝3个，数量＝3÷60÷10＝0.005。

③ 桩顶需要混凝土填芯，定额编码 A1-3-50，定额工程量＝3.14÷4×0.2^2×1.5×3＝0.1413m^3，数量＝0.1413÷60÷10＝0.0002355；混凝土材料编码 8021905，数量＝0.0002355×10.1＝0.0024。

根据上述分析，查找相应定额，填写相应数据，计算对应合价，汇总结果见表 3-2-12。

综合单价分析表　　　　　　　　　　　表 3-2-12

工程名称：桩基础工程　　　　　　　　标段：　　　　　　　　　　　第 2 页　共 4 页

项目编码		010301002002	项目名称	预制钢筋混凝土管桩		计量单位		m	工程量	60

清单综合单价组成明细										
定额编号	定额项目名称	定额单位	数量	单价				合价			
				人工费	材料费	机具费	管理费和利润	人工费	材料费	机具费	管理费和利润
A1-3-37 R×2, J×2	压预制管桩桩径 400mm 桩长(m)18 以外打(压)试验桩人工×2,机械×2	100m	0.01	1372.9	11545.83	5196.12	2455.5	13.73	115.46	51.96	24.56
A1-3-47	管桩电焊接桩 φ400	10 个	0.005	178.42	124.78	537.73	267.7	0.89	0.62	2.69	1.34
A1-3-50	预制混凝土管桩填芯填混凝土	10m^3	0.0002	1278.25	8.92	13.01	482.67	0.3			0.11
8021905	普通预拌混凝土碎石粒径综合考虑 C30	m^3	0.0024		340				0.81		
人工单价		小计						14.92	116.89	54.65	26.01
		未计价材料费									
清单项目综合单价								212.48			

3）截桩头的综合单价分析

根据题目，截桩头包括钢筋截断和截桩头两项内容：

① 截桩头钢筋截断，定额编码 A1-3-140，定额工程量＝220×6＝1320 根，数量＝1320÷220÷10＝0.6。

② 截预制桩头，定额编码 A1-3-141，定额工程量＝220 个，数量＝1。

填写综合单价分析表见表 3-2-13。

综合单价分析表　　　　　　　表 3-2-13

工程名称：桩基础工程　　　　　　　标段：　　　　　　　第 3 页　共 4 页

项目编码	010301004001	项目名称	截（凿）桩头	计量单位	根	工程量	220

清单综合单价组成明细

定额编号	定额项目名称	定额单位	数量	单价				合价			
				人工费	材料费	机具费	管理费和利润	人工费	材料费	机具费	管理费和利润
A1-3-140	截桩头 桩头钢筋截断	10 根	0.6	89.32			33.38	53.59			20.03
A1-3-141	截桩头 机械切割预制桩头	个	1	31.67		28.15	22.36	31.67		28.15	22.36
人工单价		小计						85.26		28.15	42.39
		未计价材料费									
		清单项目综合单价						155.8			

4）桩尖的综合单价分析

桩尖定额编码 A1-3-42，根据题目给定的桩尖质量为 35kg/个，定额工程量＝35×220÷1000＝7.7t，数量＝7.7÷220＝0.035。填写综合单价分析表见表 3-2-14。

综合单价分析表　　　　　　　表 3-2-14

工程名称：桩基础工程　　　　　　　标段：　　　　　　　第 4 页　共 4 页

项目编码	粤 010301005001	项目名称	桩尖	计量单位	个	工程量	220

清单综合单价组成明细

定额编号	定额项目名称	定额单位	数量	单价				合价			
				人工费	材料费	机具费	管理费和利润	人工费	材料费	机具费	管理费和利润
A1-3-42	钢桩尖制作	t	0.035	2201.87	3561.51	367.45	960.41	77.07	124.65	12.86	33.61
人工单价		小计						77.07	124.65	12.86	33.61
		未计价材料费									
		清单项目综合单价						248.19			

5）分部分项工程清单与计价表

根据题目内容，整理项目特征和已有计算结果，填写分部分项工程清单与计价表见表 3-2-15。

分部分项工程和单价措施项目清单与计价表   表 3-2-15

工程名称：桩基础工程   标段：   第 1 页 共 1 页

序号	项目编码	项目名称	项目特征描述	计量单位	工程量	综合单价	综合合价	其中 暂估价
1	010301002001	预制钢筋混凝土管桩	1. 地层情况：二类土 2. 单桩长 20m, 217 根 3. 桩外径 400mm, 壁厚 100mm 4. 桩顶填充材料为 C30 预拌混凝土, 1.5m	m	4340	167.35	726299	
2	010301002002	预制钢筋混凝土管桩	1. 地层情况：二类土 2. 单桩长 20m, 3 根 3. 桩外径 400mm, 壁厚 100mm 4. 桩顶填充材料为 C30 预拌混凝土, 1.5m	m	60	212.48	12748.8	
3	010301004001	截（凿）桩头	1. 预制钢筋混凝土管桩 2. 桩外径 400mm, 壁厚 100mm 3. 混凝土强度等级：C30 预拌混凝土 4. 有无钢筋：有	根	220	155.8	34276	
4	粤 010301005001	桩尖	1. 钢桩尖 2. 质量：35kg/个	个	220	248.19	54601.8	

3. 职业拓展——综合定额要点解析

（1）桩基础工程中章说明第三条："有计算送桩的打（压）预制混凝土桩项目，子目桩消耗量 103.8m 改为 101m。"怎么理解？是理解为只要存在送桩，整个项目中所有桩的定额消耗量都应由 103.8m 修改为 101m？还是仅指需要送桩的那部分桩的定额消耗量应由 103.8m 修改为 101m，不需要送桩的部分仍按 103.8m 计算？

答：仅指需要送桩的那部分桩的定额消耗量应由 103.8m 修改为 101m，不需要送桩的部分仍按 103.8m 计算。

（2）桩间土范围应如何计算？

答：管桩、灌注桩的桩间土开挖范围是指桩外缘向外 1.2m 范围内的挖土，另相邻桩外缘间距离≤4m 时，其间的挖土亦全部为桩间挖土。开挖深度预算时按桩顶设计标高以上 1.2m 至基础（含垫层）底计算；结算时按实际入土平均桩顶标高以上 1.2m 至设计基础垫层底标高计算。

（3）成孔灌注混凝土桩设计说明要求成桩高度要比有效桩长长 800mm，请问这 800mm 的长度是否应计入桩的长度？

答：应计算。

（4）咬合混凝土灌注桩重叠部分工程量是否应扣除？

答：不需扣除。

（5）混凝土灌注桩要计算泵送费吗？

答：混凝土灌注桩定额子目未包含泵送费用，若根据经批准的施工方案，采用泵送方式的可计取泵送费。

任务小结

本任务首先对桩基础的施工方法、基本概念，以及〔2013〕4号中关于桩基础的清单补充进行了说明，然后分预制桩、灌注桩两个模块分别进行了计量规则的学习和案例的实际练习，最后学习桩基础的计价，在对定额计价理解的基础上，通过案例详细讲解如何进行计价分析，以及综合单价分析表的计算、清单与计价表的填写。最后为与职业接轨，将桩基础工程的定额解释进行了补充，以拓展学习者的职业视角。

通过本任务的计价实战演练，学生能够掌握桩基础工程的定额运用要点，掌握桩基础工程组价及综合单价的计算，具备编制桩基础工程量清单计价表的能力。

课后习题

一、单项选择题

1. 根据《房屋建筑与装饰工程工程量计算规范》GB 50854—2013规定，关于桩基础的项目列项或工程量计算正确的为（　　）。

A. 预制钢筋混凝土管桩试验桩应在工程量清单中单独列项

B. 预制钢筋混凝土方桩试验桩工程量应并入预制钢筋混凝土方桩项目

C. 现场截凿桩头工程量不单独列项，并入桩工程量计算

D. 挖孔桩土方按设计桩长（包括桩尖）以米计算

2. 根据《房屋建筑与装饰工程工程量计算规范》GB 50854—2013，挖桩间土说法正确的是（　　）。

A. 扣除桩或类似桩体所占体积

B. 不扣除桩芯直径≤60cm的桩或类似尺寸桩体所占体积

C. 不扣除桩芯直径≤60cm的桩或类似尺寸桩体所占体积

D. 不扣除桩的体积

3. 已知某工程有桩30根，桩承台底面标高−3.800m，承台高1500mm，承台垫层厚100mm，桩顶深入承台100mm，室外地坪−1.200m，施工先打桩再挖土，则根据《广东省房屋建筑与装饰工程综合定额（2018）》，计算该工程送桩的工程量为（　　）m。

A. 4.3　　　　　　　B. 4.5　　　　　　　C. 90　　　　　　　D. 135

4. 根据《房屋建筑与装饰工程工程量计算规范》GB 50854—2013，以及广东省建设工程造价管理总站《关于实施〈房屋建筑与装饰工程工程量计算规范〉GB 50854—2013等的若干意见》（粤建造发〔2013〕4号），预制钢筋混凝土管桩工程可以考虑开列的清单名称是（　　）。

A. 预制钢筋混凝土管桩的试验桩、预制钢筋混凝土管桩的送桩、接桩、截桩、桩尖

B. 预制钢筋混凝土管桩的试验桩、预制钢筋混凝土管桩、接桩、截桩、桩尖

C. 预制钢筋混凝土管桩的试验桩、预制钢筋混凝土管桩、截桩、桩尖

D. 预制钢筋混凝土管桩、预制钢筋混凝土管桩的填芯、截桩、桩尖

5. 设计要求打斜桩时，斜率大于 1：6 时，相应定额人工费、机具费乘以系数（　　）。

　　A. 1.1　　　　　　　B. 1.18　　　　　　C. 1.52　　　　　　D. 1.43

6. 单位工程打（压）预制钢筋混凝土管桩数量在（　　）以内时，其人工费、机具费按相应子目乘以系数 1.25。

　　A. 200m³　　　　　B. 150m³　　　　　C. 100m³　　　　　D. 1000m

7. 单位工程打（压）沉管灌注桩数量在（　　）以内时，其人工费、机具费按相应子目乘以系数 1.25。

　　A. 200m³　　　　　B. 150m³　　　　　C. 100m³　　　　　D. 1000m³

8. 预制混凝土桩送桩，人工费及机具费乘以系数（　　）。

　　A. 1.1　　　　　　　B. 1.2　　　　　　C. 1.3　　　　　　D. 1.5

9. 钢管桩送桩，人工费、机具费乘以系数（　　）。

　　A. 1.1　　　　　　　B. 1.2　　　　　　C. 1.3　　　　　　D. 1.5

10. 制混凝土桩和钢管桩送桩时，预制混凝土桩和钢管桩的材料费乘以系数（　　）。

　　A. 1.1　　　　　　　B. 0.85　　　　　　C. 0.45　　　　　　D. 0

11. 有计算送桩的打（压）预制混凝土桩项目，子目桩消耗量（　　）。

　　A. 乘以系数 103.8/100　　　　　　B. 乘以系数 103.8/101

　　C. 乘以系数 101/103.8　　　　　　D. 乘以系数 0

12. 活页桩尖铁件摊销每立方米混凝土（　　）。

　　A. 1.5m³　　　　　　　　　　　　B. 15m³

　　C. 1.5kg　　　　　　　　　　　　D. 15kg

13. 凿灌注桩、钻（冲）孔桩的工程量，按凿桩头长度乘桩设计截面面积再乘以系数（　　）计算。

　　A. 1.1　　　　　　　　　　　　　B. 1.2

　　C. 1.3　　　　　　　　　　　　　D. 1.5

二、多项选择题

1. 根据《房屋建筑与装饰工程工程量计算规范》GB 50854—2013，以下不属于附录 C 桩基工程内容的是（　　）。

　　A. 预制钢筋混凝土管桩　　　　　　B. 灌注桩

　　C. 深层搅拌桩　　　　　　　　　　D. 钢管桩

　　E. 钢板桩

2. 根据《房屋建筑与装饰工程工程量计算规范》GB 50854—2013，钢管桩的工程量计算规则是（　　）。

　　A. 以 m 计算，按设计图示尺寸以桩长（包括桩尖）计算

　　B. 以体积计量，按设计图示截面积乘以桩长（包括桩尖）以实体积计算

　　C. 以根计量，按设计图示数量计算

　　D. 以 t 计量，按设计图示尺寸以质量计算

　　E. 以体积计量，按桩芯混凝土体积计算

3. 根据《房屋建筑与装饰工程工程量计算规范》GB 50854—2013，预制钢筋混凝土管桩的桩截面、混凝土强度等级、桩类型等可直接用（　　　）进行描述。

A. 图纸名称　　　　　　　　　　　B. 标准图代号

C. 设计桩型　　　　　　　　　　　D. 图号

E. 桩号

任务 3.3　砌筑工程计量计价

知识要点

1. 熟悉砌筑工程清单项目附录的构成；

2. 掌握砌筑工程的清单、定额工程量计算规则，并注意两者的区别；

3. 能根据实际工程，开列砌筑工程项目清单，并完成清单、定额工程量的计算；

4. 熟悉定额总说明和砌筑工程章说明中关于计价的规定；

5. 进行砌筑清单项目定额组价时，能正确分析砌筑工程清单项目名称的工作内容与定额子目的对应关系，并选择出需要进行组价的定额；

6. 能够正确填写并计算砌筑工程的综合单价分析表及清单与计价表。

3.3.1　砌筑工程量计算的基础

砌筑工程的基本材料如下：

（1）胶结材料

常用的砌筑砂浆有水泥砂浆、水泥混合砂浆和石灰砂浆。砂浆的强度等级有 M15、M10、M7.5、M5 和 M2.5 五个强度等级。

目前工程实际上，还有预拌砂浆（干混抹灰、干混地面、普通干混防水）、商品砂浆（湿拌抹灰、湿拌地面、湿拌防水、白水泥砂浆、水泥防水砂浆）等类型。

传统砂浆与预拌
砂浆对照表

（2）砌筑块材

工程中常见的砌筑块材见图 3-3-1、图 3-3-2。

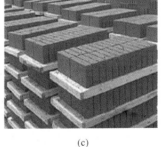

图 3-3-1　砌筑块材——砖

（a）烧结空心砖等；（b）蒸压灰砂砖；（c）炉渣砖

在砌筑工程中，不同块材的国标清单及工程量计算规则大致相同，所以本任务以砖砌

(a)　　　　　　　　　　　(b)　　　　　　　　　　　(c)

图 3-3-2　砌筑块材——砌块及石材

（a）毛石挡土墙；（b）混凝土小型空心砌块；（c）陶粒混凝土小型空心砌块

体为例进行学习，其他砌体学习者可以触类旁通地自学完成。

3.3.2　砌筑工程的工程实例

常见砌筑工程实例见图 3-3-3、图 3-3-4。

(a)　　　　　　　　　　　　　　　　　　(b)

图 3-3-3　砌筑工程实例（一）

（a）砖基础；（b）砖墙

(a)　　　　　　　　　　　　　　　　　　(b)

图 3-3-4　砌筑工程实例（二）

（a）墙与构造柱施工；（b）砌块墙底部砌砖

3.3.3　砌筑工程的工程量计算的思考

砌筑工程实例见图 3-3-5～图 3-3-8。

图 3-3-5　砌筑工程实例（一）

请同学们认真思考：图 3-3-5 所示的墙体工程量应该怎样表示？以墙面面积吗？以墙体高度吗？以墙体厚度吗？

计算公式思考：$V_{墙体}=$墙长×墙高×墙厚。这个算法是否正确？

结论：$V_{墙体}=$墙长×墙高×墙厚－应扣除部分体积＋应增加部分体积

请同学们认真思考：图 3-3-6 所示的空花墙和空斗墙孔洞的体积要扣除吗？墙体中所有的孔洞都要扣除吗？嵌入墙体的所有非砌体都要扣除吗？

(a)　　　　　　　　　　　　　　　　　　(b)

图 3-3-6　砌筑工程实例（二）

（a）空花墙；（b）空斗墙

问题中的孔洞指门窗洞口、过人洞、空圈、其他孔洞。

嵌入墙体的所有非砌体指嵌入墙身的钢筋混凝土柱、梁、过梁、圈梁、挑梁及凹进墙内的壁龛、管槽、暖气槽、消火栓箱、板头、梁头、檩头、垫木、木楞头、檐椽木、木砖、门窗走头、加固钢筋、木筋、铁件、钢管。

请同学们认真思考：图 3-3-7 所示凸出墙体的所有砌体都要增加吗？

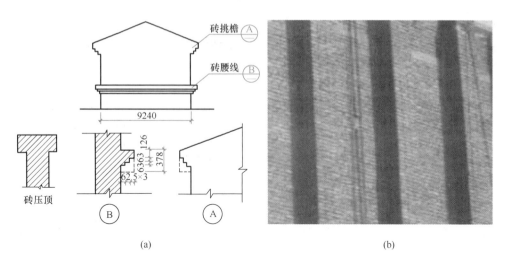

(a)

(b)

图 3-3-7　砌筑工程实例（三）

（a）砖挑檐；（b）墙垛

请同学们认真思考：图 3-3-8 所示基础中所有的孔洞都要扣除吗？嵌入基础的所有非砌体都要扣除吗？问题中的孔洞指管道等孔洞；嵌入基础的所有非砌体指嵌入墙体的钢筋、铁件、基础防潮层等。

图 3-3-8　砌筑工程实例（四）

3.3.4　砖基础工程计量

1. 国标清单附录及综合定额计算规则（表 3-3-1）

砖基础清单及定额工程量计算规则　　　　　表 3-3-1

	项目编码	项目名称	项目特征	计量单位	工程量计算规则	工作内容
国标清单	010401001	砖基础	1. 砖品种、规格、强度等级 2. 基础类型 3. 砂浆强度等级 4. 防潮层材料种类	m^3	按设计图示尺寸以体积计算包括附墙垛基础宽出部分体积，扣除地梁（圈梁）、构造柱所占体积，不扣除基础大放脚T形接头处的重叠部分及嵌入基础内的钢筋、铁件、管道、基础砂浆防潮层和单个面积≤0.3m² 的孔洞所占体积，靠墙暖气沟的挑檐不增加。基础长度：外墙按外墙中心线，内墙按内墙净长线计算	1. 砂浆制作、运输 2. 砌砖 3. 防潮层铺设 4. 材料运输
	说明：（1）"砖基础"项目适用于各种类型砖基础：柱基础、墙基础、管道基础等。 （2）砖围墙以设计室外地坪为界，以下为基础，以上为墙身					
综合定额	砖基础工程量，按设计图示尺寸以"m³"计算。基础大放脚T形接头处重叠部分和嵌入基础的钢筋、铁件、管径在 600mm 以内的管道、基础防潮层的体积以及单个面积在 0.3m² 内的孔洞所占体积不予扣除，但墙垛基础大放脚突出部分也不增加。 基础长度：外墙墙基按外墙中心线长度计算；内墙墙基按内墙净长度计算					

2. 砖基础与砖墙（身）划分

（1）基础与墙（柱）身使用同一种材料

以设计室内地坪（有地下室的按地下室室内设计地坪为界）为界限，界限以下为基础，界限以上为墙身（图 3-3-9、图 3-3-10）。

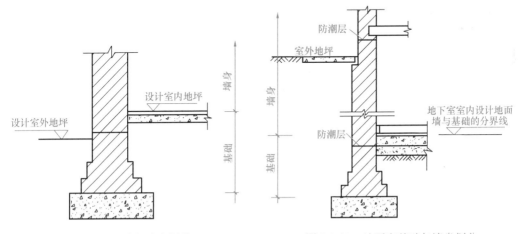

图 3-3-9　基础与墙身划分　　　　　图 3-3-10　地下室基础与墙身划分

（2）基础与墙身使用不同材料

设计室内地面高度≤±300mm：以不同材料为分界线（图 3-3-11、图 3-3-12）。

设计室内地面高度＞300mm：以设计室内地面为分界线。

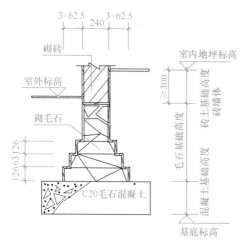

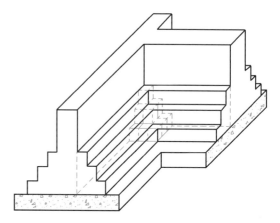

图 3-3-11 基础与墙身不同材料分界线   图 3-3-12 基础放脚 T 形接头

3. 砖基础的长度计算

砖基础体积＝砖基础断面面积×基础长度

基础长度：外墙按中心线，内墙按净长线计算（图 3-3-13）。

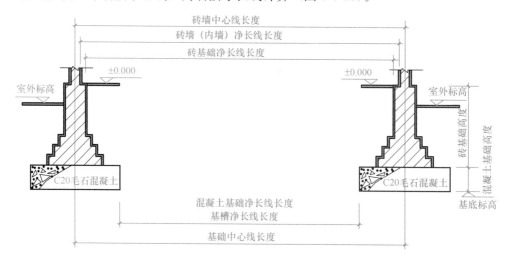

图 3-3-13 两墙之间的基础、基槽、墙体关系图示

【例 3-3-1】 计算图 3-3-14、图 3-3-15 所示的墙下砖基础长度。

【解】（1）外墙砖基础长（$L_{中}$）

$$L_{中}=[(4.5+2.4+5.7)+(3.9+6.9+6.3)]\times 2=(12.6+17.1)\times 2=59.40\text{m}$$

（2）内墙砖基础长（$L_{内}$）

$$L_{内}=(5.7-0.24)+(8.1-0.24)+(4.5+2.4-0.24)+(6.0+4.8-0.24)+6.3$$

$$=5.46+7.86+6.66+10.56+6.30=36.84\text{m}$$

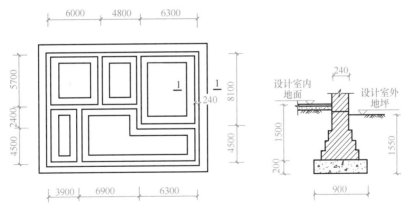

图 3-3-14　基础与墙身不同材料分界线　　图 3-3-15　基础放脚 T 形接头

4. 砖基础大放脚工程量

等高式大放脚砖基础如图 3-3-16 所示，不等高式大放脚砖基础如图 3-3-17 所示。

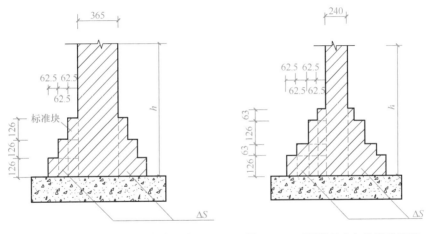

图 3-3-16　等高式大放脚砖基础　　　图 3-3-17　不等高式大放脚砖基础

（1）等高式大放脚基础体积

$$V_{基} = （基础墙厚 \times 基础墙高 + 放脚增加面积） \times 基础长$$
$$= (d \times h + \Delta S) \times L$$
$$= [d \times h + 0.126 \times 0.0625n \times (n+1)] \times L$$
$$= [d \times h + 0.007875n \times (n+1)] \times L$$

式中　n——放脚层数；

　　　d——基础墙厚；

　　　h——基础墙高；

　　　L——基础长；

　　　ΔS——大放脚增加面积。

【例 3-3-2】某工程砌筑的等高式标准砖放脚基础如图 3-3-16 所示，当基础墙高 $h = 1.4\text{m}$，基础长 $L = 25.65\text{m}$ 时，计算砖基础工程量。

【解】已知：$d = 0.365$，$h = 1.4\text{m}$，$L = 25.65\text{m}$，$n = 3$。

$$V_{砖基} = (0.365 \times 1.40 + 0.007875 \times 3 \times 4) \times 25.65$$
$$= 0.6055 \times 25.65 = 15.53 \text{m}^3$$

（2）不等高式大放脚基础体积

$$V_{基} = \{d \times h + 0.007875[n \times (n+1) - \sum 半层放脚层数值]\} \times L$$

式中　半层放脚层数值——半层放脚（0.063m 高）所在放脚层的值，如图 3-3-17 中为 1+3=4。

【例 3-3-3】 某工程大放脚砖基础的尺寸见图 3-3-17，当 $h=1.56$m，基础长度为 18.5m 时，计算砖基础工程量。

【解】 已知：$d=0.24$m，$h=1.56$m，$L=18.5$m，$n=4$。

$$V_{砖基} = \{0.24 \times 1.56 + 0.007875 \times [4 \times 5 - (1+3)]\} \times 18.5$$
$$= (0.3744 + 0.007875 \times 16) \times 18.5$$
$$= 0.5004 \times 18.5 = 9.26 \text{m}^3$$

在计算砖基础大放脚增加面积时，为方便使用，将不同形式、不同层数的放脚增加面积整理成表 3-3-2，使用时直接查表即可。

砖基础大放脚面积增加　　　　　　　　　　　　表 3-3-2

放脚层数 (n)	增加断面积 ΔS（m²）		放脚层数 (n)	增加断面积 ΔS（m²）	
	等高	不等高（奇数层为半层）		等高	不等高（奇数层为半层）
一	0.01575	0.0079	十	0.8663	0.6694
二	0.04725	0.0394	十一	1.0395	0.7560
三	0.0945	0.0630	十二	1.2285	0.9450
四	0.1575	0.1260	十三	1.4333	1.0474
五	0.2363	0.1654	十四	1.6538	1.2679
六	0.3308	0.2599	十五	1.8900	1.3860
七	0.4410	0.3150	十六	2.1420	1.6380
八	0.5670	0.4410	十七	2.4098	1.7719
九	0.7088	0.5119	十八	2.6933	2.0554

注：1. 等高式 $\Delta S = 0.007875n \times (n+1)$。

　　2. 不等高式 $\Delta S = 0.007875[n \times (n+1) - \sum 半层层数值]$。

5. 有放脚砖柱基础工程量

砖柱四周放脚如图 3-3-18 所示，计算公式：

$$V_{砖基} = a \times b \times h + \Delta V$$
$$= a \times b \times h + n \times (n+1)[0.007875 \times (a+b) + 0.000328125 \times (2n+1)]$$

式中　a——柱断面长；

　　　b——柱断面宽；

　　　h——柱基高；

　　　n——放脚层数；

　　　ΔV——砖柱四周放脚体积。

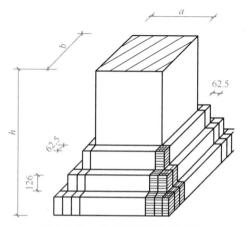

图 3-3-18　砖柱四周放脚示意图

【例 3-3-4】 某工程有 5 个等高式放脚砖柱基础，柱断面：0.365m×0.365m ，柱基高：1.85m，放脚层：5 层。试计算砖柱基础工程量。

【解】 已知 a＝0.365m，b＝0.365m，h＝1.85m，n＝5。

$$V_{砖基} = 5\ 根柱基 \times \{0.365 \times 0.365 \times 1.85 + 5 \times 6 \times [0.007875 \times$$
$$(0.365 + 0.365) + 0.000328125 \times (2 \times 5 + 1)]\}$$
$$= 5 \times (0.246 + 0.281)$$
$$= 5 \times 0.527 = 2.64 \mathrm{m}^3$$

6. 职业技能要点

（1）根据砖基础与墙身的划分原则，能够正确区分砖基础和砖墙的界限，并开列清单；

（2）能够正确理解和计算砖基础的长度；

（3）能够正确理解大放脚的公式，并能灵活应用于大放脚增加面积的计算。

3.3.5　砖墙工程计量

1. 实心、多孔、空心砖墙的清单附录及定额的工程量计算规则（表 3-3-3）

实心、多孔、空心砖墙的清单附录及定额规则　　　　　　　　　　表 3-3-3

	项目编码	项目名称	项目特征	计量单位	工程量计算规则	工作内容
国标清单	010401003	实心砖墙	1. 砖品种、规格、强度等级 2. 墙体类型 3. 砂浆强度等级、配合比	m³	按设计图示尺寸以体积计算。 扣除门窗、洞口、嵌入墙内的钢筋混凝土柱、梁、圈梁、挑梁、过梁及凹进墙内的壁龛、管槽、暖气槽、消火栓箱所占积，不扣除梁头、板头、檩头、垫木、木楞头、沿缘木、木砖、门窗走头、砖墙内加固钢筋、木筋、铁件、钢管及单个面积≤0.3m² 的孔洞所占的体积。凸出墙面的腰线、挑檐、压顶、窗台线、虎头砖、门窗套的体积亦不增加。凸出墙面的砖垛并入墙体体积内计算。 1. 墙长度：外墙按中心线、内墙按净长计算。 2. 墙高度： （1）外墙：斜（坡）屋面无檐口天棚者算至屋面板底；有屋架且室内外均有天棚者算至屋架下弦底另加 200mm；无天棚者算至屋架下弦底另加 300mm，出檐宽度超过 600mm 时按实砌高度计算；与钢筋混凝土楼板隔层者算至板顶。平屋顶算至钢筋混凝土板底。 （2）内墙：位于屋架下弦者，算至屋架下弦底；无屋架者算至天棚底另加 100mm；有钢筋混凝土楼板隔层者算至楼板顶；有框架梁时算至梁底。 （3）女儿墙：从屋面板上表面算至女儿墙顶面（如有混凝土压顶时算至压顶下表面）。 （4）内、外山墙：按其平均高度计算。 3. 框架间墙：不分内外墙按墙体净尺寸以体积计算。 4. 围墙：高度算至压顶上表面（如有混凝土压顶时算至压顶下表面），围墙柱并入围墙体积内	1. 砂浆制作、运输 2. 砌砖 3. 刮缝 4. 砖压顶砌筑 5. 材料运输
	010401004	多孔砖墙				
	010401005	空心砖墙				
综合定额	定额的工程量计算规则与清单基本一致，不同点在于：凸出墙面三皮砖以内的腰线、压顶线、挑檐的体积亦不增加，凸出墙面的砖垛以及三皮砖以上的腰线、压顶线、挑檐的体积并入墙身工程量内计算。 墙长度：同清单。 墙高度：基本同清单，不同点在于内墙有钢筋混凝土楼板隔层者算至楼板底				

砖平碹、暖气包壁龛示意图见图 3-3-19、图 3-3-20；内墙板头、外墙板头和虎头砖示意图见图 3-3-21～图 3-3-23；门窗走头示意图见图 3-3-24；砖挑檐、腰线示意图见图 3-3-25；女儿墙示意图见图 3-3-26。

图 3-3-19　砖平碹示意图

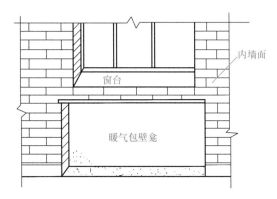

图 3-3-20　暖气包壁龛示意图

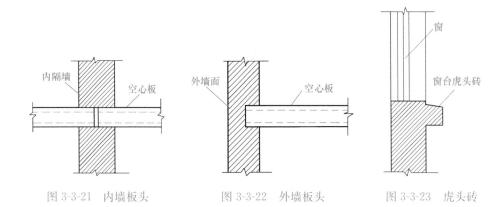

图 3-3-21　内墙板头　　　　图 3-3-22　外墙板头　　　　图 3-3-23　虎头砖

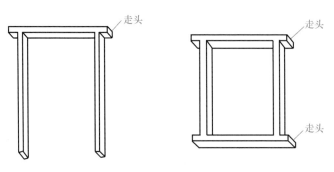

图 3-3-24　门窗走头示意图

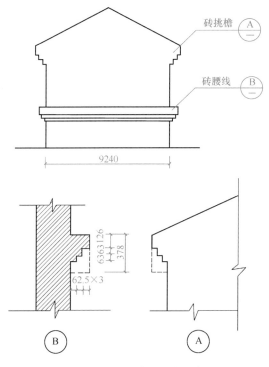

图 3-3-25　砖挑檐、腰线示意图

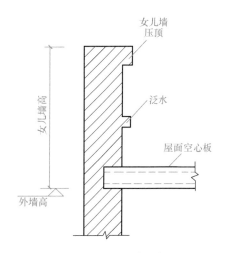

图 3-3-26　女儿墙示意图

（1）墙长度：外墙按中心线，内墙按净长线计算。

（2）墙高度：

1）外墙

① 斜（坡）屋面无檐口天棚者算至屋面板底；

② 有屋架且室内外均有天棚者算至屋架下弦底另加 200mm（图 3-3-27）；

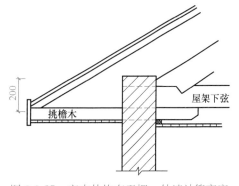

图 3-3-27　室内外均有天棚，外墙计算高度

③ 无天棚者算至屋架下弦底另加 300mm（图 3-3-28），出檐宽度超过 600mm 时按实砌高度计算（图 3-3-29）；

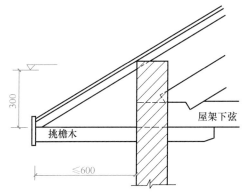

图 3-3-28　无天棚外墙计算高度

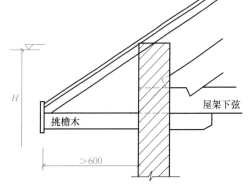

图 3-3-29　无天棚且出檐超过 600mm 外墙高度

④ 平屋面算至钢筋混凝土板底（图 3-3-30）。

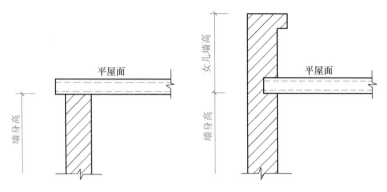

图 3-3-30　平屋顶外墙计算高度　　　图 3-3-31　有女儿墙外墙计算高度

⑤ 女儿墙：从屋面板上表面算至女儿墙顶面（如有混凝土压顶时算至压顶下表面）（图 3-3-31）。

2）内墙

① 位于屋架下弦者，算至屋架下弦底；

② 无屋架者算至天棚底另加 100mm；

③ 有钢筋混凝土楼板隔层者算至楼板顶（是清单规则，定额规则算到板底）；

④ 有框架梁时算至梁底（图 3-3-32、图 3-3-33）。

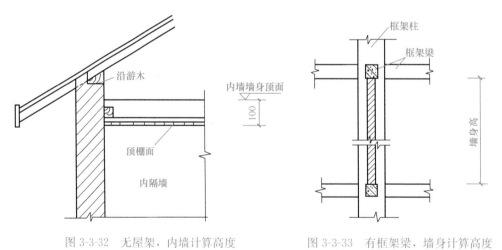

图 3-3-32　无屋架，内墙计算高度　　　图 3-3-33　有框架梁，墙身计算高度

3）内、外山墙：按其平均高度计算（图 3-3-34）。

4）框架间墙：不分内外墙按墙体净尺寸以体积计算。

5）围墙：高度算至压顶上表面（如有混凝土压顶时算至压顶下表面），围墙柱并入围墙体积内。

（3）墙厚度

标准砖尺寸应为 240mm×115mm×53mm ，标准砖墙厚度应按表 3-3-4 计算。

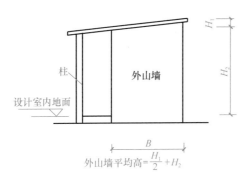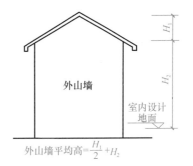

图 3-3-34　外山墙平均计算高度

标准砖计算厚度表　　　　　　　　　　　　　　表 3-3-4

墙厚（砖数）	$\frac{1}{4}$	$\frac{1}{2}$	$\frac{3}{4}$	1	$1\frac{1}{4}$	$1\frac{1}{2}$	2	$2\frac{1}{2}$
计算厚度（mm）	53	115	180	240	300	365	490	615

2. 职业技能要点

（1）能够熟知清单与定额计算规则的差异；

（2）工程量计算时，应扣的、不扣的、增加的、不增加的这四方面要记清。

（3）墙体高度计算时，应熟知外墙和内墙对不同情况计算高度的不同规定，并能正确应用。

3. 其他砖砌体、垫层的清单附录及定额的工程量计算规则（表 3-3-5）

其他砖砌体、垫层清单和定额规则　　　　　　　　　　　表 3-3-5

	项目编码	项目名称	项目特征	计量单位	工程量计算规则	工作内容
国标清单	010401006	空斗墙	1. 砖品种、规格、强度等级 2. 墙体类型 3. 砂浆强度等级、配合比	m³	按设计图示尺寸以空斗墙外形体积计算。墙角、内外墙交接处、门窗洞口立边、窗台砖、屋檐处的实砌部分体积并入空斗墙体积内	1. 砂浆制作、运输 2. 砌砖 3. 装填充料 4. 刮缝 5. 材料运输
	010401007	空花墙			按设计图示尺寸以空花部分外形体积计算，不扣除孔洞部分体积	
	010401008	填充墙	1. 砖品种、规格、强度等级 2. 墙体类型 3. 填充材料的种类及厚度 4. 砂浆强度等级、配合比		按设计图示尺寸以填充墙外形体积计算	
	010401012	零星砌砖	1. 零星砌砖名称、部位 2. 砖品种、规格、强度等级 3. 砂浆强度等级、配合比	1. m³ 2. m² 3. m 4. 个	1. 以立方米计量，按设计图示尺寸截面积乘以长度计算。 2. 以平方米计量，按设计图示尺寸水平投影面积计算。 3. 以米计量，按设计图示尺寸长度计算。 4. 按设计图示数量以个计算	1. 砂浆制作、运输 2. 砌砖 3. 刮缝 4. 材料运输

续表

	项目编码	项目名称	项目特征	计量单位	工程量计算规则	工作内容
国标清单	010401013	砖散水、地坪	1. 砖品种、规格、强度等级 2. 垫层材料种类、厚度 3. 散水、地坪厚度 4. 面层种类、厚度 5. 砂浆强度等级	m²	按设计图示尺寸以面积计算	1. 土方挖、运 2. 地基找平、夯实 3. 铺设垫层 4. 砌砖散水、地坪 5. 抹砂浆面层
	010401014	砖地沟、明沟	1. 砖品种、规格、强度等级 2. 沟截面尺寸 3. 垫层材料种类、厚度 4. 混凝土强度等级 5. 砂浆强度等级	m	以米计量，按设计图示以中心线长度计算	1. 土方挖、运 2. 铺设垫层 3. 底板混凝土制作、运输、浇筑、振捣、养护 4. 砌砖 5. 刮缝、抹灰 6. 材料运输
	010404001	垫层	垫层材料种类、配合比、厚度	m³	按设计图示尺寸以立方米计算	1. 垫层材料的拌制 2. 垫层铺设 3. 材料运输

说明：（1）框架外表面的镶贴砖部分，按零星项目编码列项。

（2）附墙烟囱、通风道、垃圾道应按设计图示尺寸以体积（扣除孔洞所占体积）计算并入所依附的墙体体积内。当设计规定孔洞内需抹灰时，应按本规范附录 L 中零星抹灰项目编码列项。

（3）空斗墙的窗间墙、窗台下、楼板下、梁头下等的实砌部分，按零星砌砖项目编码列项。

（4）"空花墙"项目适用于各种类型的空花墙，使用混凝土花格砌筑的空花墙，实砌墙体与混凝土花格应分别计算，混凝土花格按混凝土及钢筋混凝土中预制构件相关项目编码列项。

（5）台阶、台阶挡墙、梯带、锅台、炉灶、蹲台、池槽、池槽腿、砖胎模、花台、花池、楼梯栏板、阳台栏板、地垄墙、≤0.3m² 的孔洞填塞等，应按零星砌砖项目编码列项。砖砌锅台与炉灶可按外形尺寸以个计算，砖砌台阶可按水平投影面积以平方米计算，小便槽、地垄墙可按长度计算、其他工程按立方米计算

（6）砖砌体内钢筋加固，应按本规范附录 E 中相关项目编码列项。

（7）砖砌体勾缝按本规范附录 L 中相关项目编码列项。

（8）除混凝土垫层应按附录 E 中相关项目编码列项外，没有包括垫层要求的清单项目应按本表垫层项目编码列项

综合定额

（1）空斗墙按设计图示尺寸以空斗墙外形体积计算。

1）墙角、内外墙交接处、门窗洞口立边、窗台砖、屋檐处的实砌部分体积已包括在空斗墙体积内。

2）空斗墙的窗间墙、窗台下、楼板下、梁头下等的实砌部分应另行计算，套用零星砌体项目。

（2）空花墙按设计图示尺寸的空花部分外形体积计算，不扣除空花部分体积。

（3）砌零星构件等按以下规定计算

1）砌筑水围基、灶基、小便槽、厕坑道工程量，按设计图示尺寸以"m"计算。

2）水厕蹲位砌筑工程量，不分下沉式或非下沉式按设计图示数量以"个"计算。

3）明沟铸铁盖板安装工程量，按设计图示尺寸以"m"计算。

4）砖混凝土混合、砖砌栏板工程量，按设计图示尺寸以"m"计算。

5）砖砌台阶工程量，按水平投影面积以"m²"计算，台阶两侧砌体另行计算。

6）零星砌体工程量，按设计图示尺寸以"m³"计算。

（4）砖散水工程量，按设计图示尺寸以"m²"计算。

（5）砖砌地沟工程量，按设计图示尺寸以"m³"计算。砖砌明沟工程量，按设计图示中心线长度以"m"计算，明沟与散水以沟边砖与散水交界处为界

地垄墙及砖墩示意图见图 3-3-35；砖砌台阶示意图见图 3-3-36；台阶挡墙示意图见图 3-3-37；砖砌水池示意图见图 3-3-38。

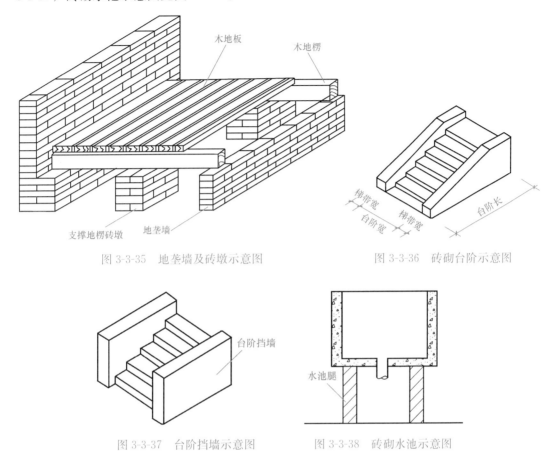

图 3-3-35　地垄墙及砖墩示意图　　　　　图 3-3-36　砖砌台阶示意图

图 3-3-37　台阶挡墙示意图　　　　　图 3-3-38　砖砌水池示意图

【例 3-3-5】 已知某建筑物平面图和剖面图如图 3-3-39、图 3-3-40 所示，三层，层高均为 3.0m，混水砖墙，内外墙厚均为 240mm；外墙有女儿墙，高 900mm，厚 240mm；现浇钢筋混凝土楼板、屋面板厚度均为 120mm。门窗洞口尺寸：M1：1400mm×2700mm，

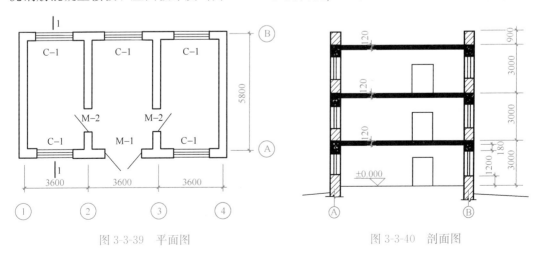

图 3-3-39　平面图　　　　　　　　　　图 3-3-40　剖面图

M2:900mm×2700mm，C1:1500mm×1800mm（二、三层 M1 换成 C1）。内外墙基础均为砖砌240mm厚，基础为三级等高大放脚砖基础，砖基础下垫层为C20混凝土垫层，垫层底宽830，厚100mm，垫层底标高为−1.6m。内外墙均设置圈梁，门窗上圈梁兼过梁，断面为240mm×180mm，砌体材料为MU10蒸压灰砂标准砖，湿拌砌筑 M10 商品砂浆，不计价差。试计算该砌筑工程的清单工程量。

【解】工程量计算分析表与工程量清单见表 3-3-6～表 3-3-8。

例 3-3-5 的工程量计算分析表 表 3-3-6

项目名称	轴线说明	工程量计算式					计量单位	工程量合计
		件数	长（m）	断面积（m²）		体积小计		
砖基础	Ⓐ、Ⓑ＊①～④	2	10.8	0.4545		9.82	m³	20.15
	①、④＊Ⓐ～Ⓑ	2	5.8	0.4545		5.27	m³	
	②、③＊Ⓐ～Ⓑ	2	5.56	0.4545		5.06	m³	
外墙	Ⓐ、Ⓑ＊①～④	2	10.8	0.24	9	46.656	m³	59.789
	①、④＊Ⓐ～Ⓑ	2	5.8	0.24	9	25.056	m³	
	扣除门 M1	1	1.4	0.24	2.7	−0.9072	m³	
	扣除窗 C1	17	1.5	0.24	1.8	−11.016	m³	
内墙	②、③＊Ⓐ～Ⓑ	2	5.56	0.24	8.1	21.6173	m³	18.118
	扣除门 M2	6	0.9	0.24	2.7	−3.4992	m³	

例 3-3-5 的清单工程量计算表 表 3-3-7

序号	项目编码	项目名称	计算式	工程量	单位
1	010401001001	砖基础	9.82＋5.27＋5.06＝20.15	20.15	m³
2	010401003001	实心砖外墙	46.656＋25.056−0.9072−11.016＝59.79	59.79	m³
3	010401003002	实心砖内墙	21.6173−3.4992＝18.12	18.12	m³

例 3-3-5 的分部分项工程量清单 表 3-3-8

序号	项目编码	项目名称	项目特征	计量单位	工程量
1	010401001001	砖基础	MU10 蒸压灰砂砖，标准砖，三级等高大放脚砖基础，湿拌砌筑 M10 商品砂浆	m³	20.15
2	010401003001	实心砖外墙	MU10 蒸压灰砂砖，标准砖，混水砖外墙，240mm 厚，湿拌砌筑 M10 商品砂浆	m³	59.79
3	010401003002	实心砖内墙	MU10 蒸压灰砂砖，标准砖，混水砖内墙，240mm 厚，湿拌砌筑 M10 商品砂浆	m³	18.12

3.3.6 清单与定额规则的差异（表 3-3-9）

清单与定额规则的差异 表 3-3-9

项目名称	清单	定额
砖基础	按设计图示尺寸以"m³"计算，包括附墙垛基础宽出部分体积，不扣除管道所占体积，靠墙暖气沟的挑檐不增加	按设计图示尺寸以"m³"计算。管径在 600mm 以内的管道不予扣除，但墙垛基础大放脚突出部分也不增加

项目名称	清单	定额
实心砖墙	按设计图示尺寸以"m³"计算，凸出墙面的腰线、挑檐、压顶、窗台线、虎头砖、门窗套的体积亦不增加。凸出墙面的砖垛并入墙体体积内计算。 内墙高度：有钢筋混凝土楼板隔层者算至楼板顶	按设计图示尺寸以"m³"计算，三皮砖以内的腰线、压顶线、挑檐的体积亦不增加；凸出墙面的砖垛以及三皮砖以上的腰线、压顶线、挑檐的体积并入墙身工程量内计算。 内墙高度：有钢筋混凝土楼板隔层者算至楼板底
砖地沟	以"m"计算，按设计图示以中心线长度计算	按设计图示尺寸以"m³"计算

3.3.7　砌筑工程计价

1. 定额部分计价说明

（1）砖及砌块

1）定额是按标准砖 240mm×115mm×53mm、耐火砖 230mm×115mm×65mm 规格编制的，砌块是按常用规格编制的，灰缝按 10mm 考虑厚度。设计规格与定额不同时，砌体材料和砌筑（粘结）材料用量应作调整换算。

2）定额所列砌筑砂浆种类和强度等级，如设计与定额不同时，应作调整换算。

3）子目不含钢筋，砌体内的钢筋按"混凝土及钢筋混凝土工程"相应子目另行计算。

4）砖砌体加浆勾缝时，按相应子目另行计算。

5）砌块墙体如需砌嵌标准砖的，仍按子目执行。

6）砌筑圆弧形基础和墙（含砖石混合砌体），除有对应圆弧形子目外，套相应基础和墙子目乘以系数 1.10。

7）砖砌挡土墙，2 砖以上按砖基础子目，2 砖以下按砖墙子目计算。

8）砖砌胎模套用砖基础子目计算，砖砌胎模高度超过 1.2m 时，按砖基础子目的人工费乘以系数 1.10。设计图所示的砖模按实体项目考虑。

9）砖砌围墙按外墙子目计算。

（2）其他砌体

1）砖砌体散水、明沟、砂井、化粪池、台阶均已包括土方挖、填及场内运输的用工。

2）砖砌地沟不分墙基、墙身。

3）砖混凝土混合、砖砌栏板：1/4、1/2 砖厚，高度按 900mm 考虑，每增减 100mm，按相应子目人工费、材料费、机具费增减 10% 计算；3/4 砖厚，高度按 1200mm 考虑。每增减 100mm，按相应子目人工费、材料费、机具费增减 10% 计算。如采用其他材质通花，分别列项计算。

4）其他零星砌体包括蹲台、煤箱、花台、生活间水池支承池槽的砖腿、踏步两侧砌体、台阶两侧砌体、竖风道、房上烟囱，毛石墙的门窗立边、窗头虎头砖等以及单个体积在 0.1m³ 以内的砌体。

2. 砌筑工程定额计价案例

【例 3-3-6】根据【例 3-3-5】，试计算各清单项目的分部分项综合单价，并填写清单计价表。

【解】砖基础的综合单价分析：

① 根据题目条件及工程量计算规则分析，本题砖基础的清单工程量＝定额工程量，砖基础定额编码 A1-4-1，数量＝1÷10＝0.1；砂浆编码 8005903，数量＝2.36(定额 A1-4-1 的砂浆含量)×0.1＝0.236，其他数据按照定额的数据填写并计算，见表 3-3-10。

综合单价分析表　　　　　　　　　　　　　　　　　　　表 3-3-10

工程名称：砌筑工程　　　　　　　　　　　　标段：　　　　　　　　　　第 1 页　共 3 页

项目编码	010401001001	项目名称	砖基础		计量单位	m³	工程量	20.15
清单综合单价组成明细								
定额编号	定额项目名称	定额单位	数量	单价				合价
				人工费	材料费	机具费	管理费和利润	人工费	材料费	机具费	管理费和利润
A1-4-1	砖基础	10m³	0.1	1555.22	1651.56		546.5	155.52	165.16		54.65
8005903	湿拌砌筑砂浆 砌筑灰缝 ≥5mm M10	m³	0.236		296				69.86		
人工单价		小计						155.52	235.02		54.65
		未计价材料费									
清单项目综合单价								445.18			

② 根据题目条件及工程量计算规则分析，砖外墙的清单工程量＝定额工程量，砖外墙定额编码 A1-4-6，数量＝1÷10＝0.1；砂浆编码 8005903，数量＝2.36×0.1＝0.236，其他数据按照定额的数据填写并计算，见表 3-3-12。

综合单价分析表　　　　　　　　　　　　　　　　　　　表 3-3-11

工程名称：砌筑工程　　　　　　　　　　　　标段：　　　　　　　　　　第 2 页　共 3 页

项目编码	010401003001	项目名称	实心砖外墙		计量单位	m³	工程量	59.79
清单综合单价组成明细								
定额编号	定额项目名称	定额单位	数量	单价				合价
				人工费	材料费	机具费	管理费和利润	人工费	材料费	机具费	管理费和利润
A1-4-6	混水砖外墙 墙体厚度 1 砖	10m³	0.1	1909.83	1724.39		671.12	190.98	172.44		67.11
8005903	湿拌砌筑砂浆 砌筑灰缝 ≥5mm M10	m³	0.229		296				67.78		
人工单价		小计						190.98	240.22		67.11
		未计价材料费									
清单项目综合单价								498.32			

③ 根据题目条件及工程量计算规则分析，砖内墙的清单工程量＝定额工程量，砖内

墙定额编码 A1-4-16，数量＝1÷10＝0.1；砂浆编码 8005903，数量＝2.36×0.1＝0.236，其他数据按照定额的数据填写并计算，见表 3-3-12。

综合单价分析表　　　　表 3-3-12

工程名称：砌筑工程　　　　　　　　　　　标段：　　　　　　　　　　　第 3 页　共 3 页

项目编码	010401003002	项目名称	实心砖内墙	计量单位	m³	工程量	18.12

清单综合单价组成明细

定额编号	定额项目名称	定额单位	数量	单价				合价			
				人工费	材料费	机具费	管理费和利润	人工费	材料费	机具费	管理费和利润
A1-4-6	混水砖内墙 墙体厚度1砖	10m³	0.1	1814.28	1698.12		637.54	181.43	169.81		63.75
8005903	湿拌砌筑砂浆 砌筑灰缝 ≥5mm M10	m³	0.228		296				67.49		
人工单价		小计						181.43	237.3		63.75
		未计价材料费									
		清单项目综合单价						482.48			

④ 根据题目的条件及国标清单，整理本题的清单与计价表见表 3-3-13。

分部分项工程和单价措施项目清单与计价表　　　　表 3-3-13

工程名称：砌筑工程　　　　　　　　　　标段：　　　　　　　　　　第 1 页　共 1 页

序号	项目编码	项目名称	项目特征描述	计量单位	工程量	综合单价	综合合价	其中 暂估价
1	010401001001	砖基础	MU10 蒸压灰砂砖，标准砖，三级等高大放脚砖基础，湿拌砌筑 M10 商品砂浆	m³	20.15	445.18	8970.38	
2	010401003001	实心砖外墙	MU10 蒸压灰砂砖，标准砖，混水砖外墙，240mm 厚，湿拌砌筑 M10 商品砂浆	m³	59.79	498.32	29794.55	
3	010401003002	实心砖内墙	MU10 蒸压灰砂砖，标准砖，混水砖内墙，240mm 厚，湿拌砌筑 M10 商品砂浆	m³	18.12	482.48	8742.54	

3. 职业拓展——综合定额要点解析

（1）定额是按标准砖 240mm×115mm×53mm、耐火砖 230mm×115mm×65mm 规格编制的，轻质砌块、多孔砖规格是按常用规格编制的。使用非标准砖时，其砌体厚度应按砖实际规格和设计砌体厚度计算吗？

答：使用非标准砖时，其砌体厚度应按砖实际规格和设计厚度计算。

（2）承台或基础梁使用砖胎模，砖砌胎模应借用哪个定额子目？

答：承台或基础梁砖胎模可套用砖基础相应子目。

（3）工程采取非标准砖尺寸，定额明确材料用量可以按实际换算调整，那么定额子目的人工费是否可以调整？

答：设计规格与定额不同时，砌体材料和砌筑（粘结）材料用量应作调整换算，人工费不调整。

 任务小结

本任务在前导知识部分，通过常见的砌筑形式图片提出疑问，引发学习者思考哪些要素是在工程计量时应该考虑扣除或增加的。在此基础上，分砖基础和砖墙体两个模块讲解了砌体工程量的计算规则，同时辅以案例进行应用和巩固，并进一步学习了定额计价的知识及工程实例的分析和计算，同时完成了规范计价表格的填写和编制。

通过本任务的计价实战演练，学生能够掌握砌筑工程的定额运用要点，掌握砌筑工程组价及综合单价的计算，具备编制砌筑工程量清单计价表的能力。

 课后习题

一、单项选择题

1. 根据《房屋建筑与装饰工程工程量计算规范》GB 50854—2013，关于砖砌体工程量计算说法正确的为（　　）。

A. 砖基础工程量中不含基础砂浆防潮层所占体积

B. 使用同一种材料的基础与墙身以设计室内地面为分界

C. 实心砖墙的工程量中不计入凸出墙面的砖垛体积

D. 坡屋面有屋架的外墙高由基础顶面算至屋架下弦底面

2. 根据《房屋建筑与装饰工程工程量计算规范》GB 50854—2013，零星砌砖项目中的台阶工程量的计算，正确的是（　　）。

A. 按实砌体积并入基础工程量中计算

B. 按砌筑纵向长度以米计算

C. 按水平投影面积以平方米计算

D. 按设计尺寸体积以立方米计算

3. 根据《房屋建筑与装饰工程工程量计算规范》GB 50854—2013，关于砖砌体工程量计算的说法，正确的是（　　）。

A. 空斗墙按设计尺寸墙体外形体积计算，其中门窗洞口立边的实砌部分不计入

B. 空花墙按设计尺寸以墙体外形体积计算，其中孔洞部分体积应予以扣除

C. 空心砖柱按设计尺寸以体积计算，不扣除梁头、板头所占体积

D. 多孔砖墙按设计尺寸以体积计算，不扣除梁头、板头所占体积

4. 根据《房屋建筑与装饰工程工程量计算规范》GB 50854—2013，关于砌墙工程量计算，说法正确的是（　　）。

A. 扣除凹进墙内的管槽、暖气槽所占体积

B. 扣除伸入墙内的梁头、板头所占体积

C. 扣除凸出墙面砖垛体积

D. 扣除檩头、垫木所占体积

5. 关于石砌体工程量计算，说法错误的为(　　)。

A. 石台阶项目包括石梯带（垂带），不包括石梯膀

B. 基础与勒脚应以设计室外地坪为界

C. 勒脚与墙身应以设计室内地面为界

D. 石地沟、明沟设计图示以水平投影面积计算

6. 根据《房屋建筑与装饰工程工程量计算规范》GB 50854—2013，砖基础工程量计算正确的是(　　)。

A. 外墙基础断面积（含大放脚）乘以外墙中心线长度以体积计算

B. 内墙基础断面积（大放脚部分扣除）乘以内墙净长线以体积计算

C. 地圈梁部分体积并入基础计算

D. 靠墙暖气沟挑檐体积并入基础计算

7. 根据《房屋建筑与装饰工程工程量计算规范》GB 50854—2013，计算实心砖墙工程量时不计入墙体体积内的部分是(　　)。

A. 凹凸墙面的砖垛　　　　　　　　　B. 凹凸墙面三皮砖以上的腰线

C. 砖墙内的木砖　　　　　　　　　　D. 砖墙内的现浇板板头

8. 砌筑圆弧形基础和墙（含砖石混合砌体），除有对应圆弧形子目外，套相应基础和墙子目乘以系数(　　)。

A 1.1　　　　　　　B. 1.2　　　　　　　C. 1.25　　　　　　　D. 1.5

9. 砖砌挡土墙，2 砖以上按(　　)子目，2 砖以下按(　　)子目计算。

A. 砖基础，砖墙　　　　　　　　　　B. 砖基础，砖砌栏板

C. 砖墙，砖基础　　　　　　　　　　D. 砖砌栏板，砖基础

10. 砖砌胎模套用(　　)子目计算。

A 砖基础　　　　　B. 砖墙　　　　　　C. 砖砌栏板　　　　　D. 零星砌体

11. 砖砌胎模高度超过 1.2m 时，按砖基础子目的人工费乘以系数(　　)。

A. 1.1　　　　　　　B. 1.2　　　　　　　C. 1.25　　　　　　　D. 1.5

12. 设计图所示的砖模按(　　)项目考虑。

A. 实体　　　　　　B. 措施　　　　　　C. 其他　　　　　　D. 规费

13. 砖砌围墙按(　　)子目计算。

A. 外墙　　　　　　B. 基础　　　　　　C. 栏板　　　　　　D. 零星砌体

14. 砖混凝土混合、砖砌栏板：1/4、1/2 砖厚，高度按(　　)mm 考虑，每增减 100mm，按相应子目人工费、材料费、机具费增减(　　)计算。

A. 900，10%　　　　B. 900，15%　　　　C. 1200，10%　　　　D. 1200，15%

15. 砖混凝土混合、砖砌栏板：3/4 砖厚，高度按(　　)mm 考虑。每增减 100mm，按相应子目人工费、材料费、机具费增减(　　)计算。

A. 900，10%　　　　B. 900，15%　　　　C. 1200，10%　　　　D. 1200，15%

二、多项选择题

1. 根据《房屋建筑与装饰工程工程量计算规范》GB 50854—2013，以下建筑工程工

程量计算正确的说法有(　　)。

　　A. 砖围墙如有混凝土压顶时算至压顶上表面

　　B. 砖基础的垫层按图示尺寸以体积计算

　　C. 砖墙外凸出墙面的砖垛应按体积并入墙体内计算

　　D. 砖地坪通常按设计图示尺寸以面积计算

　　2. 砌筑墙体按长度乘以厚度再乘以高度，以 m³ 计算，应扣除(　　)等所占体积。

　　A. 混凝土柱、过梁、圈梁　　　　　　B. 外墙板头、梁头

　　C. 管槽、暖气槽　　　　　　　　　　D. 门窗洞口

　　3. 根据《建设工程工程量清单计价规范》GB 50500—2013，建设工程工程量按长度计算的项目有(　　)。

　　A. 砖胎模　　　　　　　　　　　　　B. 石栏杆

　　C. 石地沟、明沟　　　　　　　　　　D. 砖散水

　　4. 已包括土方挖、填及场内运输用工的砖砌体有(　　)。

　　A. 散水　　　　　　　　　　　　　　B. 明沟

　　C. 砂井　　　　　　　　　　　　　　D. 化粪池

　　E. 台阶

　　5. 零星砌体包括(　　)。

　　A. 蹲台　　　　　　　　　　　　　　B. 水池支承池槽的砖腿

　　C. 毛石墙的门窗立边　　　　　　　　D. 窗头虎头砖

　　E. 单个体积在 0.1m³ 以内的砌体

　　6. 零星砌体包括(　　)。

　　A. 煤箱、花台　　　　　　　　　　　B. 踏步两侧砌体

　　C. 台阶两侧砌体　　　　　　　　　　D. 竖风道

　　E. 房上烟囱

　　7. 以下套用零星砌体定额子目的是(　　)。

　　A. 空斗墙的窗间墙的实砌部分　　　　B. 窗台下的实砌部分

　　C. 楼板下的实砌部分　　　　　　　　D. 梁头下的实砌部分

　　E. 砖砌水围基、灶基

任务 3.4　钢筋混凝土工程计量计价

　　本任务主要围绕现浇建筑物混凝土工程进行学习，核心内容包括基础、柱、梁、板、墙和楼梯等常见的混凝土构件。钢筋工程计量已单独开设钢筋翻样课程，故本任务不再赘述，实训综合案例中的钢筋工程量通过 BIM 建模自动计算，也是为了与工程实际的做法保持一致。

　　1. 熟悉混凝土工程清单附录的构成；

　　2. 掌握混凝土工程清单、定额工程量的计算规则，并注意两者的区别；

3. 能根据实际项目，开列混凝土工程项目清单，并计算清单及定额工程量；

4. 熟悉定额总说明和混凝土工程章说明中关于计价的规定；

5. 进行混凝土清单项目定额组价时，能正确分析清单项目名称的工作内容与定额子目的对应关系，并选择出需要进行组价的定额；

6. 能够正确填写并计算混凝土工程的综合单价分析表及清单与计价表。

3.4.1 混凝土基础工程计量

混凝土基础清单附录及定额规则见表3-4-1。

现浇混凝土基础 表 3-4-1

	项目编码	项目名称	项目特征	计量单位	工程量计算规则	工作内容
国标清单	010501001	垫层	1. 混凝土类别 2. 混凝土强度等级	m³	按设计图示尺寸以体积计算。不扣除构件内钢筋、预埋铁件和伸入承台基础的桩头所占体积	1. 模板及支撑制作、安装、拆除、堆放、运输及清理模内杂物、刷隔离剂等。 2. 混凝土制作、运输、浇筑、振捣、养护
	010501002	带形基础				
	010501003	独立基础				
	010501004	满堂基础				
	010501005	桩承台基础				
	010501006	设备基础	1. 混凝土类别 2. 混凝土强度等级 3. 灌浆材料及其强度等级			
	说明：① 有肋带形基础、无肋带形基础应按 E.1 中相关项目列项，并注明肋高。 ② 箱式满堂基础中柱、梁、墙、板按 E.2、E.3、E.4、E.5 相关项目分别编码列项；箱式满堂基础底板按 E.1 的满堂基础项目列项。 ③ 框架式设备基础中柱、梁、墙、板分别按 E.2～5 相关项目编码列项；基础部分按 E.1 相关项目编码列项。 ④ 如为毛石混凝土基础，项目特征应描述毛石所占比例					
综合定额	工程量计算规则同清单					

（1）带形基础

常见的带形基础断面如图3-4-1所示：

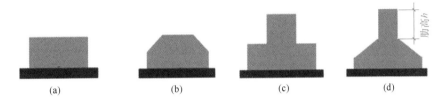

图 3-4-1 常见带形基础断面形式
(a) 矩形；(b) 锥台形；(c) 阶梯形；(d) 有肋形

1）当基础断面为矩形或阶梯形时，工程量计算公式：

$$V_外 = S_断 \times L_{外中}；V_内 = S_断 \times L_{内净}$$

式中　$V_外$——外墙下基础体积；

　　　$V_内$——内墙下基础体积；

　　　$S_断$——基础的断面面积，即为矩形或阶梯形的面积；

　　　$L_{外中}$——外墙中心线；

　　　$L_{内净}$——内墙净长线。

【例 3-4-1】试计算图 3-4-2 所示的带形基础工程量。

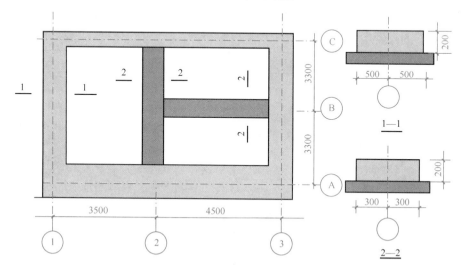

图 3-4-2　带形基础平面及剖面图

【解】$S_{1-1} = 1.0 \times 0.2 = 0.2\text{m}^2$

$L_中 = [(3.5+4.5)+(3.3+3.3)] \times 2 = [8+6.6] \times 2 = 29.2\text{m}$

$V_{1-1} = 0.2 \times 29.2 = 5.84\text{m}^3$

$S_{2-2} = 0.6 \times 0.2 = 0.12\text{m}^2$

$L_净 = (6.6-1.0)+(4.5-0.8) = 5.6+3.7 = 9.3\text{m}$

$V_{2-2} = 0.12 \times 9.3 = 1.12\text{m}^3$

2）当断面为锥形时，其断面如图 3-4-3 所示：

① 当梁（肋）高 h 与梁（肋）宽 b 之比 ≤ 4 时，按有梁式带形基础计算，体积公式同上；其中 $S_断 = B \times h_2 + 1/2 \times (B+b) \times h_1 + b \times h$

② 当梁（肋）高 h 与梁（肋）宽 b 之比 >4 时，带形基础底板按无梁式计算，以上部分按钢筋混凝土墙计算，外墙下基础体积公式同上，但其中 $S_断 = B \times h_2 + 1/2 \times (B+b) \times h_1$；内墙下基础要分断面计算内墙基础净长，再乘以净长对应的断面面积得出各部分的体积，并汇总得出内墙下的基础总体积。断面及长度的对应关系具体分解如图 3-4-4 所示。

外墙下基础：外墙基础计算长度为 $L_{外中}$，断面积为 $S_断 = B \times h_2 + 1/2 \times (B+b) \times h_1 + b \times h$；

内墙下基础：梁部分，内墙基础计算长度为梁间净长，断面积为 $S_断 = b \times h$；

梯形部分，内墙基础计算长度为斜坡中心线长，断面积为 $S_断 = 1/2 \times (B+b) \times h_1$；

底板部分，内墙基础计算长度为基底净长线，断面积为 $S_断 = B \times h_2$。

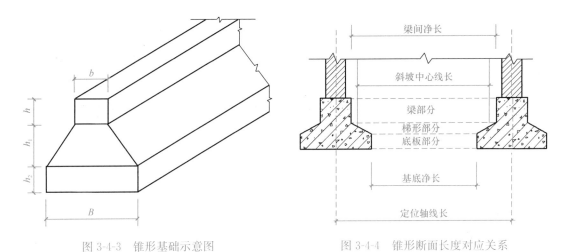

图 3-4-3　锥形基础示意图　　　　　图 3-4-4　锥形断面长度对应关系

【例 3-4-2】 试计算图 3-4-5 所示的带形基础工程量（轴线平分墙体）。

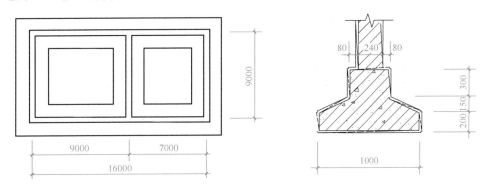

图 3-4-5　带形基础平面及剖面图

【解】 $h/b=0.3/0.4<4$，该基础按有梁式带形基础计算。

$V_{外} = [0.4\times0.3+(0.4+1)/2\times0.15+1\times0.2]\times(16+9)\times2=21.25\text{m}^3$

梁间净长度 $=9-(0.12+0.08)\times2=8.6\text{m}$

斜坡中心线长度 $=9-(0.2+0.3/2)\times2=8.3\text{m}$

基底净长度 $=9-0.5\times2=8\text{m}$

$V_{内} = 0.4\times0.3\times8.6+(0.4+1)/2\times0.15\times8.3+1\times0.2\times8=3.50\text{m}^3$

$V_{基础} = V_{外}+V_{内}=21.25+3.5=24.75\text{m}^3$

（2）满堂基础

满堂基础分为无梁式、梁式和满堂式，如图 3-4-6 所示。

1）无梁式满堂基础：有扩大或角锥形柱墩时，应并入无梁式满堂基础内计算。

计算公式：$V_{无梁式} = $ 底板长×宽×板厚 $+\sum$（柱墩体积）

2）梁式满堂基础也称梁板式基础，相当于倒置的有梁板或井格形板，工程量按板和梁体积之和计算。

计算公式：$V_{梁式} = $ 底板长×宽×板厚 $+\sum$（梁断面积×梁长）

3）箱式满堂基础：由顶板、底板及纵横墙板连成整体的基础，工程量按无梁式满堂

117

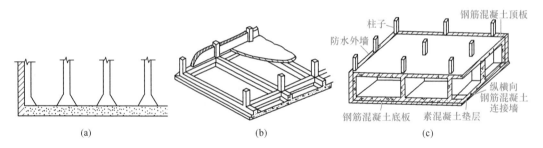

图 3-4-6　满堂基础类型示意图

（a）无梁式满堂基础示意图；（b）梁式满堂基础示意图；（c）箱式满堂基础示意图

基础、柱、梁、板、墙等的有关规定分别计算。

【**例 3-4-3**】图 3-4-7 所示为梁式满堂基础，底板为正方形边长 5000mm，厚 300mm，梁的断面尺寸为 300mm×800mm。试计算该满堂基础的工程量。

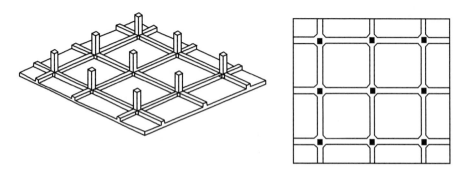

图 3-4-7　某满堂基础的示意图

【解】底板体积 $S_底 = 5 \times 5 \times 0.3 = 7.5 \mathrm{m}^3$

梁体积 $V_梁 = 0.3 \times 0.5 \times 5 \times 6 - 0.3 \times 0.3 \times 0.5 \times 9 = 4.095 \mathrm{m}^3$

满堂基础体积 $V = 7.5 + 4.095 = 11.60 \mathrm{m}^3$

（3）桩承台基础

按照图示尺寸以体积计算。不扣除伸入承台基础的桩头所占体积。

【**例 3-4-4**】某桩基础的平面、剖面如图 3-4-8 所示，桩外径 500mm。试计算桩承台基础工程量。

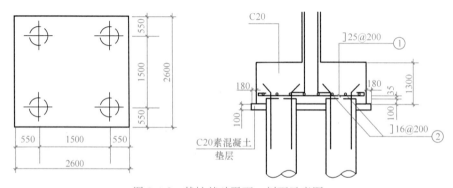

图 3-4-8　某桩基础平面、剖面示意图

【解】$V = 2.6 \times 2.6 \times 1.3 = 8.79 \text{m}^3$

3.4.2　混凝土柱工程计量

现浇混凝土柱的清单附录及定额规则见表 3-4-2。

现浇混凝土柱　　　　　　　　　　　　　表 3-4-2

	项目编码	项目名称	项目特征	计量单位	工程量计算规则	工作内容
国标清单	010502001	矩形柱	1. 混凝土类别 2. 混凝土强度等级	m³	按设计图示尺寸以体积计算。 柱高： 　1. 有梁板的柱高，应自柱基上表面（或楼板上表面）至上一层楼板上表面之间的高度计算。 　2. 无梁板的柱高，应自柱基上表面（或楼板上表面）至柱帽下表面之间的高度计算。 　3. 框架柱的柱高：应自柱基上表面至柱顶高度计算。 　4. 构造柱按全高计算，嵌接墙体部分（马牙槎）并入柱身体积。 　5. 依附柱上的牛腿和升板的柱帽，并入柱身体积计算	1. 模板及支架（撑）制作、安装、拆除、堆放、运输及清理模内杂物、刷隔离剂等。 2. 混凝土制作、运输、浇筑、振捣、养护
	010502002	构造柱				
	010502003	异形柱	1. 柱形状 2. 混凝土类别 3. 混凝土强度等级			
	说明：混凝土类别指清水混凝土、彩色混凝土等，如在同一地区既使用预拌（商品）混凝土、又允许现场搅拌混凝土时，也应注明					
综合定额	工程量计算规则同清单					

1. 矩形柱：柱高计算示意图如图 3-4-9 所示

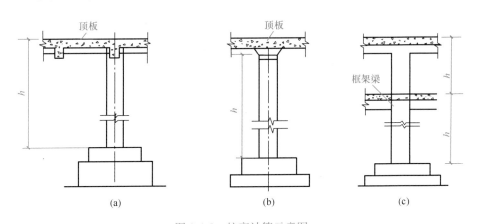

图 3-4-9　柱高计算示意图
（a）有梁板柱高；（b）无梁板柱高；（c）框架柱高

2. 构造柱

构造柱马牙槎构造示意图见图 3-4-10。

构造柱体积计算公式：

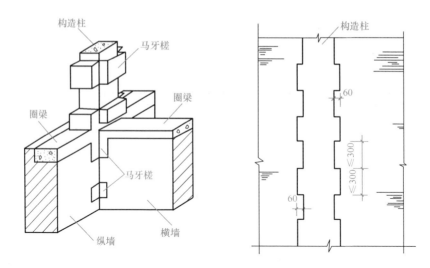

图 3-4-10 马牙槎构造示意图

$$V_{构造柱} = S_{断} \times h_{构造柱}$$

式中　$h_{构造柱}$——自地圈梁的顶部至柱顶部（梁底/板底）计算；

　　　$S_{断}$——构造柱矩形面积＋马牙槎面积。根据构造柱平面的不同形式，归纳见表 3-4-3。

不同形式马牙槎断面计算汇总表　　　　　　　　表 3-4-3

序号	类型	图例	计算公式
1	一字形		$S_{断} = d_1 \times d_2 + 2 \times 0.03 \times d_2$
2	L形		$S_{断} = d_1 \times d_2 + 0.03 \times d_1 + 0.03 \times d_2$
3	十形		$S_{断} = d_1 \times d_2 + 0.03 \times 2 \times (d_1 + d_2)$
4	T形		$S_{断} = d_1 \times d_2 + 0.03 \times d_1 + 0.03 \times d_2 \times 2$

【例 3-4-5】图 3-4-11 所示在所有墙体交接处设计了断面为 240mm×240mm 的钢筋混凝土构造柱，柱体高度为 3.9m。试计算构造柱混凝土工程量。

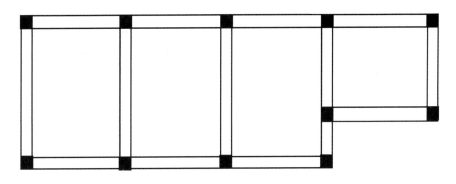

图 3-4-11　构造柱设置平面图

【解】$V = [0.24 \times 0.24 \times 11 + 0.24 \times 0.03 \times (6 \times 3 + 5 \times 2)] \times 3.9 = 3.26\text{m}^3$

【例 3-4-6】计算图 3-4-12 所示异形柱的工程量。

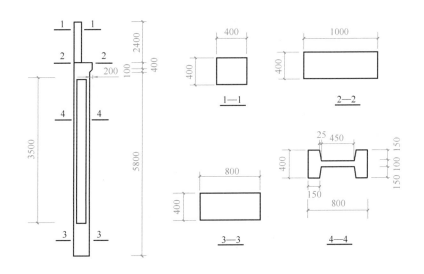

图 3-4-12　预制异形柱

【解】1—1 断面：$S_{1-1} = 0.4 \times 0.4 \times 2.4 = 0.384\text{m}^3$

2—2 断面：$S_{2-2} = 0.4 \times 1.0 \times 0.4 + 0.4 \times 0.1 \times (1 + 0.8)/2 = 0.196\text{m}^3$

3—3 断面：$S_{3-3} = 0.4 \times 0.8 \times (5.8 - 3.5) = 0.736\text{m}^3$

4—4 断面：$S_{4-4} = [0.4 \times 0.8 - 2 \times 0.15 \times (0.45 + 0.45 + 2 \times 0.025)/2] \times 3.5 = 0.621\text{m}^3$

异形柱混凝土合计 $= 0.384 + 0.196 + 0.736 + 0.621 = 1.937\text{m}^3$

3.4.3 混凝土梁、墙工程计量

1. 现浇混凝土梁（表 3-4-4）

现浇混凝土梁 　　　　　　　　　　　　　　　　　表 3-4-4

	项目编码	项目名称	项目特征	计量单位	工程量计算规则	工作内容
国标清单	010503001	基础梁	1. 混凝土类别 2. 混凝土强度等级	m³	按设计图示尺寸以体积计算。伸入墙内的梁头、梁垫并入梁体积内。 型钢混凝土梁扣除构件内型钢所占体积。 梁长： 1. 梁与柱连接时，梁长算至柱侧面。 2. 主梁与次梁连接时，次梁长算至主梁侧面	1. 模板及支架（撑）制作、安装、拆除、堆放、运输及清理模内杂物、刷隔离剂等。 2. 混凝土制作、运输、浇筑、振捣、养护
	010503002	矩形梁				
	010503003	异形梁				
	010503004	圈梁				
	010503005	过梁				
	010503006	弧形、拱形梁				
综合定额	工程量计算规则同清单，另补充说明：应扣除梁、板、墙的后浇带体积，劲性混凝土中型钢骨架体积梁长计算同清单。另外，挑檐、天沟与梁连接时，以梁外边线为分界线					

计算公式：　　　　　　　　$V＝梁长×梁断面面积$

梁长的取法：断梁不断柱、断次梁不断主梁。即主梁与柱连接时，梁长算至柱侧面；次梁与柱或主梁连接时，次梁长度算至柱侧面或主梁侧面（图 3-4-13 所示）。

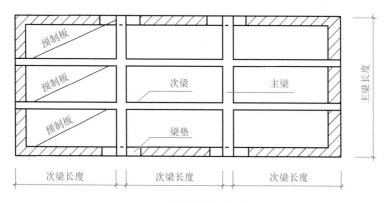

图 3-4-13　主次梁长度计算示意图

圈梁与过梁连接时，应分别列出圈梁、过梁清单。其过梁长度按设计规定计算，设计无规定时，按门窗洞口宽度两端各加 250mm 计算，如图 3-4-14 所示。

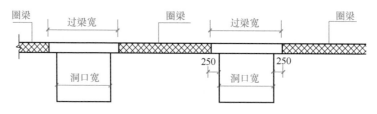

图 3-4-14　圈梁与过梁界限区分示意图

2. 现浇混凝土墙（表 3-4-5）

现浇混凝土墙　　　　　　　　　　　　　　　表 3-4-5

	项目编码	项目名称	项目特征	计量单位	工程量计算规则	工作内容
国标清单	010504001	直形墙	1. 混凝土类别 2. 混凝土强度等级	m³	按设计图示尺寸以体积计算。 扣除门窗洞口及单个面积＞0.3m² 的孔洞所占体积，墙垛及突出墙面部分并入墙体体积计算内	1. 模板及支架（撑）制作、安装、拆除、堆放、运输及清理模内杂物、刷隔离剂等。 2. 混凝土制作、运输、浇筑、振捣、养护
	010504002	弧形墙				
	010504003	短肢剪力墙				
	010504004	挡土墙				
	说明：短肢剪力墙是指截面厚度不大于 300mm 各肢截面高度与厚度之比的最大值大于 4 但不大于 8 的剪力墙；各肢截面高度与厚度之比的最大值不大于 4 的剪力墙按柱项目编码列项					
综合定额	工程量计算规则同清单，另补充说明：应扣除梁、板、墙的后浇带体积，劲性混凝土中型钢骨架体积，依附墙（包括单项划分的墙）墙垛（附墙柱）、暗柱、暗梁及墙突出部分（不包括单项划分的异形柱）并入墙体积计算。 混凝土墙高按照下列情形分别确定： 1) 有梁的计至梁底，与墙同厚的梁，其工程量并入墙计算，没有梁的计至板面。 2) 有地下室的从地下室底板面计起，没有地下室的从基础面计起，楼层从板面计起。					

对于短肢剪力墙的界定划分见表 3-4-6。

短肢剪力墙划分　　　　　　　　　　　　　　表 3-4-6

截面厚度	各肢截面高度与厚度之比	所属类型
d≤300mm	$4 < \max(h/d) \leqslant 8$	短肢剪力墙
	$\max(h/d) \leqslant 4$	柱
	$\max(h/d) > 8$	直行墙

3.4.4　混凝土板工程计量

现浇混凝土板的部分清单附录及定额规则见表 3-4-7。

1. 有梁板

现浇框架梁和现浇板连接在一起时按有梁板计算，包括主、次梁及板。工程量按梁、板体积之和计算，即 $V_{有梁板} = V_{主梁} + V_{次梁} + V_{板}$，如图 3-4-15 所示。

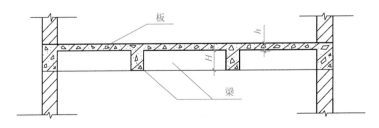

图 3-4-15　有梁板计算示意图

现浇混凝土板　　　　　　　　　　　　　　　表 3-4-7

	项目编码	项目名称	项目特征	计量单位	工程量计算规则	工作内容
国标清单	010505001	有梁板	1. 混凝土类别 2. 混凝土强度等级	m³	按设计图示尺寸以体积计算，不扣除单个面积≤0.3m² 的柱、垛以及孔洞所占体积。 压型钢板混凝土楼板扣除构件内压型钢板所占体积。 有梁板(包括主、次梁与板)按梁、板体积之和计算，无梁板按板和柱帽体积之和计算，各类板伸入墙内的板头并入板体积内，薄壳板的肋、基梁并入薄壳体积内计算	1. 模板及支架(撑)制作、安装、拆除、堆放、运输及清理模内杂物、刷隔离剂等。 2. 混凝土制作、运输、浇筑、振捣、养护
	010505002	无梁板				
	010505003	平板				
	010505004	拱板				
	010505005	薄壳板				
	010505006	栏板				
	010505007	天沟(檐沟)、挑檐板			按设计图示尺寸以体积计算	
	010505008	雨篷、悬挑板、阳台板			按设计图示尺寸以墙外部分体积计算。包括伸出墙外的牛腿和雨篷反挑檐的体积	
	说明：现浇挑檐、天沟板、雨篷、阳台与板(包括屋面板、楼板)连接时，以外墙外边线为分界线；与圈梁(包括其他梁)连接时，以梁外边线为分界线。外边线以外为挑檐、天沟、雨篷或阳台					
综合定额	按设计图示尺寸以体积计算，不扣除构件内钢筋、预埋铁件及板中单个面积 0.3m² 内的孔洞所占体积，但应扣除梁、板、墙的后浇带体积。板伸入砖墙体内的板头并入板体积计算，薄壳板的肋、基梁并入薄壳体积内计算，楼板混凝土体积应扣除墙、柱混凝土体积					

2. 无梁板

无梁板是指无梁且直接用柱子支撑的楼板，其工程量按板和柱帽体积之和计算，即 $V_{无梁板} = V_板 + V_{柱帽}$，如图 3-4-16 所示。

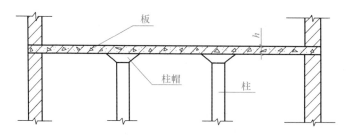

图 3-4-16　无梁板计算示意图

3. 平板

平板是指无柱、梁而直接由墙支撑的板，按板体积计算，伸入墙内的板头并入板体积内计算，如图 3-4-17 所示。

4. 天沟、挑檐板

现浇挑檐、天沟板、雨篷、阳台与板（包括屋面板、楼板）连接时，以外墙外边线为界，与圈梁（包括其他梁）连接时，以梁外边线为界线。外边线以外为挑檐、天沟、雨篷或阳台，如图 3-4-18、图 3-4-19 所示。

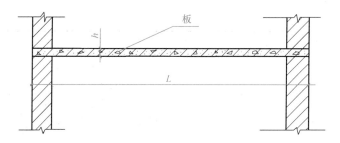

图 3-4-17 平板计算示意图

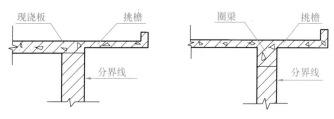

图 3-4-18 挑檐板计算界限示意图

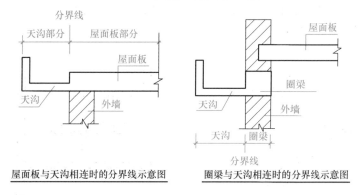

图 3-4-19 天沟计算界限示意图

5. 雨篷、悬挑板、阳台板

按设计图示尺寸以墙外部分体积计算，包括伸出墙外的牛腿和雨篷反挑檐的体积。

【例 3-4-7】试计算图 3-4-20 所示雨篷的混凝土工程量。

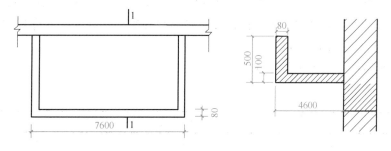

图 3-4-20 雨篷平面及剖面图

【解】$V = 4.6 \times 7.6 \times 0.1 + [(4.6 - 0.08) \times 2 + 7.6] \times 0.08 \times 0.5 = 4.16\text{m}^3$

3.4.5 混凝土楼梯工程计量

现浇混凝土楼梯清单附录及定额规则见表 3-4-8。

现浇混凝土楼梯 表 3-4-8

	项目编码	项目名称	项目特征	计量单位	工程量计算规则	工作内容
国标清单	010506001	直形楼梯	1. 混凝土类别 2. 混凝土强度等级	1. m² 2. m³	1. 以平方米计量，按设计图示尺寸以水平投影面积计算。不扣除宽度≤500mm的楼梯井，伸入墙内部分不计算。 2. 以立方米计量，按设计图示尺寸以体积计算	1. 模板及支架（撑）制作、安装、拆除、堆放、运输及清理模内杂物、刷隔离剂等。 2. 混凝土制作、运输、浇筑、振捣、养护
	010506002	弧形楼梯				
	说明：整体楼梯（包括直形楼梯、弧形楼梯）水平投影面积包括休息平台、平台梁、斜梁和楼梯的连接梁。当整体楼梯与现浇楼板无梯梁连接时，以楼梯的最后一个踏步边缘加300mm为界					
综合定额	工程量计算规则同清单，计量单位为 m³					

钢筋混凝土整体楼梯包括：休息平台、平台梁、斜梁、楼梯板、踏步以及楼梯与楼板相连的梁。各部位及名称如图 3-4-21 所示。

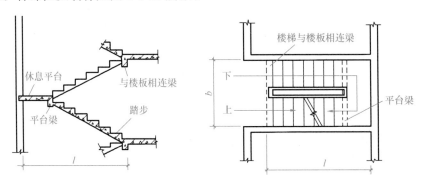

图 3-4-21　钢筋混凝土整体楼梯

【例 3-4-8】已知某首层楼梯墙厚 180mm，平台板厚 100mm，踏步斜板厚 110mm，踏步宽 300mm，踏步平均高度 158.3mm，梯梁尺寸 200mm×400mm，梯柱边缘齐平外墙皮，框架柱 Z1 边缘分别齐平⑪轴线内墙皮、⑫轴线外墙皮，其余尺寸详见图 3-4-22。试按体积计算该楼梯的清单工程量。

【解】钢筋混凝土楼梯工程量计算表见表 3-4-9。

钢筋混凝土楼梯工程量计算表 表 3-4-9

楼梯组成	工程量计算式	工程量	单位
斜板	$0.11 \times \sqrt{(11 \times 0.3)^2 + (12 \times 0.1583)^2} \times (3-0.18-0.12) = 1.11$		
踏步	$0.3 \times 0.1583/2 \times (3-0.18-0.12) \times 12 = 0.77$		
平台板	$1.5 \times 0.1 \times (3-0.18) = 0.42$	2.85	m³
平台梁	$[(3-0.3)+(3-0.22)] \times (0.4-0.1) \times 0.2 = 0.33$		
与楼板连接的梁	$0.2 \times 0.4 \times (3-0.3) = 0.22$		

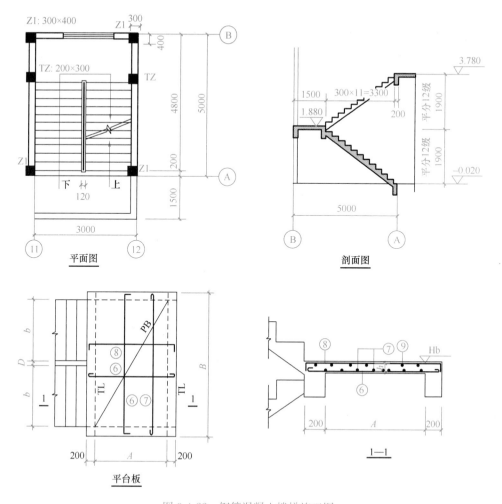

图 3-4-22　钢筋混凝土楼梯施工图

3.4.6　混凝土其他构件及后浇带等工程计量

1. 现浇混凝土其他构件

现浇混凝土其他构件清单附录及定额见表 3-4-10。

现浇混凝土其他构件 表 3-4-10

	项目编码	项目名称	项目特征	计量单位	工程量计算规则	工作内容
国标清单	010507001	散水、坡道	1. 垫层材料种类、厚度 2. 面层厚度 3. 混凝土类别 4. 混凝土强度等级 5. 变形缝填塞材料种类	m²	按设计图示尺寸以面积计算。不扣除单个≤0.3m² 的孔洞所占面积	1. 地基夯实。 2. 铺设垫层。 3. 模板及支撑制作、安装、拆除、堆放、运输及清理模内杂物、刷隔离剂等。 4. 混凝土制作、运输、浇筑、振捣、养护。 5. 变形缝填塞
	010507002	室外地坪	1. 地坪厚度 2. 混凝土强度等级			

续表

	项目编码	项目名称	项目特征	计量单位	工程量计算规则	工作内容
国标清单	010507003	电缆沟、地沟	1. 土壤类别 2. 沟截面净空尺寸 3. 垫层材料种类、厚度 4. 混凝土种类 5. 混凝土强度等级 6. 防护材料种类	m	以米计量，按设计图示以中心线长计算	1. 挖填、运土石方。 2. 铺设垫层。 3. 模板及支撑制作、安装、拆除、堆放、运输及清理模内杂物、刷隔离剂等。 4. 混凝土制作、运输、浇筑、振捣、养护。 5. 刷防护材料
	010507004	台阶	1. 踏步高宽比 2. 混凝土类别 3. 混凝土强度等级	1. m² 2. m³	1. 以平方米计量，按设计图示尺寸水平投影面积计算。 2. 以立方米计量，按设计图示尺寸以体积计算	1. 模板及支撑制作、安装、拆除、堆放、运输及清理模内杂物、刷隔离剂等。 2. 混凝土制作、运输、浇筑、振捣、养护
	010507005	扶手、压顶	1. 断面尺寸 2. 混凝土类别 3. 混凝土强度等级	1. m 2. m³	1. 以米计量，按设计图示的延长米计算。 2. 以立方米计量，按设计。图示尺寸以体积计算	
	010507006	化粪池、检查井	1. 部位 2. 混凝土强度等级 3. 防水、抗渗要求	1. m³ 2. 座	1. 按设计图示尺寸以体积计算。 2. 按设计图示以数量计算	
	010507007	其他构件	1. 构件的类型 2. 构件规格 3. 部位 4. 混凝土类别 5. 混凝土强度等级	m³	按设计图示尺寸以体积计算	
	说明：（1）现浇混凝土小型池槽、垫块、门框等，应按 E.7 中其他构件项目编码列项。 （2）架空式混凝土台阶，按现浇楼梯计算					
综合定额	（1）地坪按设计图示尺寸分不同厚度以面积计算，扣除凸出地面构筑物、设备基础、室内铁道、地沟等所占面积，不扣除间壁墙和 0.3m² 以内的柱、垛、附墙烟囱及孔洞所占面积。门洞、空圈、暖气包槽、壁龛的开口部分不增加面积。 （2）其他构件的工程量计算规则同清单。 （3）计量单位：电缆沟、地沟、台阶、扶手、压顶按 m³ 计算					

台阶与平台连接时，其分界线以最上层踏步外沿加 300mm 计算，如图 3-4-23 所示。

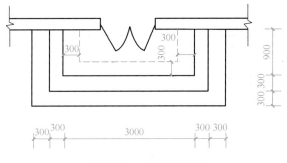

图 3-4-23　台阶示意图

2. 后浇带

后浇带清单附录及定额见表 3-4-11。

后浇带　　　　　　　　　　　　　　　　　　　　　　　　表 3-4-11

	项目编码	项目名称	项目特征	计量单位	工程量计算规则	工作内容
国标清单	010508001	后浇带	1. 混凝土类别 2. 混凝土强度等级	m³	按设计图示尺寸以体积计算	1. 模板及支撑制作、安装、拆除、堆放、运输及清理模内杂物、刷隔离剂等。 2. 混凝土制作、运输、浇筑、振捣、养护及混凝土交接面、钢筋等的清理
综合定额	工程量计算规则同清单					

设置后浇带（图 3-4-24）的位置、距离通过设计计算确定，其宽度考虑施工简便、避免应力集中，常为 800～1200mm；后浇带部位的混凝土强度等级须比原结构提高一级。

 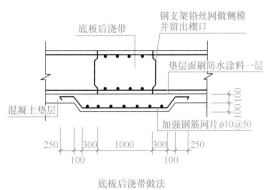

图 3-4-24　后浇带示意图

3. 螺栓、铁件

螺栓、铁件清单附录见表 3-4-12。

螺栓、铁件　　　　　　　　　　　　表 3-4-12

项目编码	项目名称	项目特征	计量单位	工程量计算规则	工作内容
010516001	螺栓	1. 螺栓种类 2. 规格	t	按设计图示尺寸以质量计算	1. 螺栓、铁件制作、运输 2. 螺栓、铁件安装
010516002	预埋铁件	1. 钢材种类 2. 规格 3. 铁件尺寸			
010516003	机械连接	1. 连接方式 2. 螺纹套筒种类 3. 规格	个	按数量计算	1. 钢筋套丝 2. 套筒连接

注：编制工程量清单时，其工程数量可为暂估量，实际工程量按现场签证数量计算。

【例 3-4-9】某现浇钢筋混凝土单层厂房，屋面板顶面标高 5.000，柱基础顶面标高为 −0.500，柱截面尺寸为：Z3＝300mm×500mm，Z4＝400mm×500mm，Z5＝300mm×500mm（注：边柱、角柱的外边线与梁边缘齐平，定位轴线与梁中心线重合），用普通预拌混凝土碎石粒径 C30 泵送（图 3-4-25）。试求现浇混凝土工程的清单工程量。

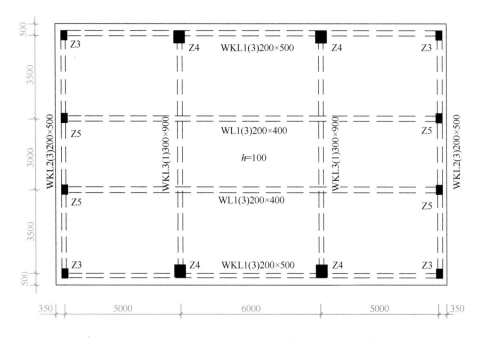

图 3-4-25　单层厂房梁板结构示意图

【解】现浇混凝土清单工程量计算表见表 3-4-13；定额工程量计算表见表 3-4-14；分部分项工程量清单见表 3-4-15。

清单工程量计算表　　　　　表 3-4-13

序号	项目编码	项目名称	计算式	工程量	单位
1	010502001001	矩形柱	Z3：$0.3 \times 0.5 \times 5.5 \times 4 = 3.3m^3$ Z4：$0.4 \times 0.5 \times 5.5 \times 4 = 4.4m^3$ Z5：$0.3 \times 0.5 \times 5.5 \times 4 = 3.3m^3$ 小计：11m³	11	m³
2	010505001001	有梁板	WKL1：$(16-0.2 \times 2-0.4 \times 2) \times 0.2 \times (0.5-0.1) \times 2$ $= 2.368m^3$ WKL2：$(10-0.4 \times 2-0.5 \times 2) \times 0.2 \times (0.5-0.1) \times 2$ $= 1.312m^3$ WKL3：$(10-0.4 \times 2) \times 0.3 \times (0.9-0.1) \times 2 = 4.416m^3$ WL1：$(16-0.2 \times 2-0.3 \times 2) \times 0.2 \times (0.4-0.1) \times 2$ $= 1.8m^3$ 板：$(10+0.1 \times 2) \times (16+0.1 \times 2) \times 0.1 = 16.524m^3$ 小计：$2.368+1.8+1.312+4.416+16.524 = 26.42m^3$	26.42	m³
3	010505007001	挑檐板	$[(16+0.35 \times 2) \times (10+0.5 \times 2)-(16+0.1 \times 2) \times (10+0.1 \times 2)] \times 0.1 = 1.85m^3$	1.85	m³

定额工程量计算表　　　　　表 3-4-14

序号	项目名称	定额工程量计算式	工程量	单位
1	矩形柱	同清单计算式	11	m³
2	有梁板	WKL1 同清单：2.368m³ WKL2 同清单 1.312m³ WKL3 同清单 4.416m³ WL1 同清单 1.8m³ 板：$[(10+0.1 \times 2) \times (16+0.1 \times 2)-(0.3 \times 0.5 \times 8+0.4 \times 0.5 \times 4)]$ $\times 0.1 = 16.324$ 小计：$2.368+1.8+1.312+4.416+16.324 = 26.22m^3$	26.22	m³
3	挑檐板	同清单 1.85m³	1.85	m³

分部分项工程量清单　　　　　表 3-4-15

序号	项目编码	项目名称	项目特征	计量单位	工程量
1	010502001001	矩形柱	1. 混凝土种类：普通预拌混凝土 2. 混凝土强度等级：碎石粒径 C20	m³	11
2	010505001001	有梁板	1. 混凝土种类：普通预拌混凝土 2. 混凝土强度等级：碎石粒径 C20	m³	26.42
3	010505007001	挑檐板	1. 混凝土种类：普通预拌混凝土 2. 混凝土强度等级：碎石粒径 C20	m³	1.85

3.4.7　板构件清单与定额规则的差异

板构件清单与定额规则的差异见表 3-4-16。

板构件清单与定额规则的差异   表 3-4-16

项目名称	清单	定额
板	按设计图示尺寸以体积计算，不扣除单个面积≤0.3m² 的柱、垛以及孔洞所占体积。 压型钢板混凝土楼板扣除构件内压型钢板所占体积	按设计图示尺寸以体积计算，不扣除板中单个面积≤0.3m² 的孔洞所占体积，但应扣除墙、柱混凝土体积，梁、板、墙的后浇带体积和劲性混凝土中型钢骨架体积

3.4.8 混凝土工程计价

1. 定额计价部分说明

（1）本章混凝土均以预拌混凝土含量形式出现，定额含量已包括施工损耗。

（2）所有混凝土子目均已包括混凝土的场内运输、浇捣、养护等工作内容。

（3）基础子目如设计要求采用素混凝土，混凝土含量为 10.15m³，其他不变。

（4）箱式满堂基础按基础、柱、梁、板、墙等有关规定分别计算。

（5）混凝土结构物实体积最小几何尺寸大于 1m，且按规定需要进行温度控制的大体积混凝土，温度控制费用按照经同意的专项施工方案另计。

（6）与地下室底板连接的梁、桩承台并入地下室底板混凝土计算。

（7）现浇钢筋混凝土柱、墙项目时，每层底部灌注 1：2 水泥砂浆的消耗量包含在混凝土中，不用另行计算。

（8）砌体墙根部位现浇混凝土带执行圈梁相应项目；独立现浇门框按构造柱项目执行。

（9）L 形或 T 形截面混凝土（短肢剪力墙结构）按图 3-4-26 所示单向划分的异形柱或墙项目执行。

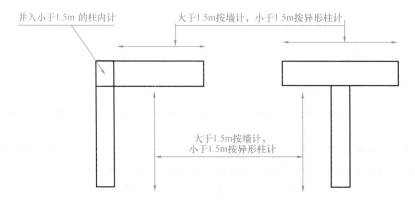

图 3-4-26 L 形、T 形截面混凝土单向划分示意图

（10）有梁板（包括主、次梁与板）按梁、板体积之和计算，有梁板的弧形梁按有梁板的相应子目计算。无梁板按板与柱帽体积之和计算。挑檐、天沟与板（包括屋面板、楼板）连接时，以外墙外边线为分界线。

（11）没有与板相连的梁按梁体积计算，执行梁项目。

（12）压型钢板上浇捣混凝土板，执行平板项目。

（13）整体楼梯，包括休息平台、平台梁、斜梁及楼梯与楼板连接的梁、踏步板、踏步。

（14）现浇阶梯教室

1）梯悬空部分按楼梯子目计算，填土部分按台阶子目计算，工程量分别算至最上一层阶梯边沿增加一级计算。

2）平底的阶梯教室套用直形楼梯子目，锯齿形底套用弧形楼梯子目，其中人工费乘以系数 0.80。

（15）与场馆看台连接的平台板、平台梁、次梁、斜梁并入场馆看台混凝土计算。

（16）后浇带包括了与原混凝土接缝处的收口钢丝网工作内容。若有固定收口网的钢筋骨架执行钢筋相应子目。

（17）在柱与梁的结合中，梁分为两种不同的混凝土强度时，与柱的混凝土强度相同的梁的混凝土体积并入柱的体积计算；其余部分套用定额梁的相应子目，有收口网的，另行计算材料费。

（18）凸出混凝土柱、梁的线条，并入相应柱、梁构件内；凸出混凝土外墙面、阳台梁、栏板外侧≤300mm 的装饰线条，执行压顶、扶手项目；凸出混凝土外墙面、梁外侧＞300mm 的板，按悬挑板考虑。

（19）悬挑板包括伸出墙外的牛腿、挑梁，其嵌入墙内的梁另按梁有关规定计算。悬挑板伸出墙外 500mm 以内按挑檐计算，500mm 以上按雨篷计算，伸出墙外 1.5m 以上的按梁、板等有关规定分别计算。

（20）雨篷、阳台板按设计图示尺寸以墙外部分体积计算，包括伸出墙外的牛腿和雨篷反檐的体积。栏板、反檐包括其伸入砌体内的部分，栏板、反檐高度超过 1.2m，按墙计算。

（21）阳台不包括阳台栏板及压顶内容。

（22）混凝土墙厚在 140mm 以内的套用栏板子目，墙厚度在 140mm 以上的套用墙子目。

（23）空心砖内灌注混凝土，按实际灌注混凝土体积计算，套用小型构件子目。

（24）飘窗顶面、底面、侧面采用整体浇捣时，按小型构件子目计算。

（25）外形尺寸体积在 1m³ 以内的独立池槽，按小型构件子目计算。

（26）单个容量在 50m³ 以内的屋面（房上）水池（不包支撑水池的柱、梁、墙、板），按房上水池子目计算；超过 50m³ 容量的水池，按柱、梁、墙、板分别计算。

（27）小型构件指每件体积在 0.1m³ 以内的构件。本章未列出的每件体积在 0.1m³ 以内的现浇构件（或预制混凝土小型构件），按小型构件（或其他小型构件）子目计算。

（28）现浇混凝土泵送高度以建筑施工图的设计标高±0.000 作为基准，区分不同步距分别计算泵送增加费。当泵送高度的步距上值位于某楼层中间（或半层）时，则其混凝土泵送工程量只计算至该楼层的板面标高以下构件。而该楼层的墙、柱、梯或斜面板等构件混凝土泵送工程量，执行高一级步距子目。

（29）现浇混凝土采用泵送方式的，其泵送费按车泵或固定泵、布料机等直接入模考虑，不需扣减垂直运输费用；现浇混凝土采用塔式起重机、卷扬机架等其他机具运送至入模的，其运送费综合考虑在本定额垂直运输工程费用中。

（30）地坪子目，不包括平整场地、室内填土、夯实与外运工作内容，相应工作内容套用"土石方工程"相应子目。

2. 混凝土工程计价案例

【例 3-4-10】根据【例 3-4-9】的已知条件及计算结果，试计算各清单项目的分部分项综合单价，并填写清单计价表。

（1）矩形柱的综合单价分析

1）根据题目条件及工程量计算规则分析，本题矩形柱的清单工程量＝定额工程量，矩形柱定额编码 A1-5-5，数量＝1÷10＝0.1；预拌混凝土 C30 查定额下册材料编码8021905，数量＝10.1（定额 A1-5-5 的混凝土含量）×0.1＝1.01；

2）题目要求泵送混凝土，查定额上册定额编码 A1-5-51，数量＝1÷10＝0.1，预拌混凝土 C30 查定额下册材料编码 8021905，数量＝0.05（定额 A1-5-51 的混凝土含量）×0.1＝0.005；

3）其他数据按照定额的数据填写并计算（表 3-4-17）。

综合单价分析表   表 3-4-17

工程名称：混凝土工程   标段：   第 1 页 共 3 页

项目编码	010502001001		项目名称	矩形柱		计量单位	m³	工程量	11
清单综合单价组成明细									
定额编号	定额项目名称	定额单位	数量	单价				合价			
				人工费	材料费	机具费	管理费和利润	人工费	材料费	机具费	管理费和利润
A1-5-5	现浇建筑物混凝土矩形、多边形、异形、圆形柱、钢管柱	10m³	0.1	1181	187.77	13.01	582.08	118.1	18.78	1.3	58.21
8021905	普通预拌混凝土碎石粒径综合考虑 C30	m³	1.01		340				343.4		
A1-5-51	泵送混凝土至建筑部位高度50m 以内（含±0.000 以下）	10m³	0.1	15.18	13.57	133.02	72.25	1.52	1.36	13.3	7.23
8021905	普通预拌混凝土碎石粒径综合考虑 C30	m³	0.005		340				1.7		
人工单价		小计						119.62	365.24	14.6	65.44
		未计价材料费									
清单项目综合单价								564.89			

（2）有梁板的综合单价分析

1）根据题目条件及工程量计算规则分析，本题有梁板的清单工程量＝定额工程量，有梁板定额编码 A1-5-14，数量＝26.22÷26.42÷10＝0.0992；预拌混凝土 C30 查定额下册材料编码 8021905，数量＝10.1×0.0992＝1.0024；

2）题目要求泵送混凝土，查定额上册定额编码 A1-5-51，数量＝26.22÷26.42÷10＝0.0992，预拌混凝土 C30 查定额下册材料编码 8021905，数量＝0.05×0.0992＝0.005；

3）其他数据按照定额的数据填写并计算（表3-4-18）。

综合单价分析表　　　　　　　　表 3-4-18

工程名称：混凝土工程　　　　　　　　标段：　　　　　　　　第 2 页　共 3 页

项目编码	010505001001		项目名称	有梁板		计量单位	m³	工程量	26.42
清单综合单价组成明细									
定额编号	定额项目名称	定额单位	数量	单价				合价	
				人工费	材料费	机具费	管理费和利润	人工费	材料费	机具费	管理费和利润
A1-5-14	现浇建筑物混凝土 平板、有梁板、无梁板	10m³	0.0992	466.03	221.37	14.65	234.34	46.25	21.97	1.45	23.26
8021905	普通预拌混凝土碎石粒径综合考虑 C30	m³	1.0024		340.8				340.8		
A1-5-51	泵送混凝土至建筑部位高度50m以内（含±0.000以下）	10m³	0.0992	15.18	13.57	133.02	72.25	1.51	1.35	13.2	7.17
8021905	普通预拌混凝土碎石粒径综合考虑 C30	m³	0.005		340				1.69		
人工单价		小计						47.76	365.81	14.65	30.43
		未计价材料费									
清单项目综合单价								458.64			

（3）挑檐板的综合单价分析

1）根据题目条件及工程量计算规则分析，本题挑檐板的清单工程量＝定额工程量，挑檐板定额编码 A1-5-32，数量＝1÷10＝0.1；预拌混凝土 C30 查定额下册材料编码 8021905，数量＝10.1×0.1＝1.01；

2）题目要求泵送混凝土，查定额上册定额编码 A1-5-51，数量＝1÷10＝0.1，预拌混凝土 C30 查定额下册材料编码 8021905，数量＝0.05×0.1＝0.005；

3) 其他数据按照定额的数据填写并计算（表3-4-19）。

综合单价分析表 表 3-4-19

工程名称：混凝土工程　　　　　　　　标段：　　　　　　　　第 3 页 共 3 页

项目编码	010505007001	项目名称		挑檐板		计量单位	m³	工程量	1.85
清单综合单价组成明细									
定额编号	定额项目名称	定额单位	数量	单价				合价	

定额编号	定额项目名称	定额单位	数量	人工费	材料费	机具费	管理费和利润	人工费	材料费	机具费	管理费和利润
A1-5-32	现浇混凝土其他构件 天沟、挑檐	10m³	0.1	1847.41	64.18	20.98	910.84	184.74	6.42	2.1	91.08
8021905	普通预拌混凝土碎石粒径综合考虑 C30	m³	1.01		340				343.4		
A1-5-51	泵送混凝土至建筑部位高度50m以内（含±0.000以下）	10m³	0.1	15.18	13.57	133.02	72.25	1.52	1.36	13.3	7.23
8021905	普通预拌混凝土碎石粒径综合考虑 C30	m³	0.005		340				1.71		
人工单价		小计						186.26	352.89	15.4	98.31
		未计价材料费									
清单项目综合单价								652.85			

（4）根据题目条件及清单工程量、综合单价的计算结果，整理清单与计价表见表 3-4-20。

分部分项工程和单价措施项目清单与计价表 表 3-4-20

工程名称：混凝土工程　　　　　　　　标段：　　　　　　　　第 1 页 共 1 页

序号	项目编码	项目名称	项目特征描述	计量单位	工程量	金额（元）		
						综合单价	综合合价	其中暂估价
1	010502001001	矩形柱	混凝土种类：普通预拌混凝土 混凝土强度等级：碎石粒径 C20	m³	11	564.89	6213.79	
2	010505001001	有梁板	混凝土种类：普通预拌混凝土 混凝土强度等级：碎石粒径 C20	m³	26.42	458.64	12117.27	
3	010505007001	挑檐板	混凝土种类：普通预拌混凝土 混凝土强度等级：碎石粒径 C20	m³	1.85	652.85	1207.77	

3. 职业拓展——综合定额技能要点解析

(1) 凸出外墙 1.2m 的有梁板阳台（两端悬挑梁＋悬挑末端次梁），梁和板是归类到有梁板一起计算，还是按雨篷、阳台板计算？

答：悬挑板伸出墙外 500mm 以内按挑檐计算，500mm 以上、1.5m 以下按雨篷计算，伸出墙外 1.5m 以上的按梁、板等有关规定分别计算。

(2) 定额中钢筋混凝土工程和模板工程中 L 形或 T 形截面混凝土（短肢剪力墙结构）按 1.5m 分界线划分的异形柱或墙项目执行，是按单向还是双向大于 1.5m 考虑的？

答：钢筋混凝土工程和模板工程中 L 或 T 形截面混凝土（短肢剪力墙结构）按定额中图示单向划分异形柱或墙项目执行，单向长度大于 1.5m 时按墙计，单向长度小于 1.5m 则按异形柱计算。

任务小结

本任务主要对混凝土工程清单附录及工程量计算规则进行讲解，在此基础上又进一步学习了定额的工程量计算规则，对清单和定额工程量计算的异同进行了重点说明，并结合项目练习开列实际项目的工程量清单，正确计算清单及定额工程量。并进一步学习了混凝土工程的综合单价分析表和清单与计价表的计算及填写。

通过本任务的计价实战演练，学生能够掌握混凝土工程的定额运用要点，掌握混凝土工程组价及综合单价的计算，具备编制混凝土工程量清单计价表的能力。

课后习题

一、单项选择题

1. 根据《房屋建筑与装饰工程工程量计算规范》GB 50854—2013 规定，关于现浇混凝土基础的项目列项或工程量计算正确的为（　　）。

A. 箱式满堂基础中的墙按现浇混凝土墙列项

B. 箱式满堂基础中的梁按满堂基础列项

C. 框架式设备基础的基础部分按现浇混凝土墙列项

D. 框架式设备基础的柱和梁按设备基础列项

2. 根据《房屋建筑与装饰工程工程量计算规范》GB 50854—2013 规定，关于现浇混凝土柱工程量计算，说法正确的是（　　）。

A. 有梁板矩形独立柱工程量按柱设计截面积乘以自柱基底面至板面高度以体积计算

B. 无梁板矩形柱工程量按柱设计截面积乘以自楼板上表面至柱帽上表面高度以体积计算

C. 框架柱工程量按柱设计截面积乘以自柱基底面至柱顶面高度以体积计算

D. 构造柱按设计尺寸自柱底面至顶面全高以体积计算

3. 根据《房屋建筑与装饰工程工程量计算规范》GB 50854—2013，关于现浇混凝土板工程量计算的说法，正确的是（　　）。

A. 圈梁区分不同断面按设计中心线长度计算

B. 过梁工程不单独计算，并入墙体工程计算

C. 异形梁按设计图示尺寸以体积计算

D. 拱形梁按设计拱形轴线长度计算

4. 根据《房屋建筑与装饰工程工程量计算规范》GB 50854—2013，关于现浇混凝土板工程量计算的说法，正确的是(　　)。

A. 空心板按图示尺寸以体积计算，扣除空心所占面积

B. 雨篷板从外墙内侧算至雨棚板结构外边线按面积计算

C. 阳台板按墙体中心线以外部图示面积计算

D. 天沟板按设计图示尺寸中心线长度计算

5. 根据《混凝土结构工程施工及验收规范》，直径为 d 的 Ⅰ 级钢筋做受力筋，两端设有弯钩，弯钩增加长为 $4.9d$，其弯起角度应是(　　)。

A. 90°　　　　　　　　B. 120°　　　　　　　　C. 135°　　　　　　　　D. 180°

6. 根据《房屋建筑与装饰工程工程量计算规范》GB 50854—2013，混凝土及钢筋混凝土工程量的计算，正确的是(　　)。

A. 现浇有梁板主梁、次梁按体积并入楼板工程量中计算

B. 无梁板柱帽按体积并入零星项目工程量中计算

C. 弧形楼梯不扣除宽度小于 300mm 的楼梯井

D. 整体楼梯按水平投影面积计算，不包括与楼板连接的梯梁所占面积

7. 根据《房屋建筑与装饰工程工程量计算规范》GB 50854—2013，以下关于现浇混凝土工程量计算。正确的说法是(　　)。

A. 有梁板柱高自柱基上表面至上层楼板上表面

B. 无梁板柱高自柱基上表面至上层接板下表面

C. 框架柱柱高自柱基上表面至上层楼板上表面

D. 构造柱柱高自柱基上表面至顶层楼板下表面

8. 现浇混凝土挑檐、雨篷与圈梁连接时，其工程量计算的分界线应为(　　)。

A. 圈梁外边线　　　　　　　　　　B. 圈梁内边线

C. 外墙外边线　　　　　　　　　　D. 板内边线

9. 下列现浇混凝土板工程量计算规则中，正确的说法是(　　)。

A. 天沟、挑檐按设计图示尺寸以面积计算

B. 雨篷、阳台板按设计图示尺寸以墙外部分体积计算

C. 现浇挑檐、天沟板与板连接时，以板的外边线为界

D. 伸出墙外的阳台牛腿和雨篷反挑檐不计算

10. 根据《房屋建筑与装饰工程工程量计算规范》GB 50854—2013 规定，关于现浇混凝土板的工程量计算正确的为(　　)。

A. 栏板按设计图示尺寸以面积计算

B. 雨篷按设计外墙中心线外图示体积计算

C. 阳台板按设计外墙中心线外图示面积计算

D. 散水按设计图示尺寸以面积计算

11. 计算现浇混凝土楼梯工程量时，正确的做法是(　　)。

A. 以斜面积计算　　　　　　　　　　　　B. 扣除宽度小于 500mm 的楼梯井

C. 伸入墙内部分不另增加　　　　　　　　D. 整体楼梯不包括连接梁

12. 计算预制混凝土楼梯工程量时，应扣除(　　　)。

A. 构件内钢筋所占体积　　　　　　　　　B. 空心踏步板孔洞体积

C. 构件内预埋铁件所占体积　　　　　　　D. 300mm×300mm 以内孔洞体积

13. 现浇钢筋混凝土楼梯的工程量应按设计图示尺寸(　　　)。

A. 以体积计算，不扣除宽度小于 500mm 的楼梯井

B. 以体积计算，扣除宽度小于 500mm 的楼梯井

C. 以水平投影面积计算，不扣除宽度小于 500mm 的楼梯井

D. 以水平投影面积计算，扣除宽度小于 500mm 的楼梯井

14. 混凝土后浇带以体积计算，通常包括梁后浇带、板后浇带，还有(　　　)。

A. 墙后浇带　　　　　　　　　　　　　　B. 雨篷后浇带

C. 柱后浇带　　　　　　　　　　　　　　D. 楼梯后浇带

15. 根据《房屋建筑与装饰工程工程量计算规范》GB 50854—2013，关于预制混凝土构件工程量计算，说法正确的是(　　　)。

A. 如以构件数量作为计量单位，特征描述中必须说明单件体积

B. 异形柱应扣除构件内预埋铁件所占体积，铁件另计

C. 大型板应扣除单个尺寸≤300mm×300mm 的孔洞所占体积

D. 空心板不扣除孔洞体积

16. 根据《房屋建筑与装饰工程工程量计算规范》GB 50854—2013 规定，关于预制混凝土构件工程量计算，说法正确的是(　　　)。

A. 预制组合屋架，按设计图示尺寸以体积计算，不扣除预埋铁件所占体积

B. 预计网架板，按设计图示尺寸以体积计算，不扣除孔洞所占体积

C. 预制空心板，按设计图示尺寸以体积计算，不扣除空心板孔洞所占体积

D. 预制混凝土楼梯按设计图示尺寸以体积计算，不扣除空心踏步板孔洞体积

17. 锯齿形底阶梯教室套用弧形楼梯子目，其中人工费乘以系数(　　　)。

A. 1.2　　　　　　　　B. 1.1　　　　　　　　C. 0.9　　　　　　　　D. 0.8

18. 凸出混凝土外墙面、阳台梁、栏板外侧(　　　)的装饰线条，执行压顶、扶手项目。

A. ≤200mm　　　　　　　　　　　　　　B. ≤250mm

C. ≤300mm　　　　　　　　　　　　　　D. ≤350mm

19. 凸出混凝土外墙面、梁外侧(　　　)的板，按悬挑板考虑。

A. >200mm　　　　　　　　　　　　　　B. >250mm

C. >300mm　　　　　　　　　　　　　　D. >350mm

20. 悬挑板伸出墙外 500mm 以内按(　　　)计算。

A. 挑檐　　　　　　　　　　　　　　　　B. 雨篷

C. 梁、板　　　　　　　　　　　　　　　D. 平板

21. 悬挑板伸出墙外 500mm 以上按(　　　)计算。

A. 挑檐　　　　　　　　　　　　　　　　B. 雨篷

C. 梁、板　　　　　　　　　　　　　　　D. 平板

22. 悬挑板伸出墙外 1.5m 以上的按( )等有关规定分别计算。

A. 挑檐　　　　　　B. 雨篷　　　　　　C. 梁、板　　　　　　D. 平板

23. 栏板、反檐包括其伸入砌体内的部分，栏板、反檐高度超过( )m，按墙计算。

A. 1.2　　　　　　B. 1.1　　　　　　C. 0.9　　　　　　D. 0.8

24. 混凝土墙厚在( )mm 以内的套用栏板子目，反之套用墙子目。

A. 120　　　　　　B. 140　　　　　　C. 180　　　　　　D. 240

二、多项选择题

1. 关于现浇混凝土墙工程量计算，说法正确的有( )。

A. 一般的短肢剪力墙，按设计图示尺寸以体积计算

B. 直形墙、挡土墙按设计图示尺寸以体积计算

C. 弧形墙按墙厚不同以展开面积计算

D. 墙体工程量应扣除预埋铁件所占体积

E. 墙垛及突出墙面部分的体积不计算

2. 根据《房屋建筑与装饰工程工程量计算规范》GB 50854—2013，现浇混凝土上楼梯的工程量应( )。

A. 按设计图示尺寸以体积计算　　　　B. 按设计图示尺寸以水平投影面积计算

C. 扣除宽度不小于 300mm 的楼梯井　　D. 包含伸入墙内部分

E. 扣除宽度不小于 500mm 的楼梯井

3. 根据《房屋建筑与装饰工程工程量计算规范》GB 50854—2013，现浇混凝土工程量计算正确的有( )。

A. 构造柱工程量包括嵌入墙体部分

B. 梁工程量不包括伸入墙内的梁头体积

C. 墙体工程量包括墙体体积

D. 有梁板按梁、板体积之和计算工程量

E. 无梁板伸入墙内的板头和柱帽并入板体积内计算

4. 根据《房屋建筑与装饰工程工程量计算规范》GB 50854—2013，下列关于混凝土及钢筋混凝土工程量计算，正确的是( )。

A. 天沟、挑檐板按设计厚度以面积计算

B. 现浇混凝土墙的工程量不包括墙垛体积

C. 散水、坡道按图示尺寸以面积计算

D. 地沟按设计图示以中心线长度计算

E. 沟盖板、井盖板以个计算

5. 根据设计规范，按室内正常环境条件下设计的钢筋混凝土构件，混凝土保护层厚度为 25mm 的是( )。

A. 板　　　　　　　　　　　　　B. 墙

C. 梁　　　　　　　　　　　　　D. 柱

E. 有垫层的基础

6. 根据《房屋建筑与装饰工程工程量计算规范》GB 50854—2013，以下关于工程量

计算，正确的说法是（　　）。

  A. 现浇混凝土整体楼梯按设计图示的水平投影面积计算，包括休息平台、平台梁、斜梁和连接梁

  B. 散水、坡道按设计图示尺寸以面积计算，不扣除单个面积在 $0.3m^2$ 以内的孔洞面积

  C. 电缆沟、地沟和后浇带均按设计图示尺寸以长度计算

  D. 混凝土台阶按设计图示尺寸以体积计算

  E. 混凝土压顶按设计图示尺寸以体积计算

7. 计算混凝土工程量时，正确的工程量清单计算规则是（　　）。

  A. 现浇混凝土构造柱不扣除预埋铁件体积

  B. 无梁板的柱高自楼板上表面算至柱帽下表面

  C. 伸入墙内的现浇混凝土梁头的体积不计算

  D. 现浇混凝土墙中，墙垛及突出部分不计算

  E. 现浇混凝土楼梯伸入墙内部分不计算

8. 根据《房屋建筑与装饰工程工程量计算规范》GB 50854—2013 的有关规定，下列项目工程量清单计算时，以 m^3 为计量单位的有（　　）。

  A. 预制混凝土楼梯   B. 现浇混凝土楼梯

  C. 现浇混凝土雨篷   D. 现浇混凝土坡道

  E. 现浇混凝土地沟

9. 关于钢筋混凝土工程量计算规则正确的说法是（　　）。

  A. 无梁板体积包括板和柱帽的体积

  B. 现浇混凝土楼梯按水平投影面积计算

  C. 外挑雨篷上的反挑檐并入雨篷计算

  D. 预制钢筋混凝土楼梯按设计图示尺寸以体积计算

  E. 预制构件的吊钩应按预埋铁件以质量计算

任务 3.5　门窗工程计量计价

知识要点

1. 熟悉门窗工程清单项目附录的分类及构成；

2. 熟悉门窗工程清单、定额工程量的计算规则，并注意两者的区别；

3. 能够根据实体项目，开列门窗工程清单、计算清单及定额工程量；

4. 熟悉定额总说明和门窗工程章说明中关于计价的规定；

5. 能够正确填写并计算门窗工程的综合单价分析表及清单与计价表。

3.5.1　门窗工程基本认识

普通木门常见的类型有：镶板门、胶合板门、全玻门、半截玻璃门、自由门、连窗门等（图 3-5-1、图 3-5-2）；综合定额子目的列项方式又分为：带纱、无纱；单扇、双扇；带亮、无亮等（图 3-5-3、图 3-5-4）。

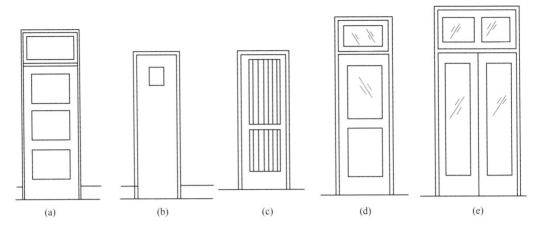

图 3-5-1　不同名称门的示意图

（a）带亮子镶板门；（b）带观察窗镶板门；（c）拼板门；（d）半玻门；（e）全玻门

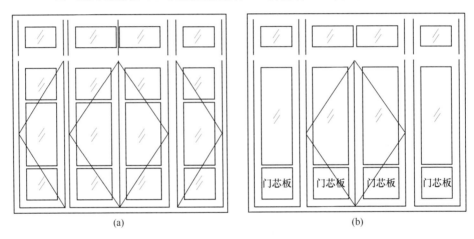

图 3-5-2　全玻、半玻门自由的示意图

（a）全玻自由门；（b）半玻自由门

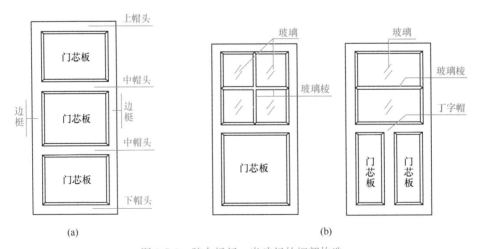

图 3-5-3　胶合板门、半玻门的细部构造

（a）胶合板门；（b）半截玻璃门

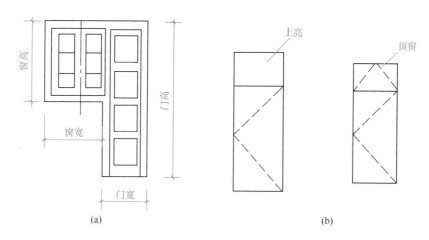

图 3-5-4 门连窗、顶窗构造示意图

（a）门联窗；（b）顶窗

3.5.2 门的工程计量

1. 木门

木门清单附录及定额规则见表 3-5-1。

木门清单附录及定额规则 表 3-5-1

<table>
<tr><td rowspan="6">国标清单</td><td>项目编码</td><td>项目名称</td><td>项目特征</td><td>计量单位</td><td>工程量计算规则</td><td>工作内容</td></tr>
<tr><td>010801001</td><td>木质门</td><td rowspan="4">1. 门代号及洞口尺寸
2. 镶嵌玻璃品种、厚度</td><td rowspan="4">1. 樘
2. m²</td><td rowspan="4">1. 以樘计量，按设计图示数量计算
2. 以平方米计量，按设计图示洞口尺寸以面积计算</td><td rowspan="4">1. 门安装
2. 玻璃安装
3. 五金安装</td></tr>
<tr><td>010801002</td><td>木质门带套</td></tr>
<tr><td>010801003</td><td>木质连窗门</td></tr>
<tr><td>010801004</td><td>木质防火门</td></tr>
<tr><td>010801005</td><td>木门框</td><td>1. 门代号及洞口尺寸
2. 框截面尺寸
3. 防护材料种类</td><td>1. 樘
2. m</td><td>1. 以樘计量，按设计图示数量计算
2. 以米计量，按设计图示框的中心线以延长米计算</td><td>1. 木门框制作、安装
2. 运输
3. 刷防护材料</td></tr>
<tr><td>010801006</td><td>门锁安装</td><td>1. 锁品种
2. 锁规格</td><td>个（套）</td><td>按设计图示数量计算</td><td>安装</td></tr>
<tr><td colspan="6">说明：（1）木质门应区分镶板木门、企口木板门、实木装饰门、胶合板门、夹板装饰门、木纱门、全玻门（带木质扇框）、木质半玻门（带木质扇框）等项目，分别编码列项。
（2）木门五金应包括：折页、插销、门碰珠、弓背拉手、搭机、木螺钉、弹簧折页（自动门）、管子拉手（自由门、地弹门）、地弹簧（地弹门）、角铁、门轧头（地弹门、自由门）等。
（3）木质门带套计量按洞口尺寸以面积计算，不包括门套的面积。
（4）以樘计量，项目特征必须描述洞口尺寸，以平方米计量，项目特征可不描述洞口尺寸。
（5）单独制作安装木门框按木门框项目编码列项</td></tr>
<tr><td rowspan="6">综合定额</td><td colspan="6">（1）各类木门、窗安装，除有注明外，不论单层双层均按设计图示门、窗框外围尺寸以"m²"计算。如设计只标洞口尺寸的，按洞口尺寸每边减去 15mm 计算。折线形门按展开面积计算。
（2）古式木门窗扇，按设计图示窗扇的外围尺寸以"m²"计算。
（3）古式木门窗槛、框按设计图示尺寸以"m³"计算。
（4）木格成品安装，按木格面积以"m²"计算。
（5）成品木门框安装按设计图示框外围尺寸以"m"计算。
（6）成品木门扇安装按设计图示门扇面积以"m²"计算</td></tr>
</table>

【例 3-5-1】某工程要求将门现场制作为带亮杉木无纱单扇镶板门（30 樘）及无亮杉木双扇无纱镶板门（20 樘），并用普通杉木贴面（单面），安装普通门锁，门洞口尺寸如图 3-5-5 所示。试列出分部分项工程的清单，并计算门的工程量。

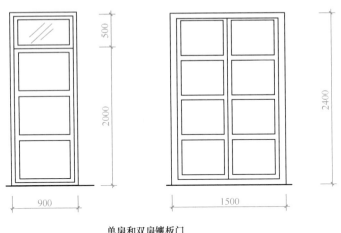

单扇和双扇镶板门

图 3-5-5　木门实例示意图

【解】木门清单工程量计算表见表 3-5-2；木门定额工程量计算表 3-5-3；木门分部分项工程量清单见表 3-5-4。

木门清单工程量计算表　　　　　　　　　　　表 3-5-2

序号	项目编码	项目名称	计算式	工程量	单位
1	010801001001	镶板木门（单扇）	$0.9 \times 2.5 \times 30 = 67.5$	67.5	m²
2	010801001002	镶板木门（双扇）	$1.5 \times 2.4 \times 20 = 72$	72	m²
3	010801006001	门锁安装	$20 + 30 = 50$	50	个

木门定额工程量计算表　　　　　　　　　　　表 3-5-3

序号	项目编码	项目名称	定额工程量计算式	工程量	单位
1	010801001001	镶板木门	$(2.5-0.015) \times (0.9-0.015 \times 2) \times 30 = 64.86$	64.86	m²
2	010801001002	镶板木门	$(2.4-0.015) \times (1.5-0.015 \times 2) \times 20 = 70.2$	70.2	m²
3	010801006001	门锁安装	$20 + 30 = 50$	50	个

木门分部分项工程量清单　　　　　　　　　　　表 3-5-4

序号	项目编码	项目名称	项目特征	计量单位	工程量
1	010801001001	镶板木门（单扇）	门名称：带亮杉木单扇无纱镶板门 洞口尺寸：0.9×2.5	m²	67.5
2	010801001002	镶板木门（双扇）	门名称：无亮杉木双扇无纱镶板门 洞口尺寸：1.5×2.4	m²	72
3	010801006001	门锁安装	普通门锁	个	50

2. 金属门

金属门清单附录及定额规则见表 3-5-5。

金属门清单附录及定额规则　　　　　　　　　　表 3-5-5

	项目编码	项目名称	项目特征	计量单位	工程量计算规则	工作内容
国标清单	010802001	金属（塑钢）门	1. 门代号及洞口尺寸 2. 门框或扇外围尺寸 3. 门框、扇材质 4. 玻璃品种、厚度	1. 樘 2. m²	1. 以樘计量，按设计图示数量计算 2. 以平方米计量，按设计图示洞口尺寸以面积计算	1. 门安装 2. 五金安装 3. 玻璃安装
	010802002	彩板门	1. 门代号及洞口尺寸 2. 门框或扇外围尺寸			
	010802003	钢质防火门	1. 门代号及洞口尺寸 2. 门框或扇外围尺寸 3. 门框、扇材质			1. 门安装 2. 五金安装
	010802004	防盗门				
	说明：（1）金属门应区分金属平开门、金属推拉门、金属地弹门、全玻门（带金属扇框）、金属半玻门（带扇框）等项目，分别编码列项。 （2）铝合金门五金包括：地弹簧、门锁、拉手、门插、门铰、螺丝等。 （3）其他金属门五金包括 L 型执手插锁（双舌）、执手锁（单舌）、门轨头、地锁、防盗门机、门眼（猫眼）、门碰珠、电子锁（磁卡锁）、闭门器、装饰拉手等。 （4）以樘计量，项目特征必须描述洞口尺寸，没有洞口尺寸必须描述门框或扇外围尺寸，以平方米计量，项目特征可不描述洞口尺寸及框、扇的外围尺寸。 （5）以平方米计量，无设计图示洞口尺寸，按门框、扇外围面积计算					
综合定额	（1）钢门窗安装工程量，按设计图示框外围面积以"m²"计算。 （2）铝合金门窗、铝塑共挤门窗安装，按设计图示框外围面积以"m²"计算；但折形、弧形等的铝合金门窗，则按设计图示展开面积以"m²"计算。如设计只标洞口尺寸，则门窗按洞口尺寸每边减去 15mm 计算。 （3）全玻璃门，按设计图示门洞口面积以"m²"计算。 （4）全玻璃门的配件，按设计图示数量以"套"计算					

3. 金属卷帘（闸）门、厂库房大门、特种门

金属卷帘（闸）门、厂库房大门、特种门清单附录及定额规则见表 3-5-6。

金属卷帘（闸）门、厂库房大门、特种门清单附录及定额规则　　　　表 3-5-6

	项目编码	项目名称	项目特征	计量单位	工程量计算规则	工作内容
国标清单	010803001	金属卷帘（闸）门	1. 门代号及洞口尺寸 2. 门材质 3. 启动装置品种、规格	1. 樘 2. m²	1. 以樘计量，按设计图示数量计算 2. 以平方米计量，按设计图示洞口尺寸以面积计算	1. 门运输、安装 2. 启动装置、活动小门、五金安装
	010803002	防火卷帘（闸）门				
	010804001	木板大门	1. 门代号及洞口尺寸 2. 门框或扇外围尺寸 3. 门框、扇材质 4. 五金种类、规格 5. 防护材料种类		1. 以樘计量，按设计图示数量计算 2. 以平方米计量，按设计图示门框或扇以面积计算	1. 门（骨架）制作、运输 2. 门、五金配件安装 3. 刷防护材料
	010804002	钢木大门				
	010804003	全钢板大门				
	010804004	防护铁丝门				

续表

	项目编码	项目名称	项目特征	计量单位	工程量计算规则	工作内容
国标清单	010804005	金属格栅门	1. 门代号及洞口尺寸 2. 门框或扇外围尺寸 3. 门框、扇材质 4. 启动装置的品种、规格	1. 樘 2. m²	1. 以樘计量，按设计图示数量计算 2. 以平方米计量，按设计图示洞口尺寸以面积计算	1. 门安装 2. 启动装置、五金配件安装
	010804006	钢质花饰大门	1. 门代号及洞口尺寸 2. 门框或扇外围尺寸 3. 门框、扇材质		1. 以樘计量，按设计图示数量计算 2. 以平方米计量，按设计图示门框或扇以面积计算	1. 门安装 2. 五金配件安装
	010804007	特种门			1. 以樘计量，按设计图示数量计算 2. 以平方米计量，按设计图示洞口尺寸以面积计算	

说明：（1）特种门应区分冷藏门、冷冻间门、保温门、变电室门、隔音门、防射电门、人防门、金库门等项目，分别编码列项。

（2）以樘计量，项目特征必须描述洞口尺寸，没有洞口尺寸必须描述门框或扇外围尺寸，以平方米计量，项目特征可不描述洞口尺寸及框、扇的外围尺寸。

（3）以平方米计量，无设计图示洞口尺寸，按门框、扇外围以面积计算

综合定额

（1）厂库房大门、特种门、围墙钢大门钢管框金属网、围墙钢大门角钢框金属网制作、安装工程量按设计门框外围面积以"m²"计算。如设计只标洞口尺寸的，按洞口尺寸每边减去15mm计算。无框的厂库房大门以扇的外围面积计算。

（2）型钢大门的制作安装工程量按图示尺寸以"kg"计算，不扣除孔眼、切肢、切边、切角的质量，厂房钢木门、冷藏库门、冷藏间冻结门、木折叠门按图示尺寸计算钢骨架制作质量。

（3）卷闸门窗安装，按设计图示尺寸以"m²"计算，如设计无规定时，安装于门窗洞槽中、洞外或洞内的，按洞口实际宽度两边共加100mm计算；安装于门、窗洞口中则不增加，高度按洞口尺寸加500mm计算。电动装置安装按设计图示数量以"套"计算，小门安装按设计图示数量以"个"计算

金属格栅门、钢质防火门和全钢板大门示意图见图3-5-6。

(a)   (b)   (c)

图 3-5-6　金属格栅门、钢质防火门、全钢板大门示意图

（a）金属格栅门；（b）钢质防火门；（c）全钢板大门

防护铁丝门与钢质花饰大门示意图见图 3-5-7。

(a)　　　　　　　　　　　　　　　　(b)

图 3-5-7　防护铁丝门、钢质花饰大门示意图

(a) 防护铁丝门；(b) 钢质花饰大门

4. 其他门

其他门清单附录及定额规则见表 3-5-7。

其他门清单附录及定额规则　　　　　　　　　　　　表 3-5-7

	项目编码	项目名称	项目特征	计量单位	工程量计算规则	工作内容
国标清单	010805001	电子感应门	1. 门代号及洞口尺寸 2. 门框或扇外围尺寸 3. 门框、扇材质	1. 樘 2. m²	1. 以樘计量，按设计图示数量计算 2. 以平方米计量，按设计图示洞口尺寸以面积计算	1. 门安装 2. 启动装置、五金配件安装
	010805002	旋转门	4. 玻璃品种、厚度 5. 启动装置的品种、规格 6. 电子配件品种、规格			
	010805003	电子对讲门	1. 门代号及洞口尺寸 2. 门框或扇外围尺寸 3. 门材质			
	010805004	电动伸缩门	4. 玻璃品种、厚度 5. 启动装置的品种、规格 6. 电子配件品种、规格			
	010805005	全玻自由门	1. 门代号及洞口尺寸 2. 门框或扇外围尺寸 3. 框材质 4. 玻璃品种、厚度			1. 门安装 2. 五金配件安装
	010805006	镜面不锈钢饰面门	1. 门代号及洞口尺寸 2. 门框或扇外围尺寸 3. 框、扇材质 4. 玻璃品种、厚度			
	010805007	复合材料门				
	说明：(1) 以樘计量，项目特征必须描述洞口尺寸，没有洞口尺寸必须描述门框或扇外围尺寸，以平方米计量，项目特征可不描述洞口尺寸及框、扇的外围尺寸。 (2) 以平方米计量，无设计图示洞口尺寸，按门框、扇外围以面积计算					
综合定额	1. 塑料门、塑钢门窗、彩钢板门窗、不锈钢全玻门窗、纱窗安装工程量，按设计图示框外围面积以"m²"计算。 2. 电子感应自动门、全玻转门、不锈钢电动伸缩门按设计图示数量以"樘"计算					

3.5.3 窗的工程计量

1. 木窗

木窗清单附录及定额规则见表3-5-8。

木窗清单附录及定额规则 表3-5-8

	项目编码	项目名称	项目特征	计量单位	工程量计算规则	工作内容
国标清单	010806001	木质窗	1. 窗代号及洞口尺寸 2. 玻璃品种、厚度	1. 樘 2. m²	1. 以樘计量,按设计图示数量计算 2. 以平方米计量,按设计图示洞口尺寸以面积计算	1. 窗安装 2. 五金、玻璃安装
	010806002	木飘(凸)窗				
	010806003	木橱窗	1. 窗代号 2. 框截面及外围展开面积 3. 玻璃品种、厚度 4. 防护材料种类		1. 以樘计量,按设计图示数量计算 2. 以平方米计量,按设计图示尺寸以框外围展开面积计算	1. 窗制作、运输、安装 2. 五金、玻璃安装 3. 刷防护材料
	010806004	木纱窗	1. 窗代号及框的外围尺寸 2. 窗纱材料品种、规格		1. 以樘计量,按设计图示数量计算 2. 以平方米计量,按框的外围尺寸以面积计算	1. 窗安装 2. 五金安装
	说明:(1) 木质窗应区分木百叶窗、木组合窗、木天窗、木固定窗、木装饰空花窗等项目,分别编码列项。 (2) 以樘计量,项目特征必须描述洞口尺寸,没有洞口尺寸必须描述窗框外围尺寸,以平方米计量,项目特征可不描述洞口尺寸及框的外围尺寸。 (3) 以平方米计量,无设计图示洞口尺寸,按窗框外围以面积计算。 (4) 木橱窗、木飘(凸)窗以樘计量,项目特征必须描述框截面及外围展开面积。 (5) 木窗五金包括:折页、插销、风钩、木螺钉、滑楞滑轨(推拉窗)等						
综合定额	(1) 各类木门、窗安装,除有注明外,不论单层双层均按设计图示门、窗框外围尺寸以"m²"计算。如设计只标洞口尺寸的,按洞口尺寸每边减去15mm计算。折线形窗按展开面积计算。 (2) 古式木门窗扇,按设计图示门窗扇的外围尺寸以"m²"计算。 (3) 古式木门窗槛、框按设计图示尺寸以"m³"计算。 (4) 木格成品安装,按木格面积以"m²"计算。					

木窗构造示意图见图3-5-8。

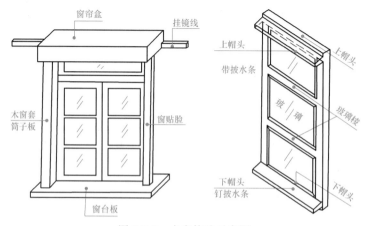

图 3-5-8 木窗构造示意图

2. 金属窗

金属窗清单附录及定额规则见表 3-5-9。

金属窗清单附录及定额规则　　　　　　　　　　　　　　　　表 3-5-9

	项目编码	项目名称	项目特征	计量单位	工程量计算规则	工作内容
国标清单	010807001	金属（塑钢、断桥）窗	1. 窗代号及洞口尺寸 2. 框、扇材质 3. 玻璃品种、厚度	1. 樘 2. m²	1. 以樘计量，按设计图示数量计算 2. 以平方米计量，按设计图示洞口尺寸以面积计算	1. 窗安装 2. 五金、玻璃安装
	010807002	金属防火窗				
	010807003	金属百叶窗				
	010807004	金属纱窗	1. 窗代号及框的外围尺寸 2. 框材质 3. 窗纱材料品种、规格		1. 以樘计量，按设计图示数量计算 2. 以平方米计量，按框的外围尺寸以面积计算	1. 窗安装 2. 五金安装
	010807005	金属格栅窗	1. 窗代号及洞口尺寸 2. 框外围尺寸 3. 框、扇材质		1. 以樘计量，按设计图示数量计算 2. 以平方米计量，按设计图示洞口尺寸以面积计算	
	010807006	金属（塑钢、断桥）橱窗	1. 窗代号 2. 框外围展开面积 3. 框、扇材质 4. 玻璃品种、厚度 5. 防护材料种类		1. 以樘计量，按设计图示数量计算 2. 以平方米计量，按设计图示尺寸以框外围展开面积计算	1. 窗制作、运输、安装 2. 五金、玻璃安装 3. 刷防护材料
	010807007	金属（塑钢、断桥）飘（凸）窗	1. 窗代号 2. 框外围展开面积 3. 框、扇材质 4. 玻璃品种、厚度			1. 窗安装 2. 五金、玻璃安装
	010807008	彩板窗	1. 窗代号及洞口尺寸 2. 框外围尺寸 3. 框、扇材质 4. 玻璃品种、厚度		1. 以樘计量，按设计图示数量计算 2. 以平方米计量，按设计图示洞口尺寸或框外围以面积计算	
	010807009	复合材料窗				
	说明：（1）金属窗应区分金属组合窗、防盗窗等项目，分别编码列项。 （2）以樘计量，项目特征必须描述洞口尺寸，没有洞口尺寸必须描述窗框外围尺寸，以平方米计量，项目特征可不描述洞口尺寸及框的外围尺寸。 （3）以平方米计量，无设计图示洞口尺寸，按窗框外围以面积计算。 （4）金属橱窗、飘（凸）窗以樘计量，项目特征必须描述框外围展开面积。 （5）金属窗中铝合金窗五金应包括：卡锁、滑轮、铰拉、执手、拉把、拉手、风撑、角码、牛角制等					
综合定额	（1）钢门窗安装工程量，按设计图示框外围面积以"m²"计算。 （2）铝合金门窗、铝塑共挤门窗安装，按设计图示框外围面积以"m²"计算；但折形、弧形等的铝合金门窗，则按设计图示展开面积以"m²"计算。如设计只标洞口尺寸，门窗按洞口尺寸每边减去15mm计算。 （3）铝合金、塑钢、铝塑共挤窗由推拉窗、平开窗、固定窗等各种形式组成组合窗的，以不同类型窗共用的窗框中心线为分界线，区分推拉、平开、固定窗等各种形式的窗分别计算工程量。 （4）窗框外侧环保防腐层，按设计图示尺寸以"m"计算					

金属格栅窗、彩板窗和金属飘窗示意图见图 3-5-9。

（a） （b） （c）

图 3-5-9　金属格栅窗、彩板窗、金属飘窗示意图

（a）金属格栅窗；（b）彩板窗；（c）金属飘窗

【例 3-5-2】某工程窗为铝合金三扇推拉窗（90 系列）共 20 樘，窗其洞口尺寸如图 3-5-10 所示。试列出分部分项工程的清单，并计算窗的工程量。

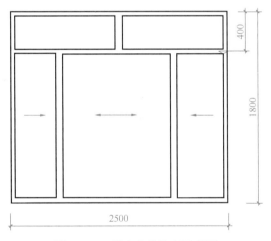

图 3-5-10　铝合金推拉窗示意图

【解】铝合金窗清单工程量计算表见表 3-5-10；铝合金窗定额工程量计算表 3-5-11；铝合金窗分部分项工程量清单见表 3-5-12。

铝合金窗清单工程量计算表　　　　表 3-5-10

序号	项目编码	项目名称	计算式	工程量	单位
1	010807001001	金属推拉窗	$2.5 \times 1.8 \times 20 = 90$	90	m²

铝合金窗定额工程量计算表　　　　表 3-5-11

序号	项目编码	项目名称	定额工程量计算式	工程量	单位
1	010807001001	金属推拉窗	$(2.5-0.015 \times 2) \times (1.8-0.015 \times 2) \times 20 = 87.44$	87.44	m²

铝合金窗分部分项工程量清单 表 3-5-12

序号	项目编码	项目名称	项目特征	计量单位	工程量
1	010807001001	金属推拉窗	窗名称：铝合金三扇推拉窗（90系列） 洞口尺寸：2.5×1.8	m²	90

3.5.4 门窗其他工程计量

1. 门窗套

门窗套清单附录及定额规则见表 3-5-13。

门窗套清单附录及定额规则 表 3-5-13

	项目编码	项目名称	项目特征	计量单位	工程量计算规则	工作内容
国标清单	010808001	木门窗套	1. 窗代号及洞口尺寸 2. 门窗套展开宽度 3. 基层材料种类 4. 面层材料品种、规格 5. 线条品种、规格 6. 防护材料种类	1. 樘 2. m² 3. m	1. 以樘计量，按设计图示数量计算 2. 以平方米计量，按设计图示尺寸以展开面积计算 3. 以米计量，按设计图示中心以延长米计算	1. 清理基层 2. 立筋制作、安装 3. 基层板安装 4. 面层铺贴 5. 线条安装 6. 刷防护材料
	010808002	木筒子板	1. 筒子板宽度 2. 基层材料种类 3. 面层材料品种、规格 4. 线条品种、规格 5. 防护材料种类			
	010808003	饰面夹板筒子板				
	010808004	金属门窗套	1. 窗代号及洞口尺寸 2. 门窗套展开宽度 3. 基层材料种类 4. 面层材料品种、规格 5. 防护材料种类			1. 清理基层 2. 立筋制作、安装 3. 基层板安装 4. 面层铺贴 5. 刷防护材料
	010808005	石材门窗套	1. 窗代号及洞口尺寸 2. 门窗套展开宽度 3. 底层厚度、砂浆配合比 4. 面层材料品种、规格 5. 线条品种、规格			1. 清理基层 2. 立筋制作、安装 3. 基层抹灰 4. 面层铺贴 5. 线条安装
	010808006	门窗木贴脸	1. 门窗代号及洞口尺寸 2. 贴脸板宽度 3. 防护材料种类	1. 樘 2. m	1. 以樘计量，按设计图示数量计算 2. 以米计量，按设计图示以延长米计算	安装

续表

	项目编码	项目名称	项目特征	计量单位	工程量计算规则	工作内容
国标清单	010808007	成品木门窗套	1. 窗代号及洞口尺寸 2. 门窗套展开宽度 3. 门窗套材料品种、规格	1. 樘 2. m² 3. m	1. 以樘计量，按设计图示数量计算 2. 以平方米计量，按设计图示尺寸以展开面积计算 3. 以米计量，按设计图示中心以延长米计算	1. 清理基层 2. 立筋制作、安装 3. 板安装
	说明：(1) 以樘计量，项目特征必须描述洞口尺寸、门窗套展开宽度。 (2) 以平方米计量，项目特征可不描述洞口尺寸、门窗套展开宽度。 (3) 以米计量，项目特征必须描述门窗套展开宽度、筒子板及贴脸宽度。 (4) 木门窗套适用于单独门窗套的制作、安装					
综合定额	(1) 门饰面，按设计图示饰面外围尺寸展开面积以"m²"计算。 (2) 半玻门的饰面如采用接驳的施工方法，门面的工程量扣除玻璃洞口的面积。 (3) 门窗套（筒子板）、门窗套贴饰面板，按设计图示饰面外围尺寸展开面积以"m²"计算。 (4) 门窗贴脸、盖口条、拔水条，按设计图示饰面外围尺寸以"m"计算					

门窗套、筒子板、贴脸的区别如图 3-5-11 所示。门窗套包括 A 面和 B 面，筒子板指 A 面，贴脸指 B 面。

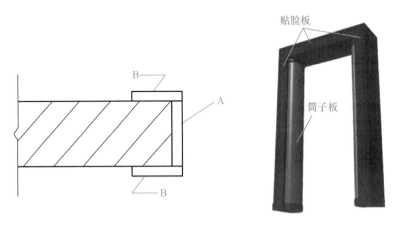

图 3-5-11　门窗套示意图

【例 3-5-3】题目及图例同【例 3-5-1】，若门要求用普通杉木贴面（单面），贴面宽度 100mm。试列出贴面的工程清单，并计算工程量。

【解】贴脸清单工程量计算表见表 3-5-14；贴脸定额工程量计算表见表 3-5-15；贴脸

部分分部分项工程量清单见表 3-5-16。

贴脸清单工程量计算表 表 3-5-14

序号	项目编码	项目名称	清单工程量计算式	工程量	单位
5	010808006001	门窗木贴脸	$(2.55 \times 2 + 1.0) \times 30 + (2.45 \times 2 + 1.6) \times 20 = 313$	313	m

贴脸定额工程量计算表 表 3-5-15

序号	项目编码	项目名称	定额工程量计算式	工程量	单位
5	010808006001	门窗木贴脸	$(2.6 \times 2 + 1.1) \times 30 + (2.5 \times 2 + 1.7) \times 20 = 323$	323	m

贴脸分部分项工程量清单 表 3-5-16

序号	项目编码	项目名称	项目特征	计量单位	工程量
5	010808006001	门窗木贴脸	门名称1：带亮杉木单扇无纱镶板门，洞口尺寸：0.9×2.5 门名称2：无亮杉木双扇无纱镶板门，洞口尺寸：1.5×2.4 贴脸宽度：100mm	m	313

2. 窗台板

窗台板清单附录及定额规则见表 3-5-17。

窗台板清单附录及定额规则 表 3-5-17

	项目编码	项目名称	项目特征	计量单位	工程量计算规则	工作内容
国标清单	010809001	木窗台板	1. 基层材料种类 2. 窗台面板材质、规格、颜色 3. 防护材料种类	m²	按设计图示尺寸以展开面积计算	1. 基层清理 2. 基层制作、安装 3. 窗台板制作、安装 4. 刷防护材料
	010809002	铝塑窗台板				
	010809003	金属窗台板				
	010809004	石材窗台板	1. 粘结层厚度、砂浆配合比 2. 窗台板材质、规格、颜色			1. 基层清理 2. 抹找平层 3. 窗台板制作、安装
综合定额	（1）窗台板、筒子板，按设计图示饰面外围尺寸展开面积以"m²"计算。 （2）窗帘盒、窗帘轨（杆），按设计图示尺寸以"m"计算。成品窗帘安装，按窗帘轨长乘以实际高度以"m²"计算；装饰造型帘头、水波幔帘，按设计图示尺寸以"m"计算					

3. 窗帘、窗帘盒、轨

窗帘、窗帘盒、轨的清单附录及定额规则见表 3-5-18。

窗帘、窗帘盒、轨清单附录及定额规则　　　　　　　表 3-5-18

	项目编码	项目名称	项目特征	计量单位	工程量计算规则	工作内容
国标清单	010810001	窗帘	1. 窗帘材质 2. 窗帘高度、宽度 3. 窗帘层数 4. 带幔要求	1. m 2. m²	1. 以米计量，按设计图示尺寸以长度计算。 2. 以平方米计量，按图示尺寸以展开面积计算	1. 制作、运输 2. 安装
	010810002	木窗帘盒	1. 窗帘盒材质、规格 2. 防护材料种类	m	按设计图示尺寸以长度计算	1. 制作、运输、安装 2. 刷防护材料
	010810003	饰面夹板、塑料窗帘盒				
	010810004	铝合金窗帘盒				
	010810005	窗帘轨	1. 窗帘轨材质、规格 2. 轨的数量 3. 防护材料种类			
	说明：（1）窗帘若是双层，项目特征必须描述每层材质。 （2）窗帘以米计量，项目特征必须描述窗帘高度和宽					
综合定额	窗帘盒、窗帘轨（杆），按设计图示尺寸以"m"计算。成品窗帘安装，按窗帘轨长乘以实际高度以"m²"计算；装饰造型帘头、水波幔帘，按设计图示尺寸以"m"计算					

【例 3-5-4】 某工程某户居室门窗布置如图 3-5-12 所示，分户门为成品钢质防盗门，室内门为成品实木门带套，⑥轴上Ⓑ轴～Ⓒ轴至间为成品塑钢门带窗（无门套）；①轴上Ⓒ轴～Ⓔ轴间为塑钢门，框边安装成品门套，展开宽度为 350mm；所有窗为成品塑钢窗，具体尺寸详见门窗表（表 3-5-19）。试列出门窗工程的分部分项工程量清单。

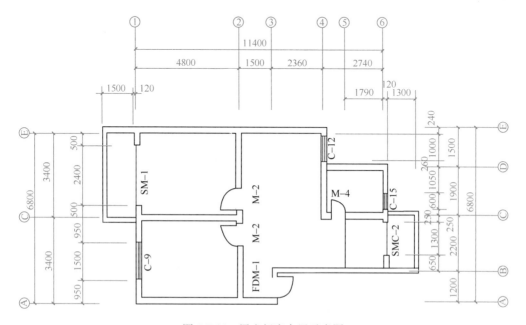

图 3-5-12　居室门窗布置示意图

某工程门窗表

表 3-5-19

名称	代号	洞口尺寸（mm）	备注
成品钢质防盗门	FDM-1	800×2100	含锁、五金
成品实木门带套	M-2	800×2100	含锁、普通五金
	M-4	700×2100	
成品平开塑钢窗	C-9	1500×1500	夹胶玻璃（6＋2.5＋6），型材为钢塑90系列，普通五金
	C-12	1000×1500	
成品塑钢门带窗	C-15	600×1500	
	SMC-2	门（700×2100） 窗（600×1500）	
成品塑钢门	SM-1	2400×2100	

【解】 案例工程清单工程量计算表见表 3-5-20；分部分项工程量清单见表 3-5-21。

某工程清单工程量计算表

表 3-5-20

序号	项目编码	项目名称	计算式	工程量	单位
1	010801002001	成品实木门带套	$S=0.8\times2.1\times2+0.7\times2.1\times1=4.83$	4.83	m²
2	010802001001	成品塑钢门	$S=0.7\times2.1+2.4\times2.1=6.51$	6.51	m²
3	010802004001	成品钢质防盗门	$S=0.8\times2.1=1.68$	1.68	m²
4	010807001001	成品平开塑钢窗	$S=1.5\times1.5+1\times1.5+0.6\times1.5\times2=5.55$	5.55	m²
5	010808007001	成品门套	1	1	樘

某工程分部分项工程量清单

表 3-5-21

序号	项目编码	项目名称	项目特征	计量单位	工程量
1	010801002001	成品实木门带套	门代号及洞口尺寸：M-2（800mm × 2100mm），M-4（700mm ×2100mm）	m²	4.83
2	010802001001	成品塑钢门	1. 门代号及洞口尺寸：SM-1、SMC-2：洞口尺寸详门窗表 2. 门框、扇材质：塑钢90系列 3. 玻璃品种、厚度：夹胶玻璃(6＋2.5＋6)	m²	6.51
3	010802004001	成品钢质防盗门	1. 门代号及洞口尺寸：FDM-1(800mm ×2100mm) 2. 门框、扇材质：钢质	m²	1.68
4	010807001001	成品平开塑钢窗	1. 窗代号及洞口尺寸：C-9（1500mm×1500mm），C-12（1000mm×1500mm），C-15(600mm×1500mm) 2. 框扇材质：塑钢90系列 3. 玻璃品种、厚度：夹胶玻璃(6＋2.5＋6)	m²	5.55
5	010808007001	成品门套	1. 门代号及洞口尺寸：SM-1(2400mm ×2100mm) 2. 门套展开宽度：350mm 3. 门套材料品种：成品实木门套	樘	1

3.5.5 木门窗、厂库房大门及铝合金门窗清单与定额规则的差异（表3-5-22）

清单定额规则差异对比   表3-5-22

项目名称	清单	定额
木门窗	1. 以樘计量，按设计图示数量计算 2. 以平方米计量，按设计图示洞口尺寸以面积计算	各类木门、窗安装，除有注明外，不论单层双层均按设计图示门、窗框外围尺寸以"m²"计算。如设计只标洞口尺寸的，按洞口尺寸每边减去15mm计算
厂库房大门	参看表H.4厂库房大门、特种门	厂库房大门、特种门、围墙钢大门钢管框金属网、围墙钢大门角钢框金属网制作、安装工程量按设计门框外围面积以"m²"计算。如设计只标洞口尺寸的，按洞口尺寸每边减去15mm计算。无框的厂库房大门以扇的外围面积计算
铝合金门窗	1. 以樘计量，按设计图示数量计算 2. 以平方米计量，按设计图示洞口尺寸以面积计算	铝合金门窗、铝塑共挤门窗安装，按设计图示框外围面积以"m²"计算；但折形、弧形等的铝合金门窗，则按设计图示展开面积以"m²"计算。如设计只标洞口尺寸，门窗按洞口尺寸每边减去15mm计算

3.5.6 门窗工程计价

1. 门窗工程部分计价说明

（1）木门窗

1）成品门窗制作价按定额对应章节的附表（门、窗、配件价格表）价格计算。附表除注明制安外，均未包括安装费用。

2）成品套装门安装包括门套（框）和门扇的安装。

（2）门窗装饰

1）门窗套包括筒子板及贴脸。

2）窗台板天然石材子目适用于石材宽度500mm以内，如石材宽度500mm以上时，人工费乘以系数0.60，其他不变。

3）石材窗台及门窗套已包含砂浆底层。

4）百叶窗帘指各种平行、垂直的半成品百叶帘和各种装饰卷帘。布窗帘倍折系数按2.50考虑，如实际不同时可以调整。

（3）铝合金、塑料、塑钢、彩钢、不锈钢、纱窗、电子感应自动门、转门、伸缩门、防火门、卷闸门、钢质防盗门、射线防护门、铝塑共挤等门窗安装，按成品或半成品门窗考虑，其制作价参考本章定额附表相应价格另行计算，实际使用不同时可换算。

（4）门窗安装后的缝隙填补工作已包括在相应定额安装子目内。

（5）其他有关说明

1）本章的玻璃品种、厚度，与实际不同时可以调整，如使用钢化、中空、夹胶等玻璃，相应子目的玻璃消耗量乘以系数0.82。

2）门扇和门套安装装饰线、贴装饰物、镶嵌装饰件，套用有关章节相应子目。

3）门套项目中未包门套骨架的钢结构，如设计有要求时，套用有关章节相应子目。

4）定额木门窗（成品门窗除外）、厂库房大门、特种门安装已含小五金安装工作内容和材料价格。本章定额附表门窗小五金价格表列出了各种小五金的含量，供价格换算时使用。成品门窗小五金设计不同时，按设计说明调整，损耗率按 1%。

5）木折叠门的大门钢骨架制作套 A1-9-167 大门钢骨架制作平开门子目。

6）全玻璃门的拉手、门夹、锁夹等的安装，套用本章相应子目。

7）门窗的油漆，套用油漆章节相应子目。

2. 门窗工程定额计价案例

【例 3-5-5】根据【例 3-5-1】～【例 3-5-3】的题目及计算结果，试进一步计算各清单项目的分部分项综合单价，并填写清单计价表。

【解】（1）单扇镶板木门的综合单价分析

1）单扇镶板木门安装的定额编码 A1-9-5，清单工程量＝67.5m²，定额工程量＝64.86m²，数量＝64.86÷67.5÷100＝0.009609；

2）单扇镶板木门制作，查本章定额附录编码 MC1-12，数量＝64.86÷67.5＝0.9609；

3）其他数据按照定额的数据填写并计算（表 3-5-23）。

综合单价分析表

表 3-5-23

工程名称：门窗工程   标段：   第 1 页 共 5 页

项目编码		010801001001	项目名称	镶板木门（单扇）	计量单位	m²	工程量	67.5
清单综合单价组成明细								
定额编号	定额项目名称	定额单位	数量	单价				合价			
				人工费	材料费	机具费	管理费和利润	人工费	材料费	机具费	管理费和利润
A1-9-5	无纱镶板门、胶合板门安装 带亮 单扇	100m²	0.0096	2475.13	2332.04	1.69	858.46	23.78	22.41	0.02	8.25
MC1-12	杉木镶板门框扇 单扇	m²	0.9609		180				172.96		
人工单价			小计					23.78	195.37	0.02	8.25
			未计价材料费								
	清单项目综合单价							227.42			

（2）双扇镶板木门的综合单价分析

1）双扇镶板木门安装的定额编码 A1-9-8，清单工程量＝72m²，定额工程量＝70.2m²，数量＝70.2÷72÷100＝0.00975；

2）双扇镶板木门制作，查本章定额附录编码 MC1-12，数量＝70.2÷72＝0.975；

3）其他数据按照定额的数据填写并计算（表 3-5-24）。

（3）门锁的综合单价分析

1）门锁安装的定额编码 A1-9-223，清单工程量＝定额工程量＝50 套，数量＝1÷100＝0.01；

综合单价分析表　　　　　　　　　　　　　　　　表 3-5-24

工程名称：门窗工程　　　　　　　　　　标段：　　　　　　　　　　第 2 页　共 5 页

项目编码	010801001002	项目名称	镶板木门（双扇）	计量单位	m²	工程量	72

清单综合单价组成明细

定额编号	定额项目名称	定额单位	数量	单价				合价			
				人工费	材料费	机具费	管理费和利润	人工费	材料费	机具费	管理费和利润
A1-9-8	无纱镶板门、胶合板门安装无亮双扇	100m²	0.0098	2213.43	1376.37	0.85	767.47	21.58	13.42	0.01	7.48
MC1-13	杉木镶板门框扇 双扇	m²	0.975		180				175.5		
人工单价			小计					21.58	188.92	0.01	7.48
			未计价材料费								
		清单项目综合单价						217.99			

2）其他数据按照定额的数据填写并计算（表 3-5-25）。

综合单价分析表　　　　　　　　　　　　　　　　表 3-5-25

工程名称：门窗工程　　　　　　　　　　标段：　　　　　　　　　　第 3 页　共 5 页

项目编码	010801006001	项目名称	门锁安装	计量单位	套	工程量	50

清单综合单价组成明细

定额编号	定额项目名称	定额单位	数量	单价				合价			
				人工费	材料费	机具费	管理费和利润	人工费	材料费	机具费	管理费和利润
A1-9-223	特殊五金安装门锁安装 单向	100 套	0.01	1836.32	520.15		636.46	18.36	5.2		6.36
人工单价			小计					18.36	5.2		6.36
			未计价材料费								
		清单项目综合单价						29.93			

（4）金属推拉窗的综合单价分析

1）金属推拉窗安装的定额编码 A1-9-8，清单工程量＝90m²，定额工程量＝87.44m²，数量＝87.44÷90÷100＝0.009716；

2）铝合金三扇推拉窗制作，查本章定额附录编码 MC1-100，数量＝87.44÷90＝0.9716；

3）其他数据按照定额的数据填写并计算（表 3-5-26）。

综合单价分析表　　　　　　　　　　　　　　　　表 3-5-26

工程名称：门窗工程　　　　　　　　　　标段：　　　　　　　　第 4 页　共 5 页

项目编码	010807001001	项目名称		金属推拉窗		计量单位	m²	工程量	90
清单综合单价组成明细									

定额编号	定额项目名称	定额单位	数量	单价				合价			
				人工费	材料费	机具费	管理费和利润	人工费	材料费	机具费	管理费和利润
A1-9-207	推拉窗安装	100m²	0.0097	2169.58	5066.9		751.98	21.08	49.23		7.31
MC1-100	铝合金三扇推拉窗 90 系列	m²	0.9716		210				204.03		
人工单价		小计						21.08	253.26		7.31
		未计价材料费									
		清单项目综合单价							281.64		

（5）贴脸的综合单价分析

1）贴脸的定额编码 A1-9-112，清单工程量＝313m，定额工程量＝323m，数量＝323÷313÷100＝0.0103；

2）其他数据按照定额的数据填写并计算（表 3-5-27）。

综合单价分析表　　　　　　　　　　　　　　　　表 3-5-27

工程名称：门窗工程　　　　　　　　　　标段：　　　　　　　　第 5 页　共 5 页

项目编码	010808006001	项目名称		门窗木贴脸		计量单位	m	工程量	313
清单综合单价组成明细									

定额编号	定额项目名称	定额单位	数量	单价				合价			
				人工费	材料费	机具费	管理费和利润	人工费	材料费	机具费	管理费和利润
A1-9-112	门窗贴脸宽 100 内	100m	0.0103	329.87	529.22		114.33	3.4	5.46		1.18
人工单价		小计						3.4	5.46		1.18
		未计价材料费									
		清单项目综合单价							10.05		

（6）根据题目条件及清单工程量、综合单价的计算结果，整理清单与计价表见表 3-5-28。

分部分项工程和单价措施项目清单与计价表　　　　　　　　表 3-5-28

工程名称：门窗工程　　　　　　　　　　标段：　　　　　　　　第 1 页　共 1 页

序号	项目编码	项目名称	项目特征描述	计量单位	工程量	金额（元）		其中
						综合单价	综合合价	暂估价
1	010801001001	镶板木门（单扇）	门名称：带亮杉木单扇无纱镶板门 洞口尺寸：0.9×2.5	m²	67.5	227.42	15350.85	
2	010801001002	镶板木门（双扇）	门名称：无亮杉木双扇无纱镶板门 洞口尺寸：1.5×2.4	m²	72	217.99	15695.28	

续表

序号	项目编项	项目名称	项目特征描述	计量单位	工程量	金额（元）		其中
						综合单价	综合合价	暂估价
3	010801006001	门锁安装	普通门锁	套	50	29.93	1496.5	
4	010807001001	金属推拉窗	窗名称：铝合金三扇推拉窗（90系列）洞口尺寸：2.5×1.8	m²	90	281.64	25347.6	
5	010808006001	门窗木贴脸	门名称1：带亮杉木单扇无纱镶板门，洞口尺寸：0.9×2.5 门名称2：无亮杉木双扇无纱镶板门，洞口尺寸：1.5×2.4 贴脸宽度：100mm	m	313	10.05	3145.65	

本任务主要对门窗工程清单的分类、构成进行了讲解，对比学习了清单、定额工程量计算规则和定额组价分析，填写综合单价分析表。

通过本任务的计价实战演练，学生能够掌握门窗工程的定额运用要点，掌握门窗工程组价及综合单价的计算，具备编制门窗工程量清单计价表的能力。

一、单项选择题

1. 根据《房屋建筑与装饰工程工程量计算规范》GB 50854—2013。关于门窗工程量计算，说法正确的是（　　）。

A. 木质门带套工程量应按套外围面积计算

B. 门窗工程量计量单位与项目特征描述无关

C. 门窗工程量按图示尺寸以面积为单位时，项目特征必须描述洞口尺寸

D. 门窗工作量以数量"樘"为单位时，项目特征必须描述洞口尺寸

2. 根据《房屋建筑与装饰工程工程量计算规范》GB 50854—2013规定，关于厂库大门工程量计算，说法正确的是（　　）。

A. 防护铁丝门按设计数量以质量计算

B. 金属格栅门按设计图示门框以面积计算

C. 钢质花饰大门按设计图示数量以质量计算

D. 全钢板大门按设计图示洞口尺寸以面积计算

3. 根据《房屋建筑与装饰工程工程量计算规范》GB 50854—2013规定，关于金属窗工程量计算，说法正确的是（　　）。

A. 彩板钢窗按设计图示尺寸以框外围展开面积计算

B. 金属纱窗按框的外围尺寸以面积计算

C. 金属百叶窗按框外围尺寸以面积计算

D. 金属橱窗按设计图示洞口尺寸以面积计算

4. 窗台板天然石材子目适用于石材宽度500mm以内，如石材宽度500mm以上时，

人工费乘以系数（　　），其他不变。

A. 0.5　　　　　　B. 0.6　　　　　　C. 0.8　　　　　　D. 0.95

5. 玻璃品种、厚度，与实际不同时可以调整，如使用钢化、中空、夹胶等玻璃，相应子目的玻璃消耗量乘以系数（　　）

A. 0.62　　　　　　B. 0.72　　　　　　C. 0.82　　　　　　D. 0.92

二、多项选择题

1. 《房屋建筑与装饰工程工程量计算规范》GB 50854—2013 规定，门窗木贴脸，其工程量计算规则（　　）。

A. 以 m² 计量，按设计图示以展开面积计算

B. 以 m² 计量，按设计图示以洞口面积计算

C. 以 m² 计量，按设计图示以垂直投影面积计算

D. 以 m 计量，按设计图示尺寸以延长米计算

E. 以樘计量，按设计图示数量计算

2. 《房屋建筑与装饰工程工程量计算规范》GB 50854—2013 规定，关于木质门带套的工程量计算规则，正确的有（　　）。

A. 按门扇尺寸以面积计算　　　　　　B. 按洞口尺寸以面积计算

C. 以樘计量，按设计图示数量计算　　　D. 工程量包括门套面积

E. 工程量不包括门套面积

3. 《广东省房屋建筑与装饰工程综合定额（2018）》规定，关于门窗工程工程量计算规则，正确的有（　　）。

A. 成品木门框安装按设计图示框外围尺寸以 m² 计算

B. 铝合金门窗安装按设计图示框外围面积以 m² 计算

C. 钢门窗安装工程量，按设计图示框外围面积以 m² 计算

D. 全玻璃门安装，按设计图示门洞面积以 m² 计算

E. 门饰面，按设计图示饰面外围尺寸垂直投影面积以 m² 计算

4. 《房屋建筑与装饰工程工程量计算规范》GB 50854—2013 规定，关于窗帘、窗帘盒、轨的工程量计算规则，正确的有（　　）。

A. 窗帘的计量单位为 m 或 m²

B. 窗帘盒的计量单位为 m 或 m²

C. 窗帘轨的计量单位为 m 或 m²

D. 窗帘若是双层，项目特征必须描述每层材质

E. 窗帘以米计量，项目特征必须描述窗帘高度和宽

5. 普通铁门制作子目中的五金配件不包括（　　）。

A. 门铰　　　　　　　　　　　B. 门锁

C. 插销　　　　　　　　　　　D. 门闩

E. 大门钢骨架制作

6. 以下可以按设计图示尺寸以"m"计算的有（　　）。

A. 门窗贴脸　　　　　　　　　B. 窗台板

C. 筒子板　　　　　　　　　　D. 窗帘盒

E. 窗帘轨

7. 按设计图示数量以"樘"计算的有(　　　)。

A. 电子感应自动门

B. 全玻转门

C. 不锈钢电动伸缩门

D. 彩钢板门窗

E. 不锈钢全玻门窗

任务 3.6　屋面及防水工程计量计价

 知识要点

1. 熟悉屋面及防水工程清单的划分及内容构成；

2. 掌握清单、定额工程量的计算规则并注意两者的区别；

3. 能够根据实体项目，开列屋面及防水工程量清单，并计算清单及定额工程量；

4. 熟悉定额总说明和屋面及防水工程章说明中关于计价的规定；

5. 进行屋面及防水清单项目定额组价时，能正确分析并选择出需要进行组价的定额；

6. 能根据工程实际项目，完成屋面及防水工程的综合单价分析表及清单与计价表。

3.6.1　屋面工程计量

1. 清单工程量计算

瓦、型材及其他屋面工程量清单见表 3-6-1。

瓦、型材及其他屋面工程量清单　　　　　　　　　　　　表 3-6-1

项目编码	项目名称	项目特征	计量单位	工程量计算规则	工作内容
010901001	瓦屋面	1. 瓦品种、规格 2. 粘结层砂浆的配合比	m²	按设计图示尺寸以斜面积计算。 不扣除房上烟囱、风帽底座、风道、小气窗、斜沟等所占面积。小气窗的出檐部分不增加面积	1. 砂浆制作、运输、摊铺、养护 2. 安瓦、作瓦脊
010901002	型材屋面	1. 型材品种、规格 2. 金属檩条材料品种、规格 3. 接缝、嵌缝材料种类			1. 檩条制作、运输、安装 2. 屋面型材安装 3. 接缝、嵌缝
010901003	阳光板屋面	1. 阳光板品种、规格 2. 骨架材料品种、规格 3. 接缝、嵌缝材料种类 4. 油漆品种、刷漆遍数		按设计图示尺寸以斜面积计算。不扣除屋面面积≤0.3m²孔洞所占面积	1. 骨架制作、运输、安装、刷防护材料、油漆 2. 阳光板安装 3. 接缝、嵌缝
010901004	玻璃钢屋面	1. 玻璃钢品种、规格 2. 骨架材料品种、规格 3. 玻璃钢固定方式 4. 接缝、嵌缝材料种类 5. 油漆品种、刷漆遍数			1. 骨架制作、运输、安装、刷防护材料、油漆 2. 玻璃钢制作、安装 3. 接缝、嵌缝
010901005	膜结构屋面	1. 膜布品种、规格 2. 支柱（网架）钢材品种、规格 3. 钢丝绳品种、规格 4. 锚固基座做法 5. 油漆品种、刷漆遍数		按设计图示尺寸以需要覆盖的水平投影面积计算	1. 膜布热压胶接 2. 支柱（网架）制作、安装 3. 膜布安装 4. 穿钢丝绳、锚头锚固 5. 锚固基座挖土、回填 6. 刷防护材料、油漆

注：(1) 瓦屋面，若是在木基层上铺瓦，项目特征不必描述粘结层砂浆的配合比，瓦屋面铺防水层，按Ⅰ.2屋面防水及其他中相关项目编码列项。

(2) 型材屋面、阳光板屋面、玻璃钢屋面的柱、梁、屋架，按本规范附录F金属结构工程、附录G木结构工程中相关项目编码列项。

不同类型屋面示意图见图 3-6-1。

膜结构屋面按设计图示尺寸以需要覆盖的水平投影面积计算（图 3-6-2）。

(a)　　　　　　　　　　　　　　(b)

(c)　　　　　　　　　　　　　　(d)

图 3-6-1　不同类型屋面示意图

（a）阳光板屋面；（b）膜结构屋面；（c）玻璃钢屋面；（d）型材屋面

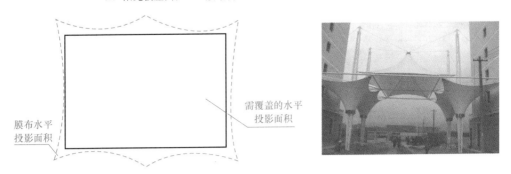

图 3-6-2　膜结构屋面及计算示意图

瓦及型材屋面细部名称示意图见图 3-6-3。

2. 定额工程量计算

（1）瓦、型材屋面工程量，除另有规定外，按设计图示斜面积以"m²"计算，亦可按屋面水平投影面积乘以屋面坡度系数以"m²"计算（表 3-6-2）。不扣除房上烟囱、风帽底座、风道、小气窗、斜沟等所占面积，小气窗的出檐部分不增加面积。

图 3-6-3　瓦及型材屋面细部名称示意图

（a）风帽；（b）小气窗；（c）斜沟；（d）烟囱

屋面坡度系数表

表 3-6-2

坡度	坡度		延尺系数（C）	隔延尺系数（D）
B（A=1）	B/2A	角度（a）	(A=1)	(A=1)
1	1/2	45°	1.4142	1.7321
0.75		36°52′	1.2500	1.6008
0.70		35°	1.2207	1.5779
0.666	1/3	33°40′	1.2015	1.5620
0.65		33°01′	1.1926	1.5564
0.60		30°58′	1.1662	1.5362
0.577		30°	1.1547	1.5270
0.55		28°49′	1.1413	1.5170
0.50	1/4	26°34′	1.1180	1.5000
0.45		24°14′	1.0966	1.4839
0.40	1/5	21°48′	1.0770	1.4697
0.35		19°17′	1.0594	1.4569
0.30		16°42′	1.0440	1.4457
0.25		14°02′	1.0308	1.4362

坡度	坡度		延尺系数（C）	隔延尺系数（D）
0.20	1/10	11°19′	1.0198	1.4283
0.15		8°32′	1.0112	1.4221
0.125		7°8′	1.0078	1.4191
0.10	1/20	5°42′	1.0050	1.4177
0.083		4°45′	1.0035	1.4166
0.066	1/30	3°49′	1.0022	1.4157

屋面坡度系数示意图见图 3-6-4。

两坡排水屋面面积＝$S_平 \times C$；

四坡排水屋面斜脊长度＝$A \times D$（当 $S=A$ 时）；

沿山墙泛水长度＝$A \times C$。

上式中 $S_平$ 为屋面水平投影面积，A 为四坡屋面 1/2 边长，B 为脊高，C 为延尺系数，D 为隔延尺系数。

（2）西班牙瓦脊、彩色水泥瓦脊、琉璃瓦脊、小青瓦脊、檐口线工程量，按设计图示尺寸以"m"计算。

（3）琉璃宝顶、琉璃挠角（卷尾）、正吻、套兽工程量，按设计图示数量以"座"计算。

（4）围墙瓦顶工程量，按设计图示尺寸以"m"计算（围墙瓦顶不包括出砖线）。

（5）聚碳酸酯（PC）中空板（阳光板）屋面工程量，按设计图示展开面积以"m²"计算。

【例 3-6-1】某等四坡屋面平面如图 3-6-5 所示，设计屋面坡度 0.5。试计算斜面积、斜脊长、正脊长。

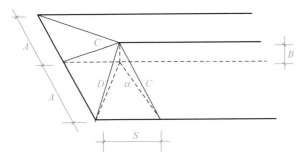

图 3-6-4　屋面坡度系数示意图

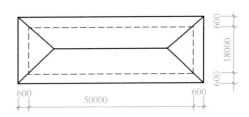

图 3-6-5　等四坡屋面示意图

【解】屋面坡度＝0.5，查屋面坡度系数表得 $C=1.118$。

屋面斜面积＝（50＋0.6×2）×（18＋0.6×2）×1.118 ＝ 1099.04m²

查屋面坡度系数表得 $D=1.5$，单条斜脊长＝$A \times D=9.6 \times 1.5=14.4$m

斜脊总长：4 ×14.4＝57.6m

正脊长度＝（50 ＋ 0.6×2）－9.6×2＝32m

3.6.2　屋面防水工程计量

1. 清单工程量计算（表 3-6-3）

屋面防水及其他

表 3-6-3

项目编码	项目名称	项目特征	计量单位	工程量计算规则	工作内容
010902001	屋面卷材防水	1. 卷材品种、规格、厚度 2. 防水层数 3. 防水层做法	m²	按设计图示尺寸以面积计算。 1. 斜屋顶（不包括平屋顶找坡）按斜面积计算，平屋顶按水平投影面积计算 2. 不扣除房上烟囱、风帽底座、风道、屋面小气窗和斜沟所占面积 3. 屋面的女儿墙、伸缩缝和天窗等处的弯起部分，并入屋面工程量内	1. 基层处理 2. 刷底油 3. 铺油毡卷材、接缝
010902002	屋面涂膜防水	1. 防水膜品种 2. 涂膜厚度、遍数 3. 增强材料种类			1. 基层处理 2. 刷基层处理剂 3. 铺布、喷涂防水层
010902003	屋面刚性层	1. 刚性层厚度 2. 混凝土强度等级 3. 嵌缝材料种类 4. 钢筋规格、型号		按设计图示尺寸以面积计算。不扣除房上烟囱、风帽底座、风道等所占面积	1. 基层处理 2. 混凝土制作、运输、铺筑、养护 3. 钢筋制安
010902004	屋面排水管	1. 排水管品种、规格 2. 雨水斗、山墙出水口品种、规格 3. 接缝、嵌缝材料种类	m	按设计图示尺寸以长度计算。如设计未标注尺寸，以檐口至设计室外散水上表面垂直距离计算	1. 排水管及配件安装、固定 2. 雨水斗、山墙出水口、雨水篦子安装 3. 接缝、嵌缝
010902005	屋面排（透）气管	1. 排（透）气管品种、规格 2. 接缝、嵌缝材料种类 3. 油漆品种、刷漆遍数		按设计图示尺寸以长度计算	1. 排（透）气管及配件安装、固定 2. 铁件制作、安装 3. 接缝、嵌缝 4. 刷漆
010902006	屋面（廊、阳台）泄（吐）水管	1. 吐水管品种、规格 2. 接缝、嵌缝材料种类 3. 吐水管长度 4. 油漆品种、刷漆遍数	根（个）	按设计图示数量计算	1. 吐水管及配件安装、固定 2. 接缝、嵌缝 3. 刷漆
010902007	屋面天沟、檐沟	1. 材料品种、规格 2. 接缝、嵌缝材料种类	m²	按设计图示尺寸以展开面积计算。	1. 天沟材料铺设 2. 天沟配件安装 3. 接缝、嵌缝 4. 刷防护材料
010902008	屋面变形缝	1. 嵌缝材料种类 2. 止水带材料种类 3. 盖缝材料 4. 防护材料种类	m	按设计图示以长度计算。	1. 清缝 2. 填塞防水材料 3. 止水带安装 4. 盖缝制作、安装 5. 刷防护材料

注：（1）屋面刚性层防水，按屋面卷材防水、屋面涂膜防水项目编码列项；屋面刚性层无钢筋，其钢筋项目特征不必描述。

（2）屋面找平层按本规范附录 K 楼地面装饰工程"平面砂浆找平层"项目编码列项。

（3）屋面防水搭接及附加层用量不另行计算，在综合单价中考虑。

（4）屋面保温找坡层按本规范附录 K 保温、隔热、防腐工程"保温隔热屋面"项目编码列项。

2. 定额工程量计算

（1）屋面卷材防水、涂膜防水工程量，按设计图示尺寸以"m²"计算，不扣除房上烟囱、风帽底座、风道、屋面小气窗和斜沟所占的面积。屋面的女儿墙、伸缩缝和天窗等处的弯起部分按设计图示尺寸并入屋面工程量内；如图纸无规定时，伸缩缝、女儿墙的弯起部分可按 350mm 计算，天窗弯起部分可按 500mm 计算。

1）平屋顶水平投影以"m²"计算；

2）斜屋顶（不包括平屋顶找坡）斜面积以"m²"计算，亦可按水平投影面积乘以屋面坡度系数以"m²"计算。

（2）屋面刚性防水工程量，按设计图示尺寸以"m²"计算，不扣除房上烟囱、风帽底座、风道等所占的面积及小于 0.3m² 以内孔洞等所占面积。

（3）天沟工程量，按设计图示展开面积以"m²"计算。

（4）分格缝工程量，按设计图示尺寸以"m"计算。

【例 3-6-2】 有一两坡二毡三油卷材屋面尺寸如图 3-6-6 所示，屋面防水层构造为：预制钢筋混凝土空心板、1:2 水泥砂浆找平、冷底子油一道、二毡三油一砂防水层。试计算当有女儿墙时屋面坡度为 1:4 时的屋面防水工程量。

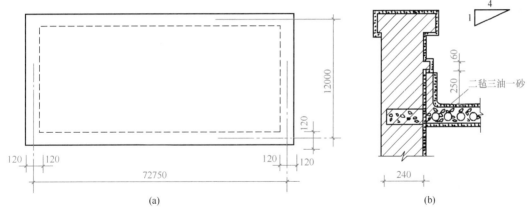

图 3-6-6 卷材屋面构造示意图

【解】 屋面坡度为 1:4 时，相应的角度为 14°02′，延尺系数 $C=1.0308$，且图示卷材反边高度 250mm，则屋面防水工程量：

$$S=(72.75-0.24)\times(12-0.24)\times1.0308+0.25\times(72.75-0.24+12-0.24)\times2$$
$$=921.12\text{m}^2$$

【例 3-6-3】 某工程 SBS 改性沥青卷材防水屋面如图 3-6-7 所示，在找平层上刷冷底子油，加热烤铺，贴 3mm 厚 SBS 改性沥青防水卷材一道，有反边，不考虑嵌缝。试列出题目给出的屋面防水工程的工程量及工程量清单。

【解】 根据题目，未标注卷材反边高度，按定额规定取 350mm，则本题的清单量同定额量。

工程量计算表见表 3-6-4，分部分项工程量清单见表 3-6-5。

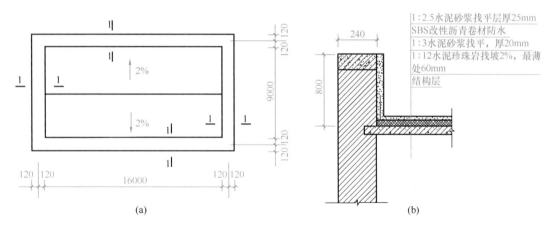

图 3-6-7 卷材屋面示意图

（a）屋面平面图；（b）1-1 剖面

工程量计算表 表 3-6-4

序号	项目编码	项目名称	计算式	工程量	单位
1	010902001001	屋面卷材防水	$S＝16×9＋(16＋9)×2×0.35＝161.5$	161.5	m²

分部分项工程量清单 表 3-6-5

序号	项目编码	项目名称	项目特征	计量单位	工程量
1	010902001001	屋面卷材防水	1. 卷材品种、规格、厚度：3mm 厚 SBS 改性沥青防水卷材 2. 防水层数：一道 3. 防水层做法：卷材底刷冷底子油、加热烤铺	m²	161.5

3.6.3 墙地防水工程计量

1. 墙面防水、防潮（表 3-6-6）

墙面防水、防潮 表 3-6-6

	项目编码	项目名称	项目特征	计量单位	工程量计算规则	工作内容
国标清单	010903001	墙面卷材防水	1. 卷材品种、规格、厚度 2. 防水层数 3. 防水层做法	m²	按设计图示尺寸以面积计算	1. 基层处理 2. 刷粘结剂 3. 铺防水卷材 4. 接缝、嵌缝
	010903002	墙面涂膜防水	1. 防水膜品种 2. 涂膜厚度、遍数 3. 增强材料种类			1. 基层处理 2. 刷基层处理剂 3. 铺布、喷涂防水层
	010903003	墙面砂浆防水（防潮）	1. 防水层做法 2. 砂浆厚度、配合比 3. 钢丝网规格			1. 基层处理 2. 挂钢丝网片 3. 设置分格缝 4. 砂浆制作、运输、摊铺、养护

	项目编码	项目名称	项目特征	计量单位	工程量计算规则	工作内容
国标清单	010903004	墙面变形缝	1. 嵌缝材料种类 2. 止水带材料种类 3. 盖缝材料 4. 防护材料种类	m	按设计图示以长度计算	1. 清缝 2. 填塞防水材料 3. 止水带安装 4. 盖缝制作、安装 5. 刷防护材料
	说明：（1）墙面防水搭接及附加层用量不另行计算，在综合单价中考虑。 （2）墙面变形缝，若做双面，工程量乘系数2。 （3）墙面找平层按本规范附录M墙、柱面装饰与隔断工程"立面砂浆找平层"项目编码列项。					
综合定额	（1）墙面防水工程按设计图示尺寸以"m²"计算，但不扣除0.3m²以内的孔洞所占面积，门窗洞口和孔洞的侧壁及顶面、附墙柱、梁、垛、烟囱侧壁并入相应的墙面面积内计算。 （2）地下室及其他，墙基防水、防潮层，按设计图示尺寸以"m²"计算。外墙按外墙中心线长度乘以宽度计算，内墙按内墙净长乘以宽度计算					

2. 楼（地）面防水、防潮（表3-6-7）

楼（地）面防水、防潮　　　　　　　　　　　　　　表3-6-7

	项目编码	项目名称	项目特征	计量单位	工程量计算规则	工作内容
国标清单	010904001	楼（地）面卷材防水	1. 卷材品种、规格、厚度 2. 防水层数 3. 防水层做法 4. 反边高度	m²	按设计图示尺寸以面积计算。 1. 楼（地）面防水：按主墙间净空面积计算，扣除凸出地面的构筑物、设备基础等所占面积，不扣除间壁墙及单个面积≤0.3m²柱、垛、烟囱和孔洞所占面积 2. 楼（地）面防水反边高度≤300mm算作地面防水，反边高度>300mm算作墙面防水	1. 基层处理 2. 刷粘结剂 3. 铺防水卷材 4. 接缝、嵌缝
	010904002	楼（地）面涂膜防水	1. 防水膜品种 2. 涂膜厚度、遍数 3. 增强材料种类 4. 反边高度			1. 基层处理 2. 刷基层处理剂 3. 铺布、喷涂防水层基层处理
	010904003	楼（地）面砂浆防水（防潮）	1. 防水层做法 2. 砂浆厚度、配合比 3. 反边高度			1. 基层处理 2. 砂浆制作、运输、摊铺、养护
	010904004	楼（地）面变形缝	1. 嵌缝材料种类 2. 止水带材料种类 3. 盖缝材料 4. 防护材料种类	m	按设计图示以长度计算	1. 清缝 2. 填塞防水材料 3. 止水带安装 4. 盖缝制作、安装 5. 刷防护材料
	说明：（1）楼（地）面防水找平层按本规范附录L楼地面装饰工程"平面砂浆找平层"项目编码列项。 （2）楼（地）面防水搭接及附加层用量不另行计算，在综合单价中考虑					
综合定额	（1）建筑物楼地面防水、防潮层，按设计图示尺寸以"m²"计算，扣除凸出地面的构筑物、设备基础等所占的面积，不扣除单个0.3m²以内的柱、垛、烟囱、管道井和孔洞所占面积。与墙面连接处上卷高度在500mm以内者按展开面积计算，按平面防水层计算，超过500mm时，按立面防水层计算。 （2）建筑物地下室防水层，按设计图示尺寸以"m²"计算，但不扣除0.3m²以内的孔洞所占面积。平面与立面交接处的防水层，其上卷高度超过300mm时，按立面防水层计算					

3.6.4 屋面工程清单与定额规则的差异（表3-6-8）

屋面工程清单与定额规则差异 表3-6-8

项目名称	清单	定额
屋面卷材、涂膜防水	按设计图示尺寸以面积计算。 1. 斜屋顶（不包括平屋顶找坡）按斜面积计算，平屋顶按水平投影面积计算。 2. 不扣除房上烟囱、风帽底座、风道、屋面小气窗和斜沟所占面积。 3. 屋面的女儿墙、伸缩缝和天窗等处的弯起部分，并入屋面工程量内。	按设计图示尺寸以"m²"计算，不扣除房上烟囱、风帽底座、风道、屋面小气窗和斜沟所占的面积。屋面的女儿墙、伸缩缝和天窗等处的弯起部分按设计图示尺寸并入屋面工程量内；如图纸无规定时，伸缩缝、女儿墙的弯起部分可按350mm计算，天窗弯起部分可按500mm计算
刚性屋面层	按设计图示尺寸以面积计算。不扣除房上烟囱、风帽底座、风道等所占面积	按设计图示尺寸以"m²"计算，不扣除房上烟囱、风帽底座、风道等所占的面积及小于0.3m²以内孔洞等所占面积
楼地面防水、防潮	按设计图示尺寸以面积计算 1. 楼（地）面防水：按主墙间净空面积计算，扣除凸出地面的构筑物、设备基础等所占面积，不扣除间壁墙及单个面积≤0.3m²柱、垛、烟囱和孔洞所占面积。 2. 楼（地）面防水反边高度≤300mm算作地面防水，反边高度>300mm算作墙面防水	按设计图示尺寸以"m²"计算，扣除凸出地面的构筑物、设备基础等所占的面积，不扣除单个0.3m²以内的柱、垛、烟囱、管道井和孔洞所占面积。与墙面连接处上卷高度在500mm以内者按展开面积计算，按平面防水层计算，超过500mm时，按立面防水层计算

3.6.5 屋面及防水工程计价

1. 定额计价说明

（1）瓦屋面

1）瓦片规格，如设计不同时，可以换算，其他不变。

2）西班牙瓦的端头瓦材料费另行计算。山墙端及阴沟部位需要界瓦的工料费也包括在子目内。

3）琉璃瓦铺在预制混凝土桷条上时，扣除子目内1:2水泥砂浆，人工费乘以系数1.30，其他不变。

4）琉璃瓦面如使用琉璃盾瓦者，每10m长的脊瓦长度，每一面增计盾瓦50块，其他不变。

5）西班牙瓦、琉璃瓦、彩色水泥瓦、小青瓦屋面子目不包括瓦脊、檐口线等，其瓦脊和檐口线等另行计算。瓦面上如设计要求安装勾头（捲尾）或博古（宝顶）等时，另按个计算。

6）亭面铺瓦坡度超过45°时，人工费乘以系数1.30，镀锌铁丝消耗量乘以系数2.00，其他不变。

7）小青瓦如铺在多角亭面上，套小青瓦四方亭子目，人工费乘以系数1.20。

8）普通瓦围墙顶子目不包括扫水泥浆或乌烟灰水。

9）彩钢屋面板，彩钢板宽按750mm考虑，檩条间距按1～1.2m综合考虑，如设计与定额不同时，板材可以换算、檩条用量可以调整，其他不变，A1-10-43～A1-10-44适用于建筑高度小于27m的住宅和建筑高度小于24m的非单层厂房。

10）波纹瓦屋面、镀锌铁皮屋面定额子目内包括瓦脊，未包括檩条，檩条按设计要求另行计算。

11）聚碳酸酯（PC）中空板（阳光板）屋面未包括骨架费用，发生时按金属结构工程的相应子目进行计算。

（2）防水（潮）工程

1）卷材防水（潮）的定额子目已经考虑了接缝、收头、找平层嵌缝、基层处理剂等工料机消耗，不另计算。

2）刚性防水中防水砂浆的五层做法刷第一道、第三道、第五道水泥浆厚度为 1mm，刷第二道 1：2 水泥砂浆厚度为 1.5cm，刷第四道 1：2 水泥砂浆厚度为 1cm。

3）细石混凝土刚性防水和水泥砂浆二次抹压防水子目中未包括分格缝填缝，填缝按照设计要求另行计算。

4）细石混凝土防水层如使用钢筋网者，钢筋制安另按"混凝土及钢筋混凝土工程"子目。

5）分格缝如发生材料代换，其中胶泥、冷底子油可以换算，其他不变。

6）楼地面及墙面防水（潮）工程适用于 ±0.000 以上部位外墙及室内楼地面、内墙面、阳台地面及等防水（防潮）工程。

7）墙梁接缝、墙柱接缝及窗台、窗楣处单独施工的涂膜防水按立面涂膜防水计算，人工费乘以 1.50，材料费乘以 1.05。

8）地下室及其他防水适用于地下室结构底板以下防水、地下室外墙、基础及水池等其他防水（潮）工程。

9）定额子目中已经注明高分子卷材的厚度，如设计不同时，面层材料可以调整，其他不变。

10）按照主材不同，聚氨酯涂膜防水可分为单组分、双组分，设计没有明确使用单组份的，应套用双组分相应子目。

11）屋面排水工程执行安装定额。

12）地下室外墙聚苯乙烯泡沫板保护层执行 A1-11-146 子目，人工乘以 1.25。

（3）变形缝

1）变形缝填缝及止水带：建筑物变形缝是按建筑油膏、聚氨酯密封膏、聚氯乙烯胶泥断面取定 30mm×20mm；油浸木丝板取定为 25mm×150mm；紫铜板止水带为 2mm 厚，展开宽 450mm；钢板止水带为 3.5～4.0mm 厚，展开宽 250mm；其余均为 30mm×150mm 考虑的。如设计断面不同时，用料可以换算，其他不变。

2）变形缝盖缝子目中已注有面层材料厚度的，如设计厚度不同时面层材料可以换算，其他不变。

（4）本章定额子目中不包括申报沥青的防火费用和环保费用。

2．定额计价案例

【例 3-6-4】根据【例 3-6-3】的条件及计算结果，试计算各清单项目的综合单价并填写清单计价表。

【解】（1）屋面卷材防水的综合单价分析

1）屋面卷材防水的定额编码 A1-10-53，清单工程量＝定额工程量＝161.5m²，数量＝1÷100＝0.01；

2) 其他数据按照定额的数据填写并计算（表 3-6-9）：

综合单价分析表　　　　　　　　　　　　　　表 3-6-9

工程名称：单位工程　　　　　　　　　标段：　　　　　　　　第 2 页　共 42 页

项目编码	010902001001	项目名称	屋面卷材防水	计量单位	m²	工程量	161.5

清单综合单价组成明细

定额编号	定额项目名称	定额单位	数量	单价				合价			
				人工费	材料费	机具费	管理费和利润	人工费	材料费	机具费	管理费和利润
A1-10-53	屋面改性沥青防水卷材热熔、满铺 单层	100m²	0.01	733.51	3831.3		252.77	7.34	38.31		2.53
人工单价		小计						7.34	38.31		2.53
		未计价材料费									
清单项目综合单价								48.18			

（2）根据题目条件及清单工程量、综合单价的计算结果，整理清单与计价表（表 3-6-10）：

分部分项工程和单价措施项目清单与计价表　　　　　　表 3-6-10

工程名称：单位工程　　　　　　　　　标段：　　　　　　　　第 1 页　共 1 页

序号	项目编码	项目名称	项目特征描述	计量单位	工程量	金额（元）		
						综合单价	综合合价	其中
								暂估价
1	010902001001	屋面卷材防水	1. 卷材品种、规格、厚度：3mm 厚 SBS 改性沥青防水卷材 2. 防水层数：一道 3. 防水层做法：卷材底刷冷底子油、加热烤铺	m²	159	48.93	7779.87	

3. 职业拓展——综合定额要点解析

（1）定额 A1-10-113～A1-10-128 子目中注"平面卷材防水按规范考虑附加层、加强层（桩、承台等处）。"定额考虑的附加层、加强层宽度是多少，若设计要求附加层卷材宽度与规范不同时，是否可以换算？

答：定额已综合考虑规范要求的附加层、加强层宽度，不作换算。

（2）屋面水泥砂浆找平层并设置分隔缝，是否应套用楼地面砂浆找平层并考虑设置分隔缝费用？

答：A1-12-1 楼地面水泥砂浆找平层定额子目未考虑设置分隔缝的费用，若设计要求保温层上的水泥砂浆找平层留设分格缝时可另行计算费用。

（3）屋面卷材防水的附加层是否应单独计算？

答：定额已综合考虑。

 任务小结

本任务主要对屋面及防水工程清单的分类、构成进行了讲解，然后辅以例题应用清单工程量的计算规则，在此基础上又进一步学习了定额的工程量计算规则，对清单和定额工程量计算的不同之处进行了重点说明。在计价时，对如何进行定额组价分析及所用的定额总说明和章说明进行讲解，并结合本任务的典型实例进行组价和综合单价分析，生成清单与计价分析表。

通过本任务的计价实战演练，学生能够掌握屋面及防水工程的定额运用要点，掌握屋面及防水工程组价及综合单价的计算，具备编制屋面及防水工程量清单计价表的能力。

 课后习题

一、单项选择题

1. 根据《房屋建筑与装饰工程工程量计算规范》GB 50854—2013 规定，屋面防水工程量计算，说法正确的是(　　)。

A. 斜屋面卷材防水，工程量按水平投影面积计算

B. 平屋面涂膜防水，工程量不扣除烟囱所占面积

C. 平屋面女儿墙弯起部分卷材防水不计工程量

D. 平屋面伸缩缝卷材防水不计工程量

2. 根据《房屋建筑与装饰工程工程量计算规范》GB 50854—2013 规定，关于屋面防水工程量计算，说法正确的是(　　)。

A. 斜屋面卷材防水按水平投影面积计算

B. 女儿墙、伸缩缝等处卷材防水弯起部分不计

C. 屋面排水管按设计图示数量以根计算

D. 屋面变形缝卷材防水按设计图示尺寸以长度计算

3. 屋面的女儿墙、伸缩缝和天窗等处的弯起部分按设计图示尺寸并入屋面工程量内；如图纸无规定时，伸缩缝、女儿墙的弯起部分可按(　　)mm 计算。

A. 200　　　　　　　　　　　　　　B. 250

C. 350　　　　　　　　　　　　　　D. 500

4. 屋面的女儿墙、伸缩缝和天窗等处的弯起部分按设计图示尺寸并入屋面工程量内；如图纸无规定时，天窗弯起部分可按(　　)mm 计算。

A. 200　　　　　　　　　　　　　　B. 250

C. 350　　　　　　　　　　　　　　D. 500

5. 建筑物楼地面防水、防潮层，与墙面连接处上卷高度在(　　)mm 以内者按平面防水层计算。

A. 200　　　　　　　　　　　　　　B. 250

C. 300　　　　　　　　　　　　　　D. 500

6. 建筑物地下室防水层，按设计图示尺寸以"m²"计算，但不扣除 0.3m² 以内的孔

洞所占面积。平面与立面交接处的防水层，其上卷高度超过(　　)mm时，按立面防水层计算。

A. 200 　　　　　　　　　　　　　　B. 250

C. 300 　　　　　　　　　　　　　　D. 500

二、多项选择题

1. 《房屋建筑与装饰工程工程量计算规范》GB 50854—2013 规定，瓦屋面、型钢屋面2个工程量清单项目，其工程量计算规则，正确的有(　　)。

A. 按设计图示尺寸以水平投影面积计算

B. 按设计图示尺寸以斜面积计算

C. 扣除房上烟囱、风帽底座、风道所占面积

D. 不扣除小气窗、斜沟所占面积

E. 增加计算小气窗的出檐部分面积

2. 《广东省房屋建筑与装饰工程综合定额（2018）》规定，关于屋面及防水工程工程量计算规则，正确的有(　　)。

A. 屋面刚性防水工程量，按设计图示尺寸以"m²"计算，不扣除房上烟囱、风帽底座、风道等所占的面积及小于0.3m²以内孔洞等所占面积

B. 天沟工程量，按设计图示长度以"m"计算

C. 分格缝工程量，按设计图示尺寸以"m²"计算

D. 桩头防水按桩头的数量以"个"计算

E. 填缝、止水带、盖缝按设计图示尺寸以"条"计算

3. 《房屋建筑与装饰工程工程量计算规范》GB 50854—2013 规定，屋面卷材防水，其工程量计算规则，正确的有(　　)。

A. 平屋面按水平投影面积计算

B. 斜屋面（不包含平屋顶找坡）按斜面积计算

C. 扣除房上烟囱、风帽底座、风道所占面积

D. 屋面的女儿墙、伸缩缝和天窗等处的弯起部分，另外列项计算

E. 屋面的女儿墙、伸缩缝和天窗等处的弯起部分并入屋面工程量内

任务 3.7　防腐、隔热、保温工程计价

 知识要点

1. 熟悉防腐隔热保温工程清单的划分及内容构成。

2. 能够根据实体项目，开列防腐隔热保温工程量清单，并计算清单及定额工程量。

3. 进行防腐、保温清单项目定额组价时，能正确分析并选择出需要进行组价的定额。

4. 能根据工程实际项目，完成防腐、保温工程的综合单价分析表及清单与计价表。

3.7.1　保温工程计量（表 3-7-1）

保温、隔热

表 3-7-1

	项目编码	项目名称	项目特征	计量单位	工程量计算规则	工作内容
国标清单	011001001	保温隔热屋面	1. 保温隔热材料品种、规格、厚度 2. 隔气层材料品种、厚度 3. 粘结材料种类、做法 4. 防护材料种类、做法	m²	按设计图示尺寸以面积计算。扣除面积＞0.3m²孔洞及占位面积	1. 基层清理 2. 刷粘结材料 3. 铺粘保温层 4. 铺、刷（喷）防护材料
	011001002	保温隔热天棚	1. 保温隔热面层材料品种、规格、性能 2. 保温隔热材料品种、规格及厚度 3. 粘结材料种类及做法 4. 防护材料种类及做法		按设计图示尺寸以面积计算。扣除面积＞0.3m²上柱、垛、孔洞所占面积，与天棚相连的梁按展开面积，计算并入天棚工程量内	
	011001003	保温隔热墙面	1. 保温隔热部位 2. 保温隔热方式 3. 踢脚线、勒脚线保温做法 4. 龙骨材料品种、规格 5. 保温隔热面层材料品种、规格、性能 6. 保温隔热材料品种、规格及厚度 7. 增强网及抗裂防水砂浆种类 8. 粘结材料种类及做法 9. 防护材料种类及做法		按设计图示尺寸以面积计算。扣除门窗洞口以及面积＞0.3m²梁、孔洞所占面积；门窗洞口侧壁需作保温时，并入保温墙体工程量内	1. 基层清理 2. 刷界面剂 3. 安装龙骨 4. 填贴保温材料 5. 保温板安装 6. 粘贴面层 7. 铺设增强格网、抹抗裂、防水砂浆面层 8. 嵌缝 9. 铺、刷（喷）防护材料
	011001004	保温柱、梁			按设计图示尺寸以面积计算。 1. 柱按设计图示柱断面保温层中心线展开长度乘保温层高度以面积计算，扣除面积＞0.3m²梁所占面积 2. 梁按设计图示梁断面保温层中心线展开长度乘保温层长度以面积计算	
	011001005	保温隔热楼地面	1. 保温隔热部位 2. 保温隔热材料品种、规格、厚度 3. 隔气层材料品种、厚度 4. 粘结材料种类、做法 5. 防护材料种类、做法		按设计图示尺寸以面积计算。扣除面积＞0.3m²柱、垛、孔洞所占面积。门洞、空圈、暖气包槽、壁龛的开口部分不增加面积	1. 基层清理 2. 刷粘结材料 3. 铺粘保温层铺、刷（喷）防护材料

续表

	项目编码	项目名称	项目特征	计量单位	工程量计算规则	工作内容
国标清单	011001006	其他保温隔热	1. 保温隔热部位 2. 保温隔热方式 3. 隔气层材料品种、厚度 4. 保温隔热面层材料品种、规格、性能 5. 保温隔热材料品种、规格及厚度 6. 粘结材料种类及做法 7. 增强网及抗裂防水砂浆种类 8. 防护材料种类及做法	m²	按设计图示尺寸以展开面积计算。扣除面积>0.3m²孔洞及占位面积	1. 基层清理 2. 刷界面剂 3. 安装龙骨 4. 填贴保温材料 5. 保温板安装 6. 粘贴面层 7. 铺设增强格网、抹抗裂防水砂浆面层 8. 嵌缝 9. 铺、刷（喷）防护材料
	说明：（1）保温隔热装饰面层，按本规范附录 L、M、N、P、Q 中相关项目编码列项；仅做找平层按本规范附录 L 中"平面砂浆找平层"或附录 M"立面砂浆找平层"项目编码列项。 （2）柱帽保温隔热应并入天棚保温隔热工程量内。 （3）池槽保温隔热应按其他保温隔热项目编码列项。 （4）保温隔热方式：指内保温、外保温、夹心保温。 （5）保温柱、梁适用于不与墙、天棚相连的独立柱、梁						
综合定额	（1）屋面保温、隔热层工程量，按设计图示尺寸以"m²"计算，不扣除柱、垛所占的面积。 （2）屋面保温层排气管工程量，按设计图示尺寸以"m"计算，不扣管件所占长度。保温层排气孔按设计图示数量以"个"计算。 （3）墙体保温隔热层工程量，按设计图示尺寸以"m²"计算，扣除门窗洞口所占面积，门窗洞口面积指完成门窗塞缝及墙面抹灰装饰后洞口面积；门窗洞口侧壁需做保温时，并入保温墙体工程量内。 （4）柱保温层工程量，按设计图示保温层中心线长度乘以保温层高度以"m²"计算。 （5）地面隔热层工程量，按设计图示尺寸以"m²"计算，不扣除柱、垛所占的面积。 （6）块料隔热层工程量不扣除附墙烟囱、竖风道、风帽底座、屋顶小气窗、水斗和斜沟的面积。 （7）防火隔离带工程量按设计图示尺寸以"m²"计算						

【例 3-7-1】某工程屋面如图 3-7-1 所示，钢筋混凝土板上用 1：12 水泥珍珠岩保温，坡度 2％，最薄处 60mm。试计算保温工程量，并列出工程量清单。

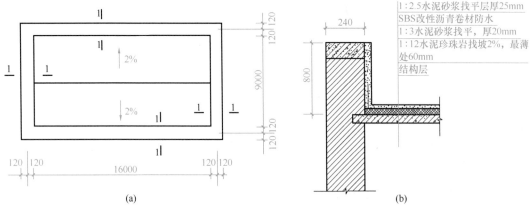

图 3-7-1 某屋面示意图

（a）屋面平面图；（b）1-1 剖面

【解】根据题目，则本题的清单工程量同定额工程量。工程量计算表见表 3-7-2；屋面保温分部分项工程量清单见表 3-7-3。

屋面保温工程量计算表　　　　　表 3-7-2

序号	项目编码	项目名称	计算式	工程量	单位
1	011001001001	屋面保温	$S=16\times9=144$	144	m²

屋面保温分部分项工程量清单　　　　　表 3-7-3

序号	项目编码	项目名称	项目特征	计量单位	工程量
1	011001001001	屋面保温	1. 材料品种：1：12 水泥珍珠岩 2. 保温厚度：最薄处 60mm	m²	144

【例 3-7-2】某工程外墙保温（图 3-7-2）做法：①基层表面清理；②刷界面砂浆 5mm；③刷 30mm 厚胶粉聚苯颗粒；④门窗边做保温宽度为 120mm。试列出该工程外墙保温的分部分项工程量清单。

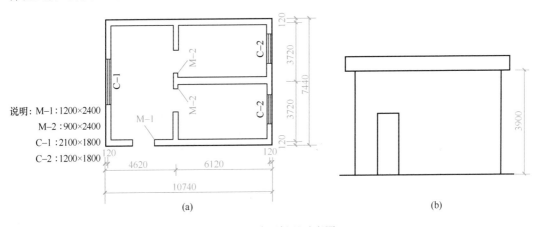

图 3-7-2　墙面保温示意图

（a）平面图；（b）立面图

【解】工程量计算表见表 3-7-4，分部分项工程量清单见表 3-7-5。

外墙保温工程量计算表　　　　　表 3-7-4

序号	项目编码	项目名称	计算式	工程量	单位
1	011001003001	保温墙面	墙面： $S_1=[(10.74+0.24)+(7.44+0.24)]\times2\times3.90-(1.2\times2.4+2.1\times1.8+1.2\times1.8\times2)=134.57$ 门窗侧边： $S_2=[(2.1+1.8)\times2+(1.2+1.8)\times4+(2.4\times2+1.2)]\times0.12=3.10$	137.67	m²

外墙保温分部分项工程量清单　　　　　表 3-7-5

序号	项目编码	项目名称	项目特征	计量单位	工程量
1	011001003001	保温墙面	1. 保温隔热部位：墙面 2. 保温隔热方式：外保温 3. 保温隔热材料品种、厚度：30mm 厚胶粉聚苯颗粒 4. 基层材料：5mm 厚界面砂浆	m²	137.67

3.7.2 防腐工程计量

1. 防腐面层（表 3-7-6）

防腐面层　　　　　　　　　　　　　表 3-7-6

	项目编码	项目名称	项目特征	计量单位	工程量计算规则	工作内容
国标清单	011002001	防腐混凝土面层	1. 防腐部位 2. 面层厚度 3. 混凝土种类 4. 胶泥种类、配合比	m²	按设计图示尺寸以面积计算。 1. 平面防腐：扣除凸出地面的构筑物、设备基础等以及面积＞0.3m²孔洞、柱、垛所占面积，门洞、空圈、暖气包槽、壁龛的开口部分不增加面积 2. 立面防腐：扣除门、窗、洞口以及面积＞0.3m²孔洞、梁所占面积，门、窗、洞口侧壁、垛突出部分按展开面积并入墙面积内	1. 基层清理 2. 基层刷稀胶泥 3. 混凝土制作、运输、摊铺、养护
	011002002	防腐砂浆面层	1. 防腐部位 2. 面层厚度 3. 砂浆、胶泥种类、配合比			1. 基层清理 2. 基层刷稀胶泥 3. 砂浆制作、运输、摊铺、养护
	011002003	防腐胶泥面层	1. 防腐部位 2. 面层厚度 3. 胶泥种类、配合比			1. 基层清理 2. 胶泥调制、摊铺
	011002004	玻璃钢防腐面层	1. 防腐部位 2. 玻璃钢种类 3. 贴布材料的种类、层数 4. 面层材料品种			1. 基层清理 2. 刷底漆、刮腻子 3. 胶浆配制涂刷 4. 粘布、涂刷面层
	011002005	聚氯乙烯板面层	1. 防腐部位 2. 面层材料品种、厚度 3. 粘结材料种类			1. 基层清理 2. 配料、涂胶 3. 聚氯乙烯板铺设
	011002006	块料防腐面层	1. 防腐部位 2. 块料品种、规格 3. 粘结材料种类 4. 勾缝材料种类			1. 基层清理 2. 铺贴块料 3. 胶泥调制、勾缝
	011002007	池、槽块料防腐面层	1. 防腐池、槽名称、代号 2. 块料品种、规格 3. 粘结材料种类 4. 勾缝材料种类		按设计图示尺寸以展开面积计算	
	说明：防腐踢脚线，应按本规范附录 L 中"踢脚线"项目编码列项					
综合定额	（1）防腐工程量，均按设计图示尺寸以"m²"计算。平面防腐：扣除凸出地面的构筑物、设备基础等所占的面积；立面防腐：砖垛等突出部分按展开面积并入墙面面积内；踢脚板防腐：扣除门洞所占面积并相应增加门洞侧壁展开面积。 （2）平面砌筑双层耐酸块料时，按单层面积乘以系数 2.00 计算					

2. 其他防腐（表 3-7-7）

其他防腐 表 3-7-7

项目编码	项目名称	项目特征	计量单位	工程量计算规则	工作内容
011003001	隔离层	1. 隔离层部位 2. 隔离层材料品种 3. 隔离层做法 4. 粘贴材料种类	m²	按设计图示尺寸以面积计算。 1. 平面防腐：扣除凸出地面的构筑物、设备基础等以及面积＞0.3m²孔洞、柱、垛所占面积，门洞、空圈、暖气包槽、壁龛的开口部分不增加面积。 2. 立面防腐：扣除门、窗、洞口以及面积＞0.3m²孔洞、梁所占面积，门、窗、洞口侧壁、垛突出部分按展开面积并入墙面积内	1. 基层清理、刷油 2. 煮沥青 3. 胶泥调制 4. 隔离层铺设
011003002	砌筑沥青浸渍砖	1. 砌筑部位 2. 浸渍砖规格 3. 胶泥种类 4. 浸渍砖砌法	m³	按设计图示尺寸以体积计算	1. 基层清理 2. 胶泥调制 3. 浸渍砖铺砌
011003003	防腐涂料	1. 涂刷部位 2. 基层材料类型 3. 刮腻子的种类、遍数 4. 涂料品种、刷涂遍数	m²	按设计图示尺寸以面积计算。 1. 平面防腐：扣除凸出地面的构筑物、设备基础等以及面积＞0.3m²孔洞、柱、垛所占面积，门洞、空圈、暖气包槽、壁龛的开口部分不增加面积。 2. 立面防腐：扣除门、窗、洞口以及面积＞0.3m²孔洞、梁所占面积，门、窗、洞口侧壁、垛突出部分按展开面积并入墙面积内	1. 基层清理 2. 刮腻子 3. 刷涂料

注：浸渍砖砌法指平砌、立砌。

【**例 3-7-3**】某库房地面做 1∶0.17∶1.1∶1∶2.6 水玻璃耐酸砂浆防腐面层，踢脚线抹 1∶1∶6 混合砂浆，厚度均为 20mm，踢脚线高度 200mm，如图 3-7-3 所示。墙厚均为 240mm，门洞地面做防腐面层，侧边不做踢脚线。试列出题目对应的工程量，并列出工程量清单。

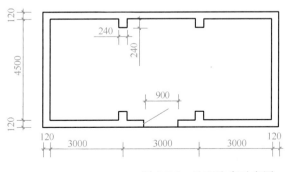

图 3-7-3　地面防腐示意图

【解】按照清单计量规则，清单工程量计算表见表 3-7-8。

清单工程量计算表　　　　表 3-7-8

序号	项目编码	项目名称	计算式	工程量	单位
1	011002002001	防腐砂浆面层	$S=(9-0.24)\times(4.50-0.24)=37.32$	37.32	m²
2	011105001001	砂浆踢脚线	$L=(9-0.24+0.24\times4+4.5-0.24)\times2-0.9=27.06$	27.06	m

按照定额规则，应扣除墙垛的占位面积，定额工程量计算表见表 3-7-9；分部分项工程量清单见表 3-7-10。

定额工程量计算表　　　　表 3-7-9

序号	项目编码	项目名称	计算式	工程量	单位
1	011002002001	防腐砂浆面层	$S=(9-0.24)\times(4.50-0.24)-0.24\times0.24\times4+0.9\times0.24=37.30$	37.30	m²
2	011105001001	砂浆踢脚线	$L=(9-0.24+0.24\times4+4.5-0.24)\times2-0.9=27.06$	27.06	m

分部分项工程量清单　　　　表 3-7-10

序号	项目编码	项目名称	项目特征	计量单位	工程量
1	011002002001	防腐砂浆面层	1. 防腐部位：地面 2. 厚度：20mm 3. 砂浆种类、配合比：水玻璃耐酸砂浆 1：0.17：1.1：1：2.6	m²	37.32
2	011105001001	砂浆踢脚线	1. 踢脚线高度：200mm 2. 厚度、砂浆配合比：20mm，1：1：6 混合砂浆	m	27.06

3.7.3　保温防腐工程清单与定额规则的差异（表 3-7-11）

保温防腐工程清单与定额规则差异　　　　表 3-7-11

项目名称	清单	定额
防腐面层	按设计图示尺寸以面积计算。 1. 平面防腐：扣除凸出地面的构筑物、设备基础等以及面积＞0.3m²孔洞、柱、垛所占面积，门洞、空圈、暖气包槽、壁龛的开口部分不增加面积。 2. 立面防腐：扣除门、窗、洞口以及面积＞0.3m²孔洞、梁所占面积，门、窗、洞口侧壁、垛突出部分按展开面积并入墙面面积内	均按设计图示尺寸以"m²"计算。 平面防腐：扣除凸出地面的构筑物、设备基础等所占的面积。 立面防腐：砖垛等突出部分按展开面积并入墙面面积内

3.7.4　防腐保温工程计价

1. 计价说明

（1）防腐工程

1）防腐整体面层、隔离层适用于平面、立面的防腐耐酸工程，包括沟、坑、槽。

2）防腐卷材的接缝、收头等人工材料已计入子目内，不另计算。

3）块料防腐面层以平面砌为准，砌立面者套平面砌相应子目，人工费乘以系数

1.38，踢脚板人工费乘以系数 1.56，其他不变。

4）防腐面层工程中各种砂浆、胶泥、混凝土材料的种类、配合比及各种面层的厚度，如设计不同时，可以换算。

5）防腐面层工程的各种面层，除软聚氯乙烯板地面外，均不包括踢脚板。

6）花岗岩石以六面剁斧的板材为准。如底面为毛面者，水玻璃砂浆增加 0.38m³；耐酸沥青砂浆增加 0.44m³。

（2）保温隔热工程

1）本节只包括保温隔热材料的铺贴，不包括隔气防潮、保护层或衬墙等。

2）保温隔热、隔离层的材料配合比、材质、厚度与设计不同时，可以换算。

3）屋面保温层排气孔塑料管按 180°单出口考虑（2 只 90°弯头组成），双出口时应增加三通一只；钢管、不锈钢管按 180°煨制弯考虑，当采用管件拼接时另增加弯头 2 只，管件消耗量乘以系数 0.70，取消弯管机台班。

4）玻璃棉、矿渣棉包装材料和人工均已包括在子目内。

5）柱面保温根据墙面保温定额项目人工费乘以系数 1.19、材料消耗量乘以系数 1.04。

6）池槽保温隔热层，其中池壁按墙面计算，池底按地面计算。

7）屋面保温干铺聚苯乙烯泡沫板、墙体、柱保温，楼地面隔热，除有厚度增减子目外，如保温材料厚度与设计不同时，保温材料可以换算，其他不变。

2. 保温及防腐工程计价案例

【例 3-7-4】根据【例 3-7-3】，试计算各清单项目的分部分项综合单价，并填写清单计价表。

【解】（1）防腐砂浆面层的综合单价分析

1）防腐砂浆面层的定额编码 A1-11-5，清单工程量＝定额工程量＝37.32m²，数量＝1÷100＝0.01；

2）其他数据按照定额的数据填写并计算（表 3-7-12）。

综合单价分析表　　　　　　　　　表 3-7-12

工程名称：防腐工程　　　　　　　标段：　　　　　　　第 1 页　共 1 页

项目编码		011002002001	项目名称		防腐砂浆面层		计量单位	m²	工程量	37.32
清单综合单价组成明细										
定额编号	定额项目名称	定额单位	数量	单价				合价		
				人工费	材料费	机具费	管理费和利润	人工费	材料费	机具费	管理费和利润
A1-11-5	水玻璃耐酸砂浆 20mm	100m²	0.01	3897.41	5498.7		1343.05	38.95	54.96		13.42
人工单价			小计					38.95	54.96		13.42
			未计价材料费								
清单项目综合单价								107.33			

（2）踢脚线的综合单价分析

1）水泥砂浆踢脚线的定额编码 A1-12-46，清单工程量＝定额工程量＝27.06m²，数量＝1÷100＝0.01；砂浆材料编码 80050360，数量＝1.21×0.01＝0.0121；

2）其他数据按照定额的数据填写并计算（表3-7-13）。

综合单价分析表　　　　　　　　　　　　　表3-7-13

工程名称：楼地面工程　　　　　　　标段：　　　　　　　　　　第1页　共1页

项目编码	011105001001	项目名称	水泥砂浆踢脚线		计量单位	m²	工程量	27.06
清单综合单价组成明细								

定额编号	定额项目名称	定额单位	数量	单价				合价			
				人工费	材料费	机具费	管理费和利润	人工费	材料费	机具费	管理费和利润
A1-12-46	踢脚线水泥砂浆	100m²	0.01	4432.36	24479.99		1672.33	44.32	244.80		16.72
80050360	抹灰用混合砂浆（配合比）中砂1:1:6	m³	0.0121		190.85				2.31		
人工单价		小计						44.32	247.11		16.72
		未计价材料费									
清单项目综合单价								308.16			

（3）根据题目条件及清单工程量、综合单价的计算结果，整理清单与计价表见表3-7-14。

分部分项工程和单价措施项目清单与计价表　　　　　　表3-7-14

工程名称：单位工程　　　　　　　标段：　　　　　　　　　　第1页　共1页

序号	项目编码	项目名称	项目特征描述	计量单位	工程量	金额（元）		其中
						综合单价	综合合价	暂估价
29	011002002001	防腐砂浆面层	1. 防腐部位：地面 2. 厚度：20mm 3. 砂浆种类、配合比：水玻璃耐酸砂浆1:0.17:1.1:1:2.6	m²	37.32	107.33	4005.56	
30	011105001001	水泥砂浆踢脚线	1. 踢脚线高度：200mm 2. 厚度、砂浆配合比：20mm，1:1:6混合砂浆	m²	27.06	308.16	8338.81	

 任务小结

本任务主要对防腐保温工程清单的分类、构成进行了讲解，然后辅以例题应用清单工程量的计算规则，在此基础上又进一步学习了定额的工程量计算规则，对清单和定额工程量计算的不同之处进行了重点说明。在计价时，如何进行定额组价分析及所用的定额总说

明和章说明进行讲解，并结合本章的典型实例进行组价和综合单价分析，并生成清单与计价分析表。

通过本任务的计价实战演练，学生能够掌握保温隔热工程的定额运用要点，掌握保温隔热工程组价及综合单价的计算，具备编制保温隔热工程量清单计价表的能力。

 **课后习题**

一、单项选择题

1. 根据《房屋建筑与装饰工程工程量计算规范》GB 50854—2013 规定，有关防腐工程量计算，说法正确的是（　　　）。

　　A. 隔离层平面防腐，门洞开口部分按图示面积计入

　　B. 隔离层立面防腐，门洞口侧壁部分不计算

　　C. 砌筑沥青浸渍砖，按图示水平投影面积计算

　　D. 立面防腐涂料，门洞侧壁按展开面积并入墙面积内

2. 根据《房屋建筑与装饰工程工程量计算规范》GB 50854—2013 规定，有关保温、隔热工程量计算，说法正确的是（　　　）。

　　A. 与天棚相连的梁的保温工程量并入天棚工程量

　　B. 与墙相连的柱的保温工程量按柱工程量计算

　　C. 门窗洞口侧壁的保温工程量不计

　　D. 梁保温工程量按设计图示尺寸以梁的中心线长度计算

3. 块料防腐面层以平面砌为准，砌立面者套平面砌相应子目，人工费乘以系数（　　　），其他不变。

　　A. 1. 1　　　　　　　B. 1. 2　　　　　　　C. 1. 38　　　　　　　D. 1. 56

4. 块料防腐面层以平面砌为准，砌立面者套平面砌相应子目，踢脚板人工费乘以系数（　　　），其他不变。

　　A. 1. 1　　　　　　　B. 1. 2　　　　　　　C. 1. 38　　　　　　　D. 1. 56

二、多项选择题

《广东省房屋建筑与装饰工程综合定额（2018）》规定，保温、隔热、防腐工程，块料隔热层工程量（　　　）的面积。

　　A. 扣除附墙烟囱　　　　　　　　　B. 扣除竖风道

　　C. 不扣除风帽底座　　　　　　　　D. 不扣除屋顶小气窗

　　E. 不扣除水斗和斜沟

学习情境 4　装饰工程计量计价

本学习情境主要围绕国标清单和综合定额，讲解了 4 个分部分项工程的清单及定额工程量计算、对应案例的计价分析与计算并同步填写综合单价分析表及清单计价表。在基本知识学习的基础上，利用图纸进行综合训练，分组完成图纸上装饰工程中各分部分项工程的计量与计价工作，锻炼学生的动手、实践、协同工作和职业能力，同步进行素质训练。

思维导图

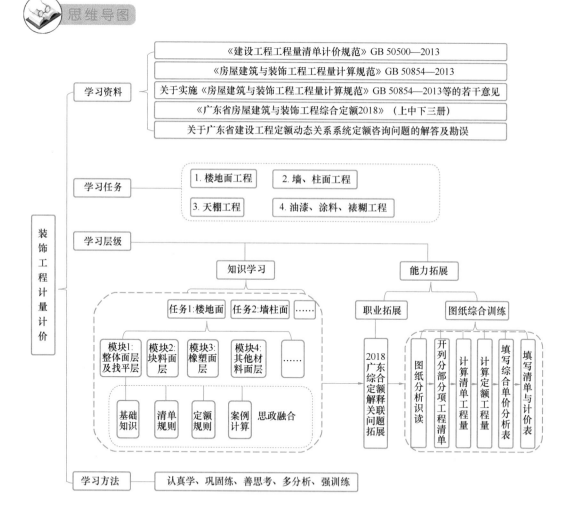

任务 4.1 楼地面工程计量计价

知识要点

1. 熟悉国标清单中楼地面工程量清单的构成和编制；

2. 掌握楼地面清单、定额工程量的计算规则；

3. 能根据实际项目，进行楼地面工程清单开项，及清单、定额工程量的计算；

4. 熟悉定额总说明和楼地面工程章说明中关于计价的规定；

5. 进行楼地面清单项目定额组价时，能正确分析清单项目名称的工作内容与定额子目的对应关系，并选择出需要进行组价的定额；

6. 能够正确填写并计算楼地面工程的综合单价分析表及清单与计价表。

4.1.1 楼地面工程计量计价前导知识

1. 楼地面结构层的划分

楼地面工程是底层地面和楼层地面的总和。地面是房屋建筑底层地坪的总称；楼层即楼房中的中间层。楼地面直接供人使用，因此必须具备坚固耐磨、防潮、隔热、平整、光洁等特点。底层地面必须做在坚固的土层或垫层（指承受地面或基础的荷重，并均匀地传递给下面土层的一种应力分布扩散层称为垫层）上。

因此，地面构造一般为面层、结合层、找平层和垫层（素土夯实），如图 4-1-1（a）所示；楼面构造一般为面层、结合层、找平层和楼板。当楼地面的基本构造不能满足使用或构造要求时，可增设隔离层、填充层、防潮层、保温层等其他构造层，如图 4-1-1（b）所示。

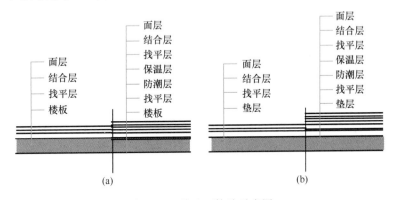

图 4-1-1 楼地面构造示意图

（a）楼面构造；（b）地面构造

某地面构造做法如图 4-1-2 所示。

2. 整体面层和块料面层

整体面层适用楼面、地面所做的整体面层工程，包含水泥砂浆整体面层（图 4-1-3）、水磨石整体面层（图 4-1-4）等（注：平面砂浆找平层项目适用于仅做找平层的平面抹灰）。

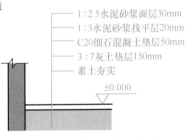

图 4-1-2 某地面构造做法

块料面层指用块状的面层装饰材料铺筑的面层，包括石材楼地面（图 4-1-5）、块料楼地面(图 4-1-6）等。

石材楼地面：主要是大理石、花岗岩。

块料楼地面：除大理石、花岗岩外，如瓷砖、玻化砖、抛光砖、阶砖、马赛克等。

图 4-1-3　水泥砂浆整体面层

图 4-1-4　水磨石整体面层

图 4-1-5　石材楼地面

图 4-1-6　块料楼地面

3. 楼地面装饰工程定额项目分类（表 4-1-1）

楼地面装饰工程定额项目分类　　　　　　　　　　表 4-1-1

构造层	定额分类	包含内容
找平层	找平层	水泥砂浆找平层、沥青砂浆找平层、细石混凝土找平层等
面层	整体面层	水泥砂浆整体面层、水磨石整体面层、水泥砂浆整体面层、楼地面斩假石、自流平地面等
	块料面层	大理石、花岗岩、预制水磨石块、水泥花阶砖、陶瓷地砖、玻璃块料、缸砖、马赛克（陶瓷锦砖）、拼碎块料、广场砖、仿石砖等
	橡塑料面层	橡胶板面层、塑料板面层、聚氨酯弹性安全面砖、球场面层、人工草坪等
	其他材料面层	地毯、木地板等
	踢脚线及其他	踢脚线、防静电活动地板、金属复合地板、分隔嵌条等
	其他	防滑条、酸洗打蜡等

4.1.2　整体面层及找平层工程计量

整体面层及找平层清单及定额规则见表 4-1-2。

整体面层及找平层工程量计算规则 表 4-1-2

	项目编码	项目名称	项目特征	计量单位	工程量计算规则	工作内容
国标清单	011101001	水泥砂浆楼地面	1. 找平层厚度、砂浆配合比 2. 素水泥浆遍数 3. 面层厚度、砂浆配合比 4. 面层做法要求	m²	按设计图示尺寸以面积计算。扣除凸出地面构筑物、设备基础、室内铁道、地沟等所占面积，不扣除间壁墙及＜0.3m²柱、垛、附墙烟囱及孔洞所占面积。门洞、空圈、暖气包槽、壁龛的开口部分不增加面积	1. 基层清理 2. 抹找平层 3. 抹面层 4. 材料运输
	011101002	现浇水磨石楼地面	1. 找平层厚度、砂浆配合比 2. 面层厚度、水泥石子浆配合比 3. 嵌条材料种类、规格 4. 石子种类、规格、颜色 5. 颜料种类、颜色 6. 图案要求 7. 磨光、酸洗、打蜡要求	m²		1. 基层清理 2. 抹找平层 3. 面层铺设 4. 嵌缝条安装 5. 磨光、酸洗打蜡 6. 材料运输
	011101003	细石混凝土楼地面	1. 找平层厚度、砂浆配合比 2. 面层厚度、混凝土强度等级	m²		1. 基层清理 2. 抹找平层 3. 面层铺设 4. 材料运输
	011101004	菱苦土楼地面	1. 找平层厚度、砂浆配合比 2. 面层厚度 3. 打蜡要求	m²		1. 基层清理 2. 抹找平层 3. 面层铺设 4. 打蜡 5. 材料运输
	011101005	自流坪楼地面	1. 找平层砂浆配合比、厚度 2. 界面剂材料种类 3. 中层漆材料种类、厚度 4. 面漆材料种类、厚度 5. 面层材料种类	m²		1. 基层处理 2. 抹找平层 3. 涂界面剂 4. 涂刷中层漆 5. 打磨、吸尘 6. 镘自流平面漆（浆） 7. 拌合自流平浆料 8. 铺面层
	011101006	平面砂浆找平层	找平层厚度、砂浆配合比	m²	按设计图示尺寸以面积计算	1. 基层清理 2. 抹找平层 3. 材料运输
	说明：（1）平面砂浆找平层只适用于仅做找平层的平面抹灰。 （2）间壁墙指墙厚≤120mm的墙。 （3）楼地面混凝土垫层另按附录E.1垫层项目编码列项，其他材料垫层按本规范表 D.4 垫层项目编码列项						
综合定额	（1）间壁墙是指一般墙体较薄，多采用轻质材料且在地面面层做好后再进行施工的墙体。 （2）整体面层及找平层的计算规则同清单。 （3）水磨石嵌铜条、防滑条，按设计图示尺寸以"m"计算						

【**例 4-1-1**】某建筑物平面尺寸如图 4-1-7 所示。地面做法：C20 细石混凝土找平层 60mm 厚，1：1.5 白水泥色石子水磨石面层 15mm，无嵌条。根据背景资料及现行清单和定额计算规范，试列出该工程地面部分分部分项工程量清单并计算出对应的定额工程量。

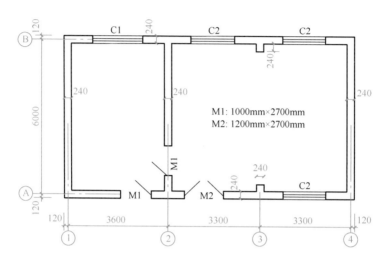

图 4-1-7　水磨石地面装饰平面示意图

【**解**】清单工程量计算表见表 4-1-3；分部分项工程量清单见表 4-1-4。

清单工程量计算表　　　　　　　　　　　　　　　　　　表 4-1-3

序号	项目编码	项目名称	计算式	工程量	单位
1	011101002001	现浇水磨石地面	(6−0.12×2)×(3.6+3.3×2−0.24×2)	55.99	m²

分部分项工程量清单　　　　　　　　　　　　　　　　表 4-1-4

序号	项目编码	项目名称	项目特征	计量单位	工程量
1	011101002001	现浇水磨石地面	1. 找平层材料种类：C20 细石混凝土 60mm 厚 2. 面层：1：1.5 白水泥色石子水磨石 15mm 厚 3. 嵌条安装：无	m²	55.99

本题中，细石混凝土找平层和水磨石面层的定额工程量同清单工程量。

4.1.3 块料楼地面工程计量

块料楼地面工程清单及定额规则见表 4-1-5。

【**例 4-1-2**】某建筑物平面尺寸如图 4-1-7 所示。楼面做法：30mm 厚 M15 湿拌砂浆，M20 湿拌砂浆铺 800mm×800mm 大理石，要求酸洗打蜡磨光。根据背景资料及现行清单和定额计算规范，试列出该工程楼面部分分部分项工程量清单并计算出对应的定额工程量。

【**解**】清单工程量计算表见表 4-1-6；分部分项工程量清单见表 4-1-7；定额工程量计算表见表 4-1-8。

块料楼地面工程量计算规则　　　　　表 4-1-5

	项目编码	项目名称	项目特征	计量单位	工程量计算规则	工作内容
国标清单	011102001	石材楼地面	1. 找平层厚度、砂浆配合比 2. 结合层厚度、砂浆配合比 3. 面层材料品种、规格、颜色 4. 嵌缝材料种类 5. 防护层材料种类 6. 酸洗、打蜡要求	m²	按设计图示尺寸以面积计算。门洞、空圈、暖气包槽、壁龛的开口部分并入相应的工程量内	1. 基层清理 2. 抹找平层 3. 面层铺设、磨边 4. 嵌缝 5. 刷防护材料 6. 酸洗、打蜡 7. 材料运输
	011102002	碎石材楼地面				
	011102003	块料楼地面				
	说明：（1）在描述碎石材项目的面层材料特征时可不用描述规格、颜色。 （2）石材、块料与粘结材料的结合面刷防渗材料的种类在防护层材料种类中描述。 （3）本表工作内容中的磨边指施工现场磨边，后面章节工作内容中涉及的磨边含义同					
综合定额	按设计图示尺寸以"m²"计算。扣除凸出地面构筑物、设备基础、室内管道、地沟等所占面积，不需扣除间壁墙、点缀和 0.3m² 以内的柱、垛、附墙烟囱及孔洞所占面积，门洞、空圈、暖气包槽、壁龛的开口部分另计面积。 石材刷养护液、保护液，按对应石材面层的工程量计算。 块料楼地面做酸洗打蜡者，按楼地面、楼梯、台阶对应块料面层的工程量计算					

清单工程量计算表　　　　　表 4-1-6

序号	项目编码	项目名称	计算式	工程量	单位
1	011102001001	石材楼面	$(6-0.12\times2)\times(3.6+3.3\times2-0.24\times2)+1\times0.24+1.2\times0.12\times2-0.24\times0.24\times2$	56.4	m²

分部分项工程量清单　　　　　表 4-1-7

序号	项目编码	项目名称	项目特征	计量单位	工程量
1	011102001001	石材楼面	1. 找平层材料种类：30mm 厚 M15 湿拌砂浆 2. 结合层厚度、砂浆配合比：M20 湿拌砂浆 3. 面层材料品种、规格、颜色：800mm×800mm 大理石 4. 酸洗、打蜡要求：要求酸洗打蜡磨光 5. 石材表面刷保护液	m²	56.4

定额工程量计算表　　　　　表 4-1-8

序号	项目名称	定额工程量计算式	工程量	单位
1	水泥砂浆找平层	$(6-0.12\times2)\times(3.6+3.3\times2-0.24\times2)$	55.99	m²
2	大理石面层（包含酸洗打蜡）	$(6-0.12\times2)\times(3.6+3.3\times2-0.24\times2)+1\times0.24+1.2\times0.12\times2$	56.52	m²

4.1.4　橡塑面层计量

橡塑面层清单及定额计量规则见表 4-1-9。

橡塑面层工程量计算规则 表 4-1-9

	项目编码	项目名称	项目特征	计量单位	工程量计算规则	工作内容
国标清单	011103001	橡胶板楼地面	1. 粘结层厚度、材料种类 2. 面层材料品种、规格、颜色 3. 压线条种类	m²	按设计图示尺寸以面积计算。门洞、空圈、暖气包槽、壁龛的开口部分并入相应的工程量内	1. 基层清理 2. 面层铺贴 3. 压缝条装钉 4. 材料运输
	011103002	橡胶板卷材楼地面				
	011103003	塑料板楼地面				
	011103004	塑料卷材楼地面				
	说明：本表项目中如涉及找平层，另按本附录表 L.1 找平层项目编码列项					
综合定额	橡胶面层、塑料面层、地毯面层、木地板、防静电活动地板、金属复合地板面层，按设计图示尺寸以"m²"计算。门洞、空圈、暖气包槽、壁龛的开口部分并入相应的工程量内。 拼花、嵌边（波打线），按相应材质的楼地面面层工程量计算规则计算。 点缀以"个"计算，计算主体铺贴地面面积时，不扣除点缀所占面积					

4.1.5 其他材料面层计量

其他材料面层清单及定额计量规则见表 4-1-10。

其他材料面层工程量计算规则 表 4-1-10

	项目编码	项目名称	项目特征	计量单位	工程量计算规则	工作内容
国标清单	011104001	地毯楼地面	1. 面层材料品种、规格、颜色 2. 防护材料种类 3. 粘结材料种类 4. 压线条种类	m²	按设计图示尺寸以面积计算。门洞、空圈、暖气包槽、壁龛的开口部分并入相应的工程量内	1. 基层清理 2. 铺贴面层 3. 刷防护材料 4. 装钉压条 5. 材料运输
	011104002	竹、木（复合）地板	1. 龙骨材料种类、规格、铺设间距 2. 基层材料种类、规格 3. 面层材料品种、规格、颜色 4. 防护材料种类			1. 基层清理 2. 龙骨铺设 3. 基层铺设 4. 面层铺贴 5. 刷防护材料 6. 材料运输
	011104003	金属复合地板				
	011104004	防静电活动地板	1. 支架高度、材料种类 2. 面层材料品种、规格、颜色 3. 防护材料种类			1. 基层清理 2. 固定支架安装 3. 活动面层安装 4. 刷防护材料 5. 材料运输
综合定额	橡胶面层、塑料面层、地毯面层、木地板、防静电活动地板、金属复合地板面层，按设计图示尺寸以"m²"计算。门洞、空圈、暖气包槽、壁龛的开口部分并入相应的工程量内					

【例 4-1-3】某建筑物平面尺寸如图 4-1-8 所示。楼面做法为：①楼面铺 9mm 厚胶合板基层；②3~5mm 厚泡沫塑料衬垫；③12mm 厚实木复合地板，企口（左侧外墙出入口的门尺寸为 900mm×2000mm）。根据背景资料及现行清单和定额计算规范，试列出该工程楼面部分分部分项工程量清单并计算出对应的定额工程量。

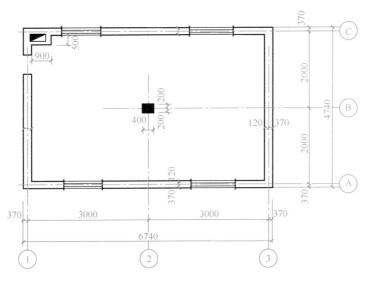

图 4-1-8 胶合板楼面装饰平面示意图

【解】清单工程量计算表见表 4-1-11；分部分项工程量清单见表 4-1-12。

清单工程量计算表 表 4-1-11

序号	项目编码	项目名称	计算式	工程量	单位
1	011104002001	实木地板	$(6-0.24)\times(4-0.24)-0.5\times0.9-0.4\times0.4+0.49\times0.9\times0.5$	21.27	m²

分部分项工程量清单 表 4-1-12

序号	项目编码	项目名称	项目特征	计量单位	工程量
1	011104002001	实木地板	1. 基层材料种类，规格：9mm 厚胶合板 2. 面层材料品种、规格、颜色：12mm 厚实木复合地板，企口，用 3~5mm 厚泡沫塑料衬垫	m²	21.27

本题中，胶合板基层和实木地板面层的定额工程量同清单工程量。

4.1.6 踢脚线计量

1. 清单及定额规则（表 4-1-13）

2. 踢脚线工程量计算

踢脚线按面积或者长度计算时，需要特别考虑门框处的工程量：

（1）与是否安装门套有关（图 4-1-9）；

（2）与门框的安装位置有关和门框的厚度有关（图 4-1-10）。

踢脚线工程量计算规则   表 4-1-13

	项目编码	项目名称	项目特征	计量单位	工程量计算规则	工作内容
国标清单	011105001	水泥砂浆踢脚线	1. 踢脚线高度 2. 底层厚度、砂浆配合比 3. 面层厚度、砂浆配合比	1. m² 2. m	1. 以平方米计量，按设计图示长度乘高度以面积计算 2. 以米计量，按延长米计算	1. 基层清理 2. 底层和面层抹灰 3. 材料运输
	011105002	石材踢脚线	1. 踢脚线高度 2. 粘贴层厚度、材料种类 3. 面层材料品种、规格、颜色 4. 防护材料种类			1. 基层清理 2. 底层抹灰 3. 面层铺贴、磨边 4. 擦缝 5. 磨光、酸洗、打蜡 6. 刷防护材料 7. 材料运输
	011105003	块料踢脚线				
	011105004	塑料板踢脚线	1. 踢脚线高度 2. 粘结层厚度、材料种类 3. 面层材料种类、规格、颜色			1. 基层清理 2. 基层铺贴 3. 面层铺贴 4. 材料运输
	011105005	木质踢脚线	1. 踢脚线高度 2. 基层材料种类、规格 3. 面层材料品种、规格、颜色			
	011105006	金属踢脚线				
	011105007	防静电踢脚线				
	说明：石材、块料与粘结材料的结合面刷防渗材料的种类在防护材料种类中描述					
综合定额	踢脚线，按设计图示长度乘以高度以"m²"计算。 石材刷养护液、保护液，按对应石材面层的工程量计算					

图 4-1-9 门窗套影响踢脚线

图 4-1-10 门框安装影响踢脚线

【例 4-1-4】 某建筑物平面尺寸如图 4-1-8（木地板）所示。踢脚线做法为：M20 砂浆贴釉面砖踢脚线，高 200mm（左侧外墙出入口的门尺寸为 900mm×2000mm，门框宽 80mm 并位于墙中）。根据背景资料及现行清单和定额计算规范，试列出该工程踢脚线部分分部分项工程量清单并计算出对应的定额工程量。

【解】 在计算踢脚线工程量时，国标清单可以"面积"或者"长度"来计量，广东省定额计算规则则以"面积"计量，根据粤建造发〔2013〕4 号文：规范附录中"有两个或两个以上计量单位的，应选择适用于我省现行计价依据的其中一个计量单位"。所以，清单选择以"面积"来计量。

案例清单工程量计算表见表 4-1-14；分部分项工程量清单见表 4-1-15。

清单工程量计算表　　　　　　　　　　　　　　表 4-1-14

序号	项目编码	项目名称	计算式	工程量	单位
1	011105003001	块料踢脚线	$[(6-0.24)\times2+(4-0.24)\times2-0.9+(0.49-0.08)/2\times2+0.4\times4]\times0.2$	3.742	m²

分部分项工程量清单　　　　　　　　　　　　　表 4-1-15

序号	项目编码	项目名称	项目特征	计量单位	工程量
1	011105003001	块料踢脚线	1. 踢脚线高度：200mm 2. 粘结层厚度、砂浆配合比：M20 湿拌砂浆 3. 面层材料品种、规格、颜色：釉面砖踢脚线	m²	3.742

本例题中，踢脚线的定额工程量同清单工程量。

4.1.7　楼梯面层计量

楼梯面层清单及定额工程量计算规则见表 4-1-16。

楼梯面层工程量计算规则　　　　　　　　　　　表 4-1-16

	项目编码	项目名称	项目特征	计量单位	工程量计算规则	工作内容
国标清单	011106001	石材楼梯面层	1. 找平层厚度、砂浆配合比 2. 粘结层厚度、材料种类 3. 面层材料品种、规格、颜色 4. 防滑条材料种类、规格 5. 勾缝材料种类 6. 防护材料种类 7. 酸洗、打蜡要求	m²	按设计图示尺寸以楼梯（包括踏步、休息平台及 ≤500mm 的楼梯井）水平投影面积计算。楼梯与楼地面相连时，算至梯口梁内侧边沿；无梯口梁者，算至最上一层踏步边沿加 300mm	1. 基层清理 2. 抹找平层 3. 面层铺贴、磨边 4. 贴嵌防滑条 5. 勾缝 6. 刷防护材料 7. 酸洗、打蜡 8. 材料运输
	011106002	块料楼梯面层				
	011106003~011106009	其他楼梯面层				

	项目编码	项目名称	项目特征	计量单位	工程量计算规则	工作内容
国标清单	011106004	水泥砂浆楼梯面层	1. 找平层厚度、砂浆配合比 2. 面层厚度、砂浆配合比 3. 防滑条材料种类、规格	m²	—	1. 基层清理 2. 抹找平层 3. 抹面层 4. 抹防滑条 5. 材料运输
	011106005	现浇水磨石楼梯面层	1. 找平层厚度、砂浆配合比 2. 面层厚度、水泥石子浆配合比 3. 防滑条材料种类、规格 4. 石子种类、规格、颜色 5. 颜料种类、颜色 6. 磨光、酸洗打蜡要求			1. 基层清理 2. 抹找平层 3. 抹面层 4. 贴嵌防滑条 5. 磨光、酸洗、打蜡 6. 材料运输
	011106006	地毯楼梯面层	1. 基层种类 2. 面层材料品种、规格、颜色 3. 防护材料种类 4. 粘结材料种类 5. 固定配件材料种类、规格			1. 基层清理 2. 铺贴面层 3. 固定配件安装 4. 刷防护材料 5. 材料运输
	011106007	木板楼梯面层	1. 基层材料种类、规格 2. 面层材料品种、规格、颜色 3. 粘结材料种类 4. 防护材料种类			1. 基层清理 2. 基层铺贴 3. 面层铺贴 4. 刷防护材料 5. 材料运输
	011106008	橡胶板楼梯面层	1. 粘结层厚度、材料种类 2. 面层材料品种、规格、颜色 3. 压线条种类			1. 基层清理 2. 面层铺贴 3. 压缝条装钉 4. 材料运输
	011106009	塑料板楼梯面层				
	说明：(1) 在描述碎石材项目的面层材料特征时可不用描述规格、颜色。 (2) 石材、块料与粘结材料的结合面刷防渗材料的种类在防护材料种类中描述					
综合定额	楼梯面层，按设计图示楼梯（包括踏步、休息平台及 500mm 以内的楼梯井）水平投影面积，以"m²"计算。楼梯与楼地面相连时，算至梯口梁内侧边沿；无梯口梁者，算至最上一层踏步边沿加 300mm。 楼梯踏步地毯配件，按配件设计图示数量以"m"或"套"计算。 楼梯及台阶面层防滑条，按设计图示尺寸以"m"计算。设计未注明长度时，防滑条按踏步两端距离各减150mm 计算。 块料楼地面做酸洗打蜡者，按楼地面、楼梯、台阶对应块料面层的工程量计算。 石材刷养护液、保护液，按对应石材面层的工程量计算					

【例 4-1-5】某建筑物楼梯平面图如图 4-1-11 所示。楼梯地面贴大理石面层，工程做法为：30mm 厚大理石（600mm×600mm）铺面；撒素水泥面（洒适量水）；30mm 厚 M15

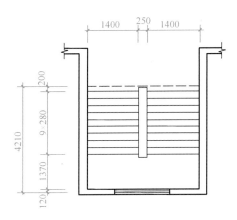

图 4-1-11　楼梯大理石装饰平面图

湿拌砂浆结合层；刷素水泥浆一道，楼梯踏步做金属防滑条一道，大理石底面和顶面刷保护液。根据背景资料及现行清单和定额计算规范，试列出该工程楼梯面层部分工程量清单并计算出对应的定额工程量。

【解】案例工程清单工程量计算表见表 4-1-17；分部分项工程量清单见表 4-1-18；定额工程量计算表见表 4-1-19。

清单工程量计算表　　　　　　　　　　　　　　表 4-1-17

序号	项目编码	项目名称	计算式	工程量	单位
1	011106001001	石材楼梯面层	$(1.4 \times 2 + 0.25) \times (0.2 + 9 \times 0.28 + 1.37)$	12.47	m²

分部分项工程量清单　　　　　　　　　　　　　表 4-1-18

序号	项目编码	项目名称	项目特征	计量单位	工程量
1	011106001001	石材楼梯面层	1. 粘结层厚度、材料种类：30mm 厚 M15 湿拌砂浆，刷素水泥浆一道 2. 面层材料品种、规格、颜色：30mm 厚大理石（600mm×600mm）铺面 3. 防滑条材料种类、规格：踏步做金属防滑条一道 4. 大理石底面和顶面刷保护液	m²	12.47

定额工程量计算表　　　　　　　　　　　　　　表 4-1-19

序号	项目名称	定额工程量计算式	工程量	单位
1	防滑条	$(1.4 - 0.015 \times 2) \times 20$	27.4	m
2	大理石面层	$(1.4 \times 2 + 0.25) \times (0.2 + 9 \times 0.28 + 1.37)$	12.47	m²
3	刷保护液	$(1.4 \times 2 + 0.25) \times (0.2 + 9 \times 0.28 + 1.37)$	12.47	m²

4.1.8 台阶面层计量

台阶面层清单及定额工程量计算规则见表 4-1-20。

台阶面层工程量计算规则 表 4-1-20

	项目编码	项目名称	项目特征	计量单位	工程量计算规则	工作内容
国标清单	011107001	石材台阶面	1. 找平层厚度、砂浆配合比 2. 粘结材料种类 3. 面层材料品种、规格、颜色 4. 勾缝材料种类 5. 防滑条材料种类、规格 6. 防护材料种类	m²	按设计图示尺寸以台阶(包括最上层踏步边沿加300mm)水平投影面积计算	1. 基层清理 2. 抹找平层 3. 面层铺贴 4. 贴嵌防滑条 5. 勾缝 6. 刷防护材料 7. 材料运输
	011107002	块料台阶面				
	011107003	拼碎块料台阶面				
	011107004	水泥砂浆台阶面	1. 找平层厚度、砂浆配合比 2. 面层厚度、砂浆配合比 3. 防滑条材料种类			1. 基层清理 2. 抹找平层 3. 抹面层 4. 抹防滑条 5. 材料运输
	011107005	现浇水磨石台阶面	1. 找平层厚度、砂浆配合比 2. 面层厚度、水泥石子浆配合比 3. 防滑条材料种类、规格 4. 石子种类、规格、颜色 5. 颜料种类、颜色 6. 磨光、酸洗、打蜡要求			1. 清理基层 2. 抹找平层 3. 抹面层 4. 贴嵌防滑条 5. 打磨、酸洗、打蜡 6. 材料运输
	011107006	剁假石台阶面	1. 找平层厚度、砂浆配合比 2. 面层厚度、砂浆配合比 3. 剁假石要求			1. 清理基层 2. 抹找平层 3. 抹面层 4. 剁假石 5. 材料运输
	说明:(1)在描述碎石材项目的面层材料特征时可不用描述规格、颜色。 (2)石材、块料与粘结材料的结合面刷防渗材料的种类在防护材料种类中描述					
综合定额	台阶面层,按设计图示尺寸以台阶(包括最上层踏步边沿加300mm)水平投影面积,以"m²"计算。 楼梯及台阶面层防滑条,按设计图示尺寸以"m"计算。设计未注明长度时,防滑条按踏步两端距离各减150mm计算。 块料楼地面做酸洗打蜡者,按楼地面、楼梯、台阶对应块料面层的工程量计算。 石材刷养护液、保护液,按对应石材面层的工程量计算					

【例 4-1-6】某学院办公楼入口台阶如图 4-1-12 所示,用 M20 湿拌砂浆铺贴花岗石 30mm 厚,石材底面和顶面刷保护液。根据背景资料及现行国标清单,试列出该台阶地面工程量清单。

【解】案例清单工程量计算表见表 4-1-21;分部分项工程量清单见表 4-1-22。

清单工程量计算表　　　　　　　　　表 4-1-21

序号	项目编码	项目名称	计算式	工程量	单位
1	011107001001	石材台阶面	$4.5×(0.3×6+0.3)$	9.45	m²

分部分项工程量清单　　　表 4-1-22

序号	项目编码	项目名称	项目特征	计量单位	工程量
1	011107001001	石材台阶面	1. 粘结材料种类：M20 湿拌砂浆 2. 面层材料品种、规格、颜色：花岗岩石板 30mm 厚 3. 石材底面和顶面刷保护液	m²	9.45

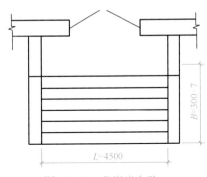

图 4-1-12　花岗岩台阶

本例题中，台阶面的定额工程量同清单工程量。

4.1.9　零星装饰项目计量

零星装饰项目清单及定额工程量计算规则见表 4-1-23。

零星装饰工程量计算规则　　　　　　　　　表 4-1-23

	项目编码	项目名称	项目特征	计量单位	工程量计算规则	工作内容
国标清单	011108001	石材零星项目	1. 工程部位 2. 找平层厚度、砂浆配合比 3. 贴结合层厚度、材料种类 4. 面层材料品种、规格、颜色 5. 勾缝材料种类 6. 防护材料种类 7. 酸洗、打蜡要求	m²	按设计图示尺寸以面积计算	1. 清理基层 2. 抹找平层 3. 面层铺贴、磨边 4. 勾缝 5. 刷防护材料 6. 酸洗、打蜡 7. 材料运输
	011108002	拼碎石材零星项目				
	011108003	块料零星项目				
	011108004	水泥砂浆零星项目	1. 工程部位 2. 找平层厚度、砂浆配合比 3. 面层厚度、砂浆厚度			1. 清理基层 2. 抹找平层 3. 抹面层 4. 材料运输
	说明：（1）楼梯、台阶牵边和侧面镶贴块料面层，不大于 0.5m² 的少量分散的楼地面镶贴块料面层，应按本表执行。 （2）石材、块料与粘结材料的结合面刷防渗材料的种类在防护材料种类中描述					
综合定额	零星装饰，按设计图示尺寸以"m²"计算。梯级拦水线，按设计图示水平投影面积以"m²"计算					

4.1.10　楼地面工程清单与定额计量规则主要不同之处对比

楼地面工程清单与定额计量规则对比见表 4-1-24。

楼地面工程清单与定额规则区别 表 4-1-24

项目名称	清单	定额
间壁墙	间壁墙规范指墙厚≤120mm 墙	间壁墙是指一般墙体较薄，多采用轻质材料且在地面面层做好后再进行施工的墙体
块料面层	按设计图示尺寸以面积计算，门洞、空圈、暖气包槽、壁龛开口的部分并入相应的工程量内	按设计图示尺寸以"m²"计算。扣除凸出地面构筑物、设备基础、室内管道、地沟等所占面积，不需扣除间壁墙、点缀和 0.3m² 以内的柱、垛、附墙烟囱及孔洞所占面积，门洞、空圈、暖气包槽、壁龛的开口部分别计面积
踢脚线	按照"面积"或者"长度"计量	按照"面积"计量
阳台、雨篷抹灰		阳台、雨篷的面层抹灰，并入相应的楼地面抹灰项目计算。雨篷顶面带反檐或反梁者，其工程量乘以系数 1.20
散水、防滑坡道		散水、防滑坡道按设计图示尺寸以"m²"计算

4.1.11 楼地面工程计价

1. 定额计价章说明

（1）定额中所注明的砂浆、水泥石子浆等种类、配合比、饰面材料的型号规格与设计规定不同时，可按设计规定换算，但人工费不变。

（2）凡需使用各种砂浆的定额子目，均包括扫水泥浆。

（3）楼地面块料面层包含 20mm 厚结合层水泥砂浆，不包括找平层砂浆，结合层实际厚度不同时可按 A1-12-3 子目增减。

（4）弧形、螺旋形的装饰贴面层按成品考虑。

（5）细石混凝土找平层子目，平均厚度≤60mm 按找平层子目执行，平均厚度＞60mm 按混凝土垫层子目执行（粤标定函〔2020〕227 号文件勘误）。

（6）定额子目含不同砂浆时，分别列出厚度，如 12mm＋8mm，表示底、面层砂浆厚度分别为 12mm 和 8mm。如设计抹灰厚度与定额不同时，除定额有注明厚度的子目可以换算外，其他不作调整。

（7）定额楼地面块料铺贴按正铺考虑，如设计斜铺者，人工费乘以系数 1.10，块料消耗量乘以系数 1.03。

（8）踢脚线有关说明

1）木地板踢脚线定额子目适用高度 200mm 以内，其余踢脚线定额子目适用高度 300mm 以内。超过上述高度时，套用"墙、柱面装饰与隔断、幕墙工程"相应子目。

2）踢脚线底层抹灰，按墙面底层抹灰子目执行。

3）楼梯踢脚线块料面层，套踢脚线相应子目，其中人工费乘以系数 1.15、材料消耗量乘以系数 1.15，其他不变。

4）弧形踢脚线，按踢脚线相应定额子目，人工费乘以系数 1.10，其他不变。

（9）楼梯及台阶

1）定额楼梯及台阶子目均未包括防滑条。

2）弧形、螺旋形楼梯贴面，套楼梯相应定额子目，人工费乘以系数 1.10，其他不变。

3）弧形台阶贴面，套台阶相应定额子目，人工费乘以系数 1.10，其他不变。

4）楼梯、台阶的大理石、花岗石刷养护液、保护液时，按相应定额子目乘以下系数：楼梯 1.36，台阶 1.48。

（10）阶梯教室、体育看台的装饰，梯级平面部分套相应楼地面定额子目的，人工费乘以系数 1.05，其他不变；立面部分按高度划分：高度 200mm 以内的木地板套踢脚线子目，其余 300mm 以内的套相应踢脚线子目。超出前面高度要求的套相应墙面子目。

（11）大理石、花岗石刷养护液、表面刷保护液，按实际发生套相应子目。

（12）零星装饰适用于楼梯、台阶侧面装饰以及 0.5m² 以内少量分散的楼地面装饰。镶拼面积小于 0.015m² 的石材执行点缀子目执行。

（13）水磨石

1）普通水磨石包括粗、中、幼金刚石共磨四次、过浆一次等工序。上等水磨石除包括普通水磨石所有工序外，还包括油石、滑石、锡锑箔磨和草酸各一次。

2）水磨石嵌铜条按本章相应子目计算，水磨石面层若采用白色水泥彩色石子时，其材料单价可以换算，但消耗量不变。

3）彩色水磨石面层如采用颜料，颜料用量按设计规定配比计算；设计未明确的，计算办法如下：普通水泥时，颜料用量按石子浆的水泥用量的 13% 计算；如用白水泥，颜料用量按石子浆的水泥用量的 8% 计算。

4）水磨石面层采用密蜡者，可扣除定额内的石蜡用量和松节油 11kg，换以密蜡 1kg。

（14）石材厚度定额按 30mm 内考虑，若超过 30mm，每超过 5mm，人工费乘以系数 1.10。

（15）其他说明

1）反檐只适用于高出板面 600mm 以内的装饰檐板，高度超过 600mm 的檐板作栏板计。

2）间壁墙是指一般墙体较薄，多采用轻质材料且在地面面层做好后再进行施工的墙体。

3）防静电活动地板为成品金属地板（含支架）；若支架为现场制作时，支架制作可套用小型轻钢构件；若静电地板为平铺时，可套用相应材料的木地板子目。

4）木地板如需油漆，按"油漆涂料裱糊工程"规定计算。

2. 楼地面工程计价案例

【例 4-1-7】根据【例 4-1-1】的已知条件及计算结果，项目采用商品混凝土和湿拌砂浆，不计价差。试计算楼地面工程各清单项目的分部分项综合单价，并填写清单计价表。

【解】（1）根据题目条件，细石混凝土层厚度为 60mm，定额计算规则规定"细石混凝土找平层子目，平均厚度≤60mm 按找平层子目执行"，所以此处套取"A1-12-9"子目再换算厚度后为"A1-12-9"＋"A1-12-10"×6，题目中水磨石无嵌条，且为 15mm 厚的 1：1.5 白水泥色石子水磨石面层，所以套取 A1-12-17 定额子目，并将原定额子目中的"水磨石子浆（配合比 1：2.5）"换为"白水泥石子浆（配合比 1：1.5）"。

（2）根据【例 4-1-7】中工程量计算结果，本题水磨石地面找平层和面层的清单工程量＝定额工程量，细石混凝土找平层定额编码 A1-12-9，数量＝55.99/55.99/100＝0.01；

C20 商品混凝土编码 8021903，数量＝6.12（定额 A1-12-9 的砂浆含量）×0.01＝0.0612；水磨石整体面层定额编码 A1-12-17，数量＝55.99/55.99/100＝0.01；湿拌砂浆编码 8005910，数量＝2.02（定额 A1-12-17 的砂浆含量）×0.01＝0.0202。

（3）"细石混凝土找平层"子目的单价部分为"A1-12-9"的定额单价再加上"A1-12-10"的定额单价的 6 倍。例如，人工费为 864.72＋149.97×6＝1764.54，其他费用同人工费。

（4）"楼地面普通水磨石整体面层"子目单价的材料费中，将水磨石子浆的单价替换成白水泥石子浆的单价 761.36 元/m³ 即可。

（5）其他数据参照土石方部分所描述的方法以及定额的数据填写并计算（表 4-1-25）。

分部分项工程和单价措施项目清单与计价表 表 4-1-25

工程名称：××装饰工程　　　　　　　　　标段：　　　　　　　　　第　页　共　页

序号	项目编码	项目名称	项目特征描述	计量单位	工程量	金额（元）		其中
						综合单价	综合合价	暂估价
1	011101002001	现浇水磨石地面	1. 找平层材料种类，C20 细石混凝土 60mm 厚 2. 面层，1∶1.5 白水泥彩色石子水磨石（20＋15）mm 厚 3. 嵌条安装：无	m²	55.99	157.98	8845.3	

【例 4-1-8】 根据【例 4-1-2】的已知条件及计算结果，项目采用湿拌砂浆，不计价差。试计算块料面层各清单项目的分部分项综合单价，并填写清单计价表。

【解】（1）根据题目条件，面层为大理石块料面层，套取"A1-12-39"子目，湿拌砂浆编码 8005911，30mm 厚的找平层，套取"A1-12-1"＋"A1-12-3"×2 子目，湿拌砂浆编码 8005910。

（2）"楼地面水泥砂浆找平层"子目的单价部分为"A1-12-1"的定额单价再加上"A1-12-3"的定额单价的 2 倍之和。

（3）其他数据参照土石方部分所描述的方法以及定额的数据填写并计算（表 4-1-26、表 4-1-27）。

综合单价分析表 表 4-1-26

工程名称：××装饰工程　　　　　　　　　标段：　　　　　　　　　第　页　共　页

项目编码	011102001001	项目名称	石材楼面	计量单位	m²	工程量	56.4

清单综合单价组成明细

定额编号	定额项目名称	定额单位	数量	单价				合价			
				人工费	材料费	机具费	管理费和利润	人工费	材料费	机具费	管理费和利润
A1-12-39	楼地面（每块周长 mm）3200 以内水泥砂浆	100m²	0.01	2899.96	24508.81		1094.15	29.06	245.61		10.96

续表

定额编号	定额项目名称	定额单位	数量	单价				合价			
				人工费	材料费	机具费	管理费和利润	人工费	材料费	机具费	管理费和利润
3005911	湿拌地面砂浆地面普通找平M20	m³	0.0202		312				6.32		
A1-12-1换	楼地面水泥砂浆找平层混凝土或硬基层上20mm实际厚度(mm)：30	100m²	0.0099	947.11	45.17		357.34	9.4	0.45		3.55
3005910	湿拌地面砂浆地面普通找平M15	m³	0.0302		306				9.23		
人工单价			小计					38.46	261.61		14.51
			未计价材料费								
			清单项目综合单价					314.58			

分部分项工程和单价措施项目清单与计价表

表 4-1-27

工程名称：××装饰工程　　　　　　　标段：　　　　　　　第 页 共 页

序号	项目编码	项目名称	项目特征描述	计量单位	工程量	金额（元）		
						综合单价	综合合价	其中 暂估价
A11	011102001001	石材楼面	1. 找平层材料种类，30mm厚M15湿拌砂浆 2. 结合层厚度、砂浆配合比：M20湿拌砂浆 3. 面层材料品种、规格、颜色：800mm×800mm大理石 4. 酸洗、打蜡要求；要求酸洗打蜡磨光 5. 石材表面刷保护液	m²	56.4	314.58	17742.31	

【例 4-1-9】根据【例 4-1-3】的已知条件及计算结果，不计价差。试计算块料面层各清单项目的分部分项综合单价，并填写清单计价表。

【解】（1）根据题目条件，基层为 9mm 厚胶合板，套取"A1-12-140"子目；面层信息"12mm 厚实木复合地板，企口，用 3～5mm 厚泡沫塑料衬垫"套取"A1-12-153"子目。

（2）其他数据参照土石方部分所描述的方法以及定额的数据填写并计算（表 4-1-28、表 4-1-29）。

综合单价分析表

表 4-1-28

工程名称：××装饰工程　　　　　　标段：　　　　　　　　　第 页 共 页

项目编码	011104002001		项目名称	实木地板		计量单位	m²	工程量	21.27

清单综合单价组成明细

定额编号	定额项目名称	定额单位	数量	单价				合价			
				人工费	材料费	机具费	管理费和利润	人工费	材料费	机具费	管理费和利润
A1-12-140	铺基层板胶合板	100m²	0.01	458.13	2536.69	8.45	176.04	4.58	25.37	0.08	1.76
A1-12-153	普通实木地板铺在基层板上（单层）企口	100m²	0.01	2675.73	8787.15	8.17	1012.64	26.76	87.87	0.08	10.13
人工单价		小计						31.34	113.24	0.16	11.89
		未计价材料费									
清单项目综合单价								156.63			

分部分项工程和单价措施项目清单与计价表

表 4-1-29

工程名称：××装饰工程　　　　　　标段：　　　　　　　　　第 页 共 页

序号	项目编码	项目名称	项目特征描述	计量单位	工程量	金额（元）		其中
						综合单价	综合合价	暂估价
1	011104002001	实木地板	1. 基层材料种类、规格：9mm 厚胶合板　2. 面层材料品种、规格、颜色：12mm 厚实木复合地板，企口，用 3～5mm 厚泡沫塑料衬垫	m²	21.27	156.63	3331.52	

【例 4-1-10】根据【例 4-1-4】的已知条件及计算结果，项目采用湿拌砂浆。不计价差，试计算踢脚线各清单项目的分部分项综合单价，并填写清单计价表。

【解】（1）根据题目条件"M20 砂浆贴釉面砖踢脚线"包含块料踢脚线面层和水泥砂浆粘结层，而定额子目"A1-12-79"的工作内容包含"清理基层、备料、砂浆运输、浸润块料、刷水泥浆、抹结合层、铺贴、擦缝、清理净面。"所以套取"A1-12-79"子目即可。湿拌砂浆编码 8005909。

（2）其他数据参照土石方部分所描述的方法以及定额的数据填写并计算（表 4-1-30、表 4-1-31）。

综合单价分析表　　　　　　　　　　表 4-1-30

工程名称：××装饰工程　　　　　　　标段：　　　　　　　第　页　共　页

项目编码	011105003001	项目名称	块料跟脚线	计量单位	m²	工程量	3.74

清单综合单价组成明细

定额编号	定额项目名称	定额单位	数量	单价				合价			
				人工费	材料费	机具费	管理费和利润	人工费	材料费	机具费	管理费和利润
A1-12-79	铺贴陶瓷地砖踢脚线水泥砂浆	100m²	0.01	5961.85	1842.4		2249.41	59.62	18.42		22.49
8005909	湿拌抹灰砂浆一次抹灰厚度≥5mm M20	m³	0.0101		312				3.15		
人工单价			小计					59.62	21.57		22.49
			未计价材料费								
清单项目综合单价								103.69			

分部分项工程和单价措施项目清单与计价表　　　　　表 4-1-31

工程名称：××装饰工程　　　　　　　标段：　　　　　　　第　页　共　页

序号	项目编码	项目名称	项目特征描述	计量单位	工程量	金额（元）		
						综合单价	综合合价	其中暂估价
1	011105003001	块料踢脚线	1. 踢脚线高度：200mm 2. 粘结层厚度、砂浆配合比：M20 湿拌砂浆 3. 面层材料品种、规格、颜色：轴面砖踢脚线	m²	3.74	103.69	387.8	

【例 4-1-11】根据【例 4-1-5】的已知条件及计算结果，项目采用湿拌砂浆，不计价差。试计算楼梯面层各清单项目的分部分项综合单价，并填写清单计价表。

【解】（1）根据题目条件，面层和结合层情况为"30 厚大理石（600mm×600mm）铺面；撒素水泥面（洒适量水）；30mm 厚 M15 砂浆结合层，刷素水泥浆一道"，块料面层中包含结合层和刷水泥浆，所以此处套取"A1-12-44"子目，结合层和水泥浆不另外套取子目；金属防滑条套取"A1-12-178"子目；大理石底面和顶面刷保护液套取"A1-12-51"子目和"A1-12-50"子目，但是根据定额说明"楼梯、台阶的大理石、花岗石刷养护液、保护液时，按相应定额子目乘以下系数：楼梯 1.36，台阶 1.48"，刷保护液的定额子目需乘以 1.36 的系数。

（2）大理石表面刷保护液"A1-12-51"子目的单价部分均在定额基价的基础上乘以 1.36 的系数。例如，人工费＝304.78×1.36＝370.14 元。底面刷保护液同。

（3）其他数据参照土石方部分所描述的方法以及定额的数据填写并计算（表 4-1-32、表 4-1-33）。

综合单价分析表 表 4-1-32

工程名称：教材装饰工程　　　　　　　　标段：　　　　　　　　　　第 页 共 页

项目编码	0111060001001	项目名称	石材楼梯面层	计量单位	m²	工程量	12.47

清单综合单价组成明细

定额编号	定额项目名称	定额单位	数量	单价				合价			
				人工费	材料费	机具费	管理费和利润	人工费	材料费	机具费	管理费和利润
A1-12-178	防滑条 金属条	100m	0.022	684.4	4374.96		258.22	15.04	96.13		5.67
A1-12-51×1.36	大理石表面刷保护液楼梯的大理石、花岗石刷养护液、保护液 单价×1.36	100m²	0.01	370.14	87.38		139.66	3.7	0.87		1.4
A1-12-50×1.36	大理石底面刷养护液（麻面）楼梯的大理石、花岗石刷养护液、保护液 单价×1.36	100m²	0.01	414.5	60.98		156.39	4.15	0.61		1.56
A1-12-44	楼梯 水泥砂浆	100m²	0.01	6485.95	34930.16		2447.15	64.86	349.3		24.47
8005910	湿拌地面砂浆 地面普通找平 M15	m³	0.0276		306				8.45		
人工单价		小计						87.75	455.36		33.1
		未计价材料费									
清单项目综合单价								576.21			

分部分项工程和单价措施项目清单与计价表 表 4-1-33

工程名称：教材装饰工程　　　　　　　　标段：　　　　　　　　　　第 页 共 页

序号	项目编码	项目名称	项目特征描述	计量单位	工程量	金额（元）		其中
						综合单价	综合合价	暂估价
1	011106001001	石材楼梯面层	1. 粘结层厚度、材料种类：30mm厚 M15湿拌砂浆，刷素水泥浆一道。 2. 面层材料品种、规格、颜色：30mm厚大理石（600mm×600mm）辅面 3. 防滑条材料种类、规格：踏步做金属防滑条一道 4. 大理石底面和顶面刷保护液	m²	12.47	576.21	7185.34	

【例 4-1-12】根据【例 4-1-6】的已知条件及计算结果，项目采用湿拌砂浆，不计价差。试计算台阶面各清单项目的分部分项综合单价，并填写清单计价表。

【解】（1）根据题目条件"M20 砂浆铺贴花岗石 30mm 厚"包含石材台阶面层和水泥砂浆粘结层，而定额子目"A1-12-58"的工作内容包含"清理基层、砂浆运输、刷水泥浆、抹结合层、铺贴、擦缝、打蜡、擦光。"所以套取"A1-12-58"子目即可。对应的湿拌砂浆 M20 编码为 8005909。

（2）其他数据参照土石方部分所描述的方法以及定额的数据填写并计算（表 4-1-34、表 4-1-35）。

综合单价分析表　　　　　　　　　　　　表 4-1-34

工程名称：教材装饰工程　　　　　　　　标段：　　　　　　　　第 页 共 页

项目编码	011107001001	项目名称	石材台阶面	计量单位	m²	工程量	9.45

清单综合单价组成明细									
定额编号	定额项目名称	定额单位	数量	单价				合价			
				人工费	材料费	机具费	管理费和利润	人工费	材料费	机具费	管理费和利润
A1-12-64×1.48	花岗岩表面刷保护液 单价×1.48	100m²	0.01	402.8	95.09		151.98	4.03	0.95		1.52
A1-12-63×1.48	花岗岩底面刷养护液 单价×1.48	100m²	0.01	451.07	37.27		170.18	4.51	0.37		1.70
A1-12-58	铺贴花岗岩台阶 水泥砂浆	100m²	0.01	5504.59	36248.17		2076.88	55.05	362.48		20.77
8005911	湿拌地面砂浆地面普通找平 M20	m³	0.0299		312				9.33		
人工单价		小计						63.59	373.13		23.99
		未计价材料费									
		清单项目综合单价						460.71			

分部分项工程和单价措施项目清单与计价表　　　　　　表 4-1-35

工程名称：教材装饰工程　　　　　　　　标段：　　　　　　　　第 页 共 页

序号	项目编码	项目名称	项目特征描述	计量单位	工程量	金额（元）		
						综合单价	综合合价	其中 暂估价
1	011107001001	石材台阶面	1. 粘结材料种类：M20 湿拌砂浆 2. 面层材料品种、规格、颜色：花岗岩石板 30mm 厚 3. 石材底面和顶面刷保护液	m²	9.45	460.71	4353.71	

3. 职业拓展——综合定额要点解析

排水沟内侧、外侧、底面需要抹灰时，排水沟抹灰是否可以套用零星抹灰项目？

答：排水沟内底宽 0.5m 以内的抹灰执行零星抹灰子目。

任务小结

本任务首先学习了楼地面工程的基础知识，然后分整体面层及找平层、块料面层、橡塑面层、其他材料面层、踢脚线、楼梯面层、台阶装饰、零星装饰等几个模块对工程计量的清单和定额规则进行学习，并辅以案例进行练习和巩固；在计量的基础上，进一步学习定额的计价说明、案例的综合单价分析和计算、分部分项工程清单与计价表的填写。最后为与职业接轨，将楼地面的定额解释进行了补充，以拓展学习者的职业视角。

通过本任务学习使学生能够识读楼地面装饰工程施工图纸，掌握楼地面装饰工程计量知识，具备编制楼地面装饰工程量清单以及计算相应清单和定额工程量的能力；掌握楼地面工程组价及综合单价的计算，具备编制楼地面装饰工程量清单计价表的能力。

 课后习题

一、单选题

1. 地面工程比楼面工程多（   ）。

A. 垫层   B. 找平层   C. 结合层   D. 基层

2. 台阶面层按水平投影面积计算，包括踏步及最上一层踏步沿加（   ）。

A. 200mm   B. 250mm   C. 300mm   D. 350mm

3. 根据《房屋建筑与装饰工程工程量计算规范》GB 50854—2013，零星装饰项目适用于面积在（   ）以内且定额未列项目的工程。

A. 1.2m²   B. 1.0m²   C. 1.1m²   D. 0.5m²

4. 下列各项中不属于楼地面整体面层材料的是（   ）。

A. 水泥砂浆面层   B. 混凝土面层   C. 水磨石面层   D. 大理石面层

5. 楼梯间面层工程量为（   ）。

A. 楼梯间面积×（层数−1）   B. 楼梯间净面积×（层数−1）

C. 楼梯间面积×层数   D. 楼梯间净面积×层数

6. 某楼面做法为：①20mm 水泥砂浆找平；②扫水泥浆；③水泥砂浆贴地砖。根据《广东省房屋建筑与装饰工程综合定额（2018）》在组价时，扫水泥浆（   ）。

A. 套墙面抹灰子目   B. 无此子目，不理会

C. 套砂浆找平层子目   D. 无需套取定额子目，已包含在砂浆项目中

7. 根据《广东省房屋建筑与装饰工程综合定额（2018）》，关于楼地面块料面层的说法错误的是（   ）。

A. 包含 20mm 厚结合层水泥砂浆   B. 包括找平层砂浆

C. 结合层实际厚度不同时可增减   D. 不包括找平层砂浆

8. 根据《广东省房屋建筑与装饰工程综合定额（2018）》，以下系数调整错误的是（   ）。

A. 楼地面块料斜铺，按正铺考虑，人工费乘以系数 1.10，块料消耗量乘以系数 1.03

B. 踢脚线底层抹灰，按墙面底层抹灰子目执行

C. 弧形踢脚线，按踢脚线相应定额子目，人工费乘以系数 1.10，其他不变

D. 定额楼梯及台阶子目包括防滑条

二、多项选择题

1. 楼梯饰面面积按水平投影面积计算，应包括的（　　）。

A. 踏步

B. 休息平台

C. 小于 50cm 的楼梯井

D. 与楼梯相连的地面

E. 梯柱

2.《广东省房屋建筑与装饰工程综合定额（2018）》规定，关于楼地面工程的工程量计算规则，正确的有（　　）。

A. 块料面层，按设计图示尺寸以 m^2 计算。扣除凸出地面构筑物、设备基础、室内管道、地沟等所占面积，不扣除间壁墙、点缀和 $0.3m^2$ 以内的柱、垛、附墙烟囱及孔洞所占面积。门洞、空圈、暖气包槽、壁龛的开口部分另计面积

B. 块料面层，按设计图示尺寸以"m^2"计算，门洞、空圈、暖气包槽、壁龛的开口部分不增加面积

C. 整体面层，按设计图示尺寸以"m^2"计算，门洞、空圈、暖气包槽、壁龛的开口部分并入相应的工程量内

D. 整体面层，按设计图示尺寸以"m^2"计算。扣除凸出地面构筑物、设备基础、室内管道、地沟等所占面积

3. 根据《广东省房屋建筑与装饰工程综合定额（2018）》，对于细石混凝土找平层项目，下列说法正确的是（　　）。

A. 厚度≤50mm 执行找平层项目

B. 厚度≤60mm 执行找平层项目

C. 厚度＞50mm 执行垫层项目

D. 厚度＞60mm 执行垫层项目

E. 找平层不分厚度

4. 对于楼地面块料面层下列说法正确的是（　　）。

A. 石材楼地面做分格、分色时，应按相应项目执行，其中人工乘以系数 1.1

B. 块料楼地面斜拼时，应按相应项目执行，其中人工乘以系数 1.1

C. 麻面石材表面刷防护液时，应按相应项目执行，其中人工乘以系数 1.2

D. 石材螺旋形楼梯按弧形楼梯项目执行，其中定额乘以系数 1.2

E. 石材螺旋形楼梯按弧形楼梯项目执行，其中人工乘以系数 1.2

三、问答题

1. 对于楼地面块料面层的计算，清单与定额规则不同之处是什么？

2. 楼梯面层工程量应如何计算？

3. 台阶面层工程量如何计算？

4. 什么时候可以执行楼地面零星装饰定额子目？

任务 4.2　墙、柱面工程计量计价

 知识要点

1. 熟悉墙、柱面工程量清单的构成及编制。

2. 掌握墙、柱面工程量清单、定额工程量的计算规则。

3. 能根据实际项目，进行墙、柱面工程清单开项，及清单、定额工程量的计算。

4. 熟悉定额总说明和墙柱面工程章说明中关于计价的规定。

5. 进行墙柱面清单项目定额组价时，能正确分析清单项目名称的工作内容与定额子目的对应关系，并选择出需要进行组价的定额。

6. 能够正确填写并计算墙柱面工程的综合单价分析表及清单与计价表。

4.2.1　墙、柱面工程计量计价的前导知识

1. 墙柱面装饰的内容分类

按照装饰部位划分可以分为：内墙装饰、外墙装饰和柱面装饰。

按照装饰的种类可以分为：一般抹灰（石灰砂浆、水泥砂浆、混合砂浆）；抹灰装饰抹灰（水磨石、水刷石、干粘石、剁假石、喷涂）；镶贴块料（瓷砖、面砖、大理石、花岗岩、文化石）。

按照饰面构造层可以分为：底层、中层和面层。

按抹灰的质量要求可以分为：普通抹灰、中级抹灰和中高级抹灰。

2. 砌块墙钢丝网片

建筑上经常出现不同材质的构件之间连接。例如，框架柱、梁与砌块墙之间连接；剪力墙与砌块墙之间也经常发生连接。因为是不同材质，连接缝隙就很容易发生开裂，这时就需要加上钢丝网片，防止不同材质的构件之间发生开裂（图4-2-1）。

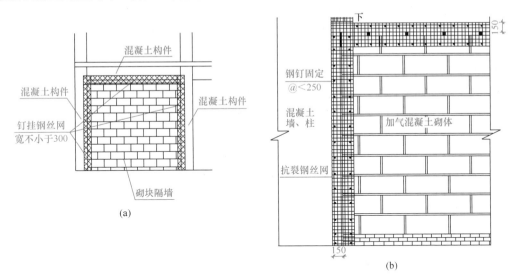

图 4-2-1　钢丝网片加强措施示意图

(a) 抗裂网示意图；(b) 抗裂网详图

通常，一次结构和二次结构出现不同材质才增加钢丝网片，二次结构构件（构造柱、圈梁、过梁）与砌块墙之间的连接则没必要增加钢丝网片，因为二次结构与砌块墙同时施工，是连在一起的。

当需要确定什么时候需要计算砌块墙钢丝网加固、钢丝网的宽度是多少、是否需要满挂（图4-2-2所示为满挂，图4-2-3所示为以一定的宽度挂网）这些问题的时候，我们可以参照设计要求和相关的施工组织设计方案。

图 4-2-2　钢丝网满挂示意图

图 4-2-3　钢丝网以一定宽度挂网示意图

3. 隔断

隔断是指专门作为分隔室内空间的立面，应用更加灵活，如隔墙、隔断、活动展板、活动屏风和移动隔断、移动屏风和移动隔音墙等。活动隔断具有易安装、可重复利用、可工业化生产、防火、环保等特点。图 4-2-4 为隔断效果示意图。

图 4-2-4　隔断效果示意图

4. 隔墙

隔墙是把一个结构（如房屋、房间或围栏）的一部分同另一部分分开的内墙，即分隔建筑物内部空间的墙。隔墙不承重，一般要求轻、薄，有良好的隔声性能。对于不同功能房间的隔墙有不同的要求，如厨房的隔墙应具有耐火性能；盥洗室的隔墙应具有防潮能力。图 4-2-5 为隔墙示意图。

4.2.2　墙面抹灰工程计量

墙面抹灰工程清单及定额工程量计算规则见表 4-2-1。

图 4-2-5　隔墙示意图

墙面抹灰工程量计算规则 表 4-2-1

	项目编码	项目名称	项目特征	计量单位	工程量计算规则	工作内容
国标清单	011201001	墙面一般抹灰	1. 墙体类型 2. 底层厚度、砂浆配合比 3. 面层厚度、砂浆配合比	m²	按设计图示尺寸以面积计算。扣除墙裙、门窗洞口及单个>0.3m²的孔洞面积，不扣除踢脚线、挂镜线和墙与构件交接处的面积，门窗洞口和孔洞的侧壁及顶面不增加面积。附墙柱、梁、垛、烟囱侧壁并入相应的墙面面积内	1. 基层清理 2. 砂浆制作、运输 3. 底层抹灰 4. 抹面层 5. 抹装饰面 6. 勾分格缝
	011201002	墙面装饰抹灰	4. 装饰面材料种类 5. 分格缝宽度、材料种类		1. 外墙抹灰面积按外墙垂直投影面积计算 2. 外墙裙抹灰面积按其长度乘以高度计算 3. 内墙抹灰面积按主墙间的净长乘以高度计算 （1）无墙裙的，高度按室内楼地面至天棚底面计算	
	011201003	墙面勾缝	1. 勾缝类型 2. 勾缝材料种类			1. 基层清理 2. 砂浆制作、运输 3. 勾缝
	011201004	立面砂浆找平层	1. 基层类型 2. 找平层砂浆厚度、配合比		（2）有墙裙的，高度按墙裙顶至天棚底面计算 （3）有吊顶天棚抹灰，高度算至天棚底 4. 内墙裙抹灰面按内墙净长乘以高度计算	1. 基层清理 2. 砂浆制作、运输 3. 抹灰找平

说明：（1）立面砂浆找平项目适用于仅做找平层的立面抹灰。

（2）墙面抹石灰砂浆、水泥砂浆、混合砂浆、聚合物水泥砂浆、麻刀石灰浆、石膏灰浆等按本表中墙面一般抹灰列项；墙面水刷石、斩假石、干粘石、假面砖等按本表中墙面装饰抹灰列项。

（3）飘窗凸出外墙面增加的抹灰并入外墙工程量内。

（4）有吊顶天棚的内墙面抹灰，抹至吊顶以上部分在综合单价中考虑

综合定额

（1）抹灰工程量按设计图示结构面以"m²"计算。

（2）墙面抹灰、墙面勾缝按设计图示尺寸以"m²"计算。扣除墙裙、门窗洞口及单个0.3m²以外的孔洞面积，不扣除踢脚线、挂镜线和墙与构件交接处的面积，门窗洞口和孔洞的侧壁及顶面不增加面积，飘窗另按墙面、地面、天棚面分别计算。附墙柱、梁、垛、烟囱侧壁并入相应的墙面面积内计算。

1）外墙抹灰面积，按外墙垂直投影面积计算。如外墙为斜面时按设计图示斜面面积计算。

2）外墙裙抹灰面积，按其长度乘以高度计算。

3）内墙抹灰面积，按主墙间的净长乘以高度计算。无墙裙的，高度按室内楼地面至天棚底面计算；有墙裙的，高度按墙裙顶至天棚底面计算；无吊顶天棚的，由室内地面或楼面计至板底；有吊顶天棚的，其高度按室内地面或楼面至天棚另加100mm计算。

4）内墙裙抹灰面，按内墙净长乘以高度计算

【**例 4-2-1**】某建筑物平、立、剖面如图 4-2-6 所示，内墙面做法：面层为 10mm 厚 M5 抹灰砂浆，底层为 15mm 厚 M5 抹灰砂浆。外墙装饰做法为：20mm 厚 M5 抹灰砂浆打底，水泥膏镶贴 300mm×30mm，陶瓷面砖（瓷砖厚度为 8mm）。有 M1：900×2000，M2：1000×2000，M3：1200×2000，C1：1200×1500，C2：1300×1500，C3：2000×1500 门窗框 60mm 宽并位于墙中间，内外墙均为 240mm 厚，轴线在墙的中心线上，窗台线装饰做法同外墙，天棚抹灰处理。根据背景资料及现行清单和定额计算规范，试列出该工程内墙面部分分部分项工程量清单并计算出对应的定额工程量。

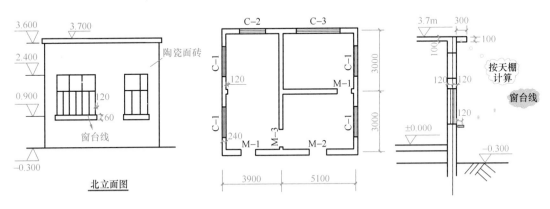

图 4-2-6　某建筑物平、立、剖面图

【**解**】案例工程清单工程量计算表见表 4-2-2；分部分项工程量清单见表 4-2-3。

清单工程量计算表　　　　　　　　　　　　　　　表 4-2-2

序号	项目编码	项目名称	计算式	工程量	单位
1	011201001001	墙面一般抹灰	墙面面积 $S=\{[(3.9-0.24)+(6-0.24)]\times2+[(5.1-0.24)+(3-0.24)]\times2\times2\}\times3.6$ $=177.55\text{m}^2$ 增加垛面积：$S=0.12\times3.6\times2=0.86\text{m}^2$ 扣门窗面积：$S=0.9\times2\times3+1\times2+1.2\times2\times2+1.2\times1.5\times4+1.3\times1.5+2\times1.5=24.35\text{m}^2$ 合计：$S_1=177.55+0.86-24.35=154.06\text{m}^2$	154.06	m²

分部分项工程量清单　　　　　　　　　　　　　　表 4-2-3

序号	项目编码	项目名称	项目特征	计量单位	工程量
1	011201001001	墙面一般抹灰	1. 底层厚度、砂浆配合比：15mm 厚 M5 抹灰砂浆 2. 面层厚度、砂浆配合比：10mm 厚 M5 抹灰砂浆	m²	154.06

本例题中，墙面一般抹灰的定额工程量同清单工程量。

4.2.3　柱（梁）面抹灰计量

柱（梁）面抹灰清单及定额工程量计算规则见表 4-2-4。

柱（梁）面抹灰清单工程量计算规则　　　　　　表 4-2-4

	项目编码	项目名称	项目特征	计量单位	工程量计算规则	工作内容
国标清单	011202001	柱、梁面一般抹灰	1. 柱（梁）体类型 2. 底层厚度、砂浆配合比 3. 面层厚度、砂浆配合比 4. 装饰面材料种类 5. 分格缝宽度、材料种类	m²	1. 柱面抹灰：按设计图示柱断面周长乘高度以面积计算 2. 梁面抹灰：按设计图示梁断面周长乘长度以面积计算	1. 基层清理 2. 砂浆制作、运输 3. 底层抹灰 4. 抹面层 5. 勾分格缝
	011202002	柱、梁面装饰抹灰				
	011202003	柱、梁面砂浆找平	1. 柱（梁）体类型 2. 找平的砂浆厚度、配合比			1. 基层清理 2. 砂浆制作、运输 3. 抹灰找平
	011202004	柱面勾缝	1. 勾缝类型 2. 勾缝材料种类		按设计图示柱断面周长乘高度以面积计算	1. 基层清理 2. 砂浆制作、运输 3. 勾缝
	说明：（1）砂浆找平项目适用于仅做找平层的柱（梁）面抹灰。 （2）柱（梁）面抹石灰砂浆、水泥砂浆、混合砂浆、聚合物水泥砂浆、麻刀石灰浆、石膏灰浆等按本表中柱（梁）面一般抹灰编码列项；柱（梁）面水刷石、斩假石、干粘石、假面砖等按本表中柱（梁）面装饰抹灰项目编码列项					
综合定额	（1）独立柱面抹灰，按设计图示柱断面周长乘以高度以"m²"计算。 （2）独立梁面抹灰，按设计图示梁断面周长乘以长度以"m²"计算。 （3）独立柱、房上烟囱勾缝，按设计图示展开面积以"m²"计算					

【例 4-2-2】 某建筑物平面图如图 4-2-7 所示，建筑物层高 3m，板厚 120mm，有截面

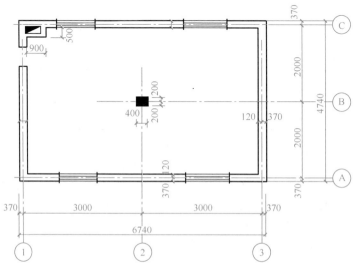

图 4-2-7　某建筑物平面图

尺寸 300mm×400mm 的两条梁垂直交叉，交点位于独立柱中心。内装修做法：15mm 厚 M5 湿拌砂浆打底，5mm 厚 M5 湿拌砂浆过面。根据背景资料及现行清单和定额计算规范，试列出该工程柱面装饰部分分部分项工程量清单并计算出对应的定额工程量。

【解】案例工程清单工程量计算表见表 4-2-5；分部分项工程量清单见表 4-2-6。

清单工程量计算表

表 4-2-5

序号	项目编码	项目名称	计算式	工程量	单位
1	011202001001	柱面一般抹灰	0.4×4×(3−0.12)−0.3×(0.4−0.12)×4	4.27	m²

分部分项工程量清单

表 4-2-6

序号	项目编码	项目名称	项目特征	计量单位	工程量
1	011202001001	柱面一般抹灰	1. 底层厚度、砂浆配合比：15mm 厚 M5 湿拌砂浆 2. 面层厚度、砂浆配合比：5mm 厚 M5 湿拌砂浆	m²	4.27

本例题中，柱面一般抹灰的定额工程量同清单工程量。

4.2.4　零星抹灰计量

零星抹灰清单及定额工程规则见表 4-2-7。

零星抹灰清单工程量计算规则

表 4-2-7

	项目编码	项目名称	项目特征	计量单位	工程量计算规则	工作内容
国标清单	011203001	零星项目一般抹灰	1. 基层类型、部位 2. 底层厚度、砂浆配合比 3. 面层厚度、砂浆配合比	m²	按设计图示尺寸以面积计算	1. 基层清理 2. 砂浆制作、运输 3. 底层抹灰 4. 抹面层 5. 抹装饰面 6. 勾分格缝
	011203002	零星项目装饰抹灰	4. 装饰面材料种类 5. 分格缝宽度、材料种类			
	011203003	零星项目砂浆找平	1. 基层类型、部位 2. 找平的砂浆厚度、配合比			1. 基层清理 2. 砂浆制作、运输 3. 抹灰找平
	说明：零星项目抹石灰砂浆、水泥砂浆、混合砂浆、聚合物水泥砂浆、麻刀石灰浆、石膏灰浆等按本表中零星项目一般抹灰编码列项，水刷石、斩假石、干粘石、假面砖等按本表中零星项目装饰抹灰编码列项					
综合定额	零星项目抹灰，按设计图示尺寸以"m²"计算					

4.2.5 墙面块料面层计量

1. 墙面块料面层清单及定额工程量计算规则见表 4-2-8。

墙面块料面层清单工程量计算规则 表 4-2-8

	项目编码	项目名称	项目特征	计量单位	工程量计算规则	工作内容
国标清单	011204001	石材墙面	1. 墙体类型 2. 安装方式 3. 面层材料品种、规格、颜色 4. 缝宽、嵌缝材料种类 5. 防护材料种类 6. 磨光、酸洗、打蜡要求	m²	按镶贴表面积计算	1. 基层清理 2. 砂浆制作、运输 3. 粘结层铺贴 4. 面层安装 5. 嵌缝 6. 刷防护材料 7. 磨光、酸洗、打蜡
	011204002	拼碎石材墙面				
	011204003	块料墙面				
	011204004	干挂石材钢骨架	1. 骨架种类、规格 2. 防锈漆品种遍数	t	按设计图示以质量计算	1. 骨架制作、运输、安装 2. 刷漆
	说明：(1) 在描述碎块项目的面层材料特征时可不用描述规格、颜色。 (2) 石材、块料与粘结材料的结合面刷防渗材料的种类在防护层材料种类中描述。 (3) 安装方式可描述为砂浆或粘结剂粘贴、挂贴、干挂等，不论哪种安装方式，都要详细描述与组价相关的内容					
综合定额	(1) 块料面层工程量，除另有规定外，按设计图示镶贴表面积以"m²"计算。 (2) 墙面、墙裙镶贴块料，按设计图示镶贴表面积以"m²"计算。墙面镶贴块料有吊顶天棚时，如设计图示高度为室内地面或楼面至天棚底时，则镶贴高度由室内地面或楼面计至吊顶天棚另加 100mm。 (3) 挂贴、干挂块料，按设计图示镶贴表面积以"m²"计算。 (4) 干挂石材钢骨架、点支式全玻璃幕墙钢结构桁架，按设计图示尺寸以"t"计算					

2. 块料安装方式

挂贴方式：是对大规格的石材（大理石、花岗石、青石等）使用先挂后灌浆的方式固定于墙、柱面。

干挂方式：是指直接干挂法，通过不锈钢膨胀螺栓、不锈钢挂件、不锈钢连接件、不锈钢钢针等，将外墙饰面板连接在外墙墙面；间接干挂法，是通过固定在墙、柱、梁上的龙骨，再通过各种挂件固定外墙饰面板。

边长 400mm 以下的小规格块料，常用的施工方法为粘贴法。像大理石、花岗岩等大规格的板材则采用挂贴法或干挂法施工。

3. 镶贴表面积的计算

（1）阳角镶贴表面积需要在结构面积的基础上加上块料厚度（图 4-2-8）。

（2）阴角镶贴表面积需要在结构面积的基础上减去块料厚度（图 4-2-9）。

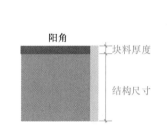

图 4-2-8　阳角处镶贴表面积示意图

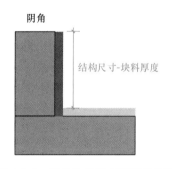

图 4-2-9　阴角处镶贴表面积示意图

【例 4-2-3】背景资料同【例 4-2-1】。根据背景资料及现行清单和定额计算规范，试列出该工程外墙装饰部分分部分项工程量清单并计算出对应的定额工程量。

【解】案例工程清单工程量计算表见表 4-2-9；分部分项工程量清单见表 4-2-10。

清单工程量计算表

表 4-2-9

序号	项目编码	项目名称	计算式	工程量	单位
1	011204003001	块料墙面	$S_1 = (3.9+5.1+0.24+3\times2+0.24+0.028\times4)\times2\times(3.6+0.3)=121.49\text{m}^2$ 扣门窗面积： M1：$(0.9-0.028\times2)\times(2-0.028)=1.66\text{m}^2$　M2：$(1-0.028\times2)\times(2-0.028)=1.86\text{m}^2$　C1：$(1.2-0.028\times2)\times(1.5-0.028\times2)\times4=6.61\text{m}^2$　C2：$(1.3-0.028\times2)\times(1.5-0.028\times2)=1.8\text{m}^2$　C3：$(2-0.028\times2)\times(1.5-0.028\times2)=2.81\text{m}^2$　共计 14.74m^2 扣窗台线位面积： $(1.2+0.12\times2)\times0.06\times4=0.35\text{m}^2$ $(1.3+0.12\times2)\times0.06\times1=0.09\text{m}^2$ $(2+0.12\times2)\times0.06\times1=0.13\text{m}^2$ 共计 0.57m^2 合计：$S_2=121.49-14.74-0.57=106.18\text{m}^2$ （说明：根据计价定额要求，把门窗侧壁和窗台线的装饰单独按照零星块料列项）	106.18	m²
2	011201001001	墙面一般抹灰	$S_1=(3.9+5.1+0.24+3\times2+0.24)\times2\times(3.6+0.3)=120.74\text{m}^2$ 扣门窗面积： M1：$0.9\times2=1.8\text{m}^2$　M2：$1\times2=2\text{m}^2$　C1：$1.2\times1.5\times4=7.2\text{m}^2$　C2：$1.3\times1.5=1.95\text{m}^2$　C3：$2\times1.5=3\text{m}^2$　共计 15.95m^2 合计：$S_2=120.74-15.95=104.79\text{m}^2$	104.79	m²

分部分项工程量清单

表 4-2-10

序号	项目编码	项目名称	项目特征	计量单位	工程量
1	011204003001	块料墙面	1. 面层厚度、砂浆配合比：水泥膏镶贴 300mm×30mm 陶瓷面砖 2. 部位：外墙面	m²	106.18
2	011201001001	墙面一般抹灰	20mm 厚 M5 抹灰砂浆打底	m²	104.79

本例题中，块料墙面和墙面一般抹灰的定额工程量同清单工程量。

4.2.6　柱（梁）面镶贴块料计量

柱（梁）面镶贴块料清单及定额工程量计算规则见表 4-2-11。

柱（梁）面镶贴块料清单工程量计算规则　　　　　　表 4-2-11

	项目编码	项目名称	项目特征	计量单位	工程量计算规则	工作内容
国标清单	011205001	石材柱面	1. 柱截面类型、尺寸 2. 安装方式 3. 面层材料品种、规格、颜色 4. 缝宽、嵌缝材料种类 5. 防护材料种类 6. 磨光、酸洗、打蜡要求	m²	按镶贴表面积计算	1. 基层清理 2. 砂浆制作、运输 3. 粘结层铺贴 4. 面层安装 5. 嵌缝 6. 刷防护材料 7. 磨光、酸洗、打蜡
	011205002	块料柱面				
	011205003	拼碎块柱面				
	011205004	石材梁面	1. 安装方式 2. 面层材料品种、规格、颜色 3. 缝宽、嵌缝材料种类 4. 防护材料种类 5. 磨光、酸洗、打蜡要求			
	011205005	块料梁面				
	说明：（1）在描述碎块项目的面层材料特征时可不用描述规格、颜色。 （2）石材、块料与粘接材料的结合面刷防渗材料的种类在防护层材料种类中描述。 （3）柱梁面干挂石材的钢骨架按表 M.4 相应项目编码列项					
综合定额	（1）柱面镶贴块料，按设计图示镶贴表面积以"m²"计算。 （2）梁面镶贴块料，按设计图示镶贴表面积以"m²"计算。 （3）干挂石材钢骨架、点支式全玻璃幕墙钢结构桁架，按设计图示尺寸以"t"计算					

4.2.7　镶贴零星块料计量

镶贴零星块料清单及定额工程量计算规则见表 4-2-12。

镶贴零星块料清单工程量计算规则　　　　　　表 4-2-12

	项目编码	项目名称	项目特征	计量单位	工程量计算规则	工作内容
国标清单	011206001	石材零星项目	1. 基层类型、部位 2. 安装方式 3. 面层材料品种、规格、颜色 4. 缝宽、嵌缝材料种类 5. 防护材料种类 6. 磨光、酸洗、打蜡要求	m²	按镶贴表面积计算	1. 基层清理 2. 砂浆制作、运输 3. 面层安装 4. 嵌缝 5. 刷防护材料 6. 磨光、酸洗、打蜡
	011206002	块料零星项目				
	011206003	拼碎块零星项目				
	说明：（1）在描述碎块项目的面层材料特征时可不用描述规格、颜色。 （2）石材、块料与粘接材料的结合面刷防渗材料的种类在防护材料种类中描述。 （3）零星项目干挂石材的钢骨架按本附录表 M.4 相应项目编码列项。 （4）墙柱面≤0.5m² 的少量分散的镶贴块料面层按本表中零星项目执行					
综合定额	（1）零星镶贴块料，按设计图示镶贴表面积以"m²"计算。 （2）零星装饰块料镶贴，按设计图示镶贴表面积以"m²"计算。 （3）干挂石材钢骨架、点支式全玻璃幕墙钢结构桁架，按设计图示尺寸以"t"计算					

【例 4-2-4】 背景资料同【例 4-2-1】，根据背景资料及现行清单和定额计算规范，试列出该工程外墙零星块料装修分部分项工程量清单并计算出对应的定额工程量。

【解】 案例工程清单工程量计算表见表 4-2-13；分部分项工程量清单见表 4-2-14。

清单工程量计算表　　　　表 4-2-13

序号	项目编码	项目名称	计算式	工程量	单位
1	011206002001	块料零星项目	门窗侧壁面积：$S=0.9-0.028\times2+(2-0.028)\times2+1-0.028\times2+(2-0.028)\times2+(1.2-0.028\times2+1.5-0.028\times2)\times2\times4+(1.3-0.028\times2+1.5-0.028\times2)\times2+(2-0.028\times2+1.5-0.028\times2)\times2\times(0.24-0.06)/2=3.83m^2$ 窗台线块料面积：$[(1.2+0.24)\times4+(1.3+0.24)+(2+0.24)]\times0.06+0.12\times0.06\times12=0.66m^2$ 合计：$3.83+0.66=4.49m^2$	4.49	m²
2	011203001001	零星项一般抹灰	同上	4.49	m²

分部分项工程量清单　　　　表 4-2-14

序号	项目编码	项目名称	项目特征	计量单位	工程量
1	011206002001	块料零星项目	1. 面层厚度、砂浆配合比：水泥膏镶贴 300mm×30mm 陶瓷面砖 2. 部位：外墙面零星	m²	4.49
2	011203001001	零星项目一般抹灰	20mm 厚 M5 湿拌砂浆打底	m²	4.49

本例题中，块料零星项目和零星项目一般抹灰的定额工程量同清单工程量。

4.2.8 墙饰面计量

1. 墙饰面清单及定额工程量计算规则见表 4-2-15。

墙饰面清单工程量计算规则　　　　表 4-2-15

	项目编码	项目名称	项目特征	计量单位	工程量计算规则	工作内容
国标清单	011207001	墙面装饰板	1. 龙骨材料种类、规格、中距 2. 隔离层材料种类、规格 3. 基层材料种类、规格 4. 面层材料品种、规格、颜色 5. 压条材料种类、规格	m²	按设计图示墙净长乘净高以面积计算。扣除门窗洞口及单个 >0.3m² 的孔洞所占面积	1. 基层清理 2. 龙骨制作、运输、安装 3. 钉隔离层 4. 基层铺钉 5. 面层铺贴
	011207002	墙面装饰浮雕	1. 基层类型 2. 浮雕材料种类 3. 浮雕样式		按设计图示尺寸以面积计算	1. 基层清理 2. 材料制作、运输 3. 安装成型
综合定额			（1）墙饰面工程量，按设计图示墙净长乘以净高以"m²"计算。扣除门窗洞口及单个 0.3m² 以上的孔洞所占面积。 （2）柱（梁）饰面工程量，按设计图示饰面外围尺寸以"m²"计算。柱帽、柱墩并入相应柱饰面工程量内。 （3）龙骨、基层工程量，按设计图示尺寸以"m²"计算，扣除门窗洞口及 0.3m² 以上的孔洞所占面积			

2. 墙饰面构成

墙面装饰板适用于金属饰面板、塑料饰面板、木质饰面板、软包带衬板饰面等装饰板墙面；墙面装饰浮雕项目适用于不属于仿古建筑工程的项目，其构成如图 4-2-10 所示。

(a)　　　　　　　　　　　　(b)　　　　　　　　　　　　(c)

图 4-2-10　装饰板饰面构成实物图

（a）墙面轻钢龙骨；（b）墙面基层板；（c）墙面饰面层

【例 4-2-5】图 4-2-11 所示为某墙面设计图，试求出该墙面工程的工程量。

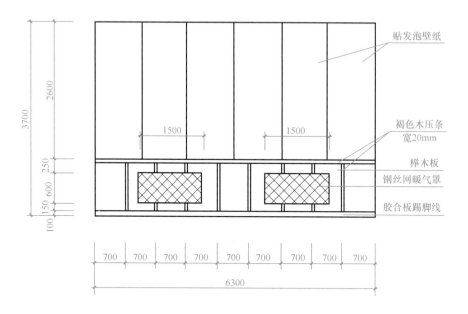

图 4-2-11　某墙面装修示意图

【解】（1）墙面贴壁纸的工程量：$6.30 \times 2.6 = 16.38\text{m}^2$

（2）贴柚木板墙裙的工程量：

$6.30 \times (0.15 + 0.60 + 0.25) - 1.50 \times 0.60 \times 2 = 4.5\text{m}^2$

（3）铜丝网暖气罩的工程量：$1.50 \times 0.60 \times 2 = 1.8\text{m}^2$

（4）木压条的工程量：$6.3 + (0.15 + 0.60 + 0.25) \times 8 = 14.3\text{m}$

（5）踢脚线的工程量：$6.3 \times 0.1 = 0.63 m^2$

4.2.9　柱（梁）饰面计量

柱（梁）饰面清单及定额工程量计算规则见表 4-2-16。

柱（梁）饰面清单工程量计算规则　　　　表 4-2-16

	项目编码	项目名称	项目特征	计量单位	工程量计算规则	工作内容
国标清单	011208001	柱（梁）面装饰	1. 龙骨材料种类、规格、中距 2. 隔离层材料种类 3. 基层材料种类、规格 4. 面层材料品种、规格、颜色 5. 压条材料种类、规格	m^2	按设计图示饰面外围尺寸以面积计算。柱帽、柱墩并入相应柱饰面工程量内	1. 清理基层 2. 龙骨制作、运输、安装 3. 钉隔离层 4. 基层铺钉 5. 面层铺贴
	011208002	成品装饰柱	1. 柱截面、高度尺寸 2. 柱材质	1. 根 2. m	1. 以根计量，按设计数量计算 2. 以米计量，按设计长度计算	柱运输、固定、安装
综合定额	(1) 柱（梁）饰面工程量，按设计图示饰面外围尺寸以"m^2"计算。柱帽、柱墩并入相应柱饰面工程量内。 (2) 龙骨、基层工程量，按设计图示尺寸以"m^2"计算，扣除门窗洞口及 $0.3 m^2$ 以上的孔洞所占面积					

【例 4-2-6】某工程有独立柱 5 根，柱高为 6m，柱结构断面为 400mm×400mm，饰面总厚度为 41mm，具体工程做法为：30mm×40mm 单向木龙骨，间距 400mm；5mm 厚胶合板基层；6mm 厚镜面玻璃。根据背景资料及现行清单和定额计算规范，试列出该工程柱饰面工程分部分项工程量清单并计算出对应的定额工程量。

【解】案例工程清单工程量计算表见表 4-2-17；分部分项工程量清单见表 4-2-18。

清单工程量计算表　　　　表 4-2-17

序号	项目编码	项目名称	计算式	工程量	单位
1	011208001001	柱面装饰	$(0.4+0.041 \times 2) \times 5 \times 6$	14.46	m^2

分部分项工程量清单　　　　表 4-2-18

序号	项目编码	项目名称	项目特征	计量单位	工程量
1	011208001001	柱面装饰	1. 龙骨材料种类，规格、中距：30mm×40mm 单向木龙骨，间距 400mm 2. 基层材料种类、规格：5mm 厚胶合板基层 3. 面层材料品种、规格、颜色：6mm 厚镜面玻璃	m^2	14.46

本例题中，柱面装饰的定额工程量同清单工程量。

4.2.10 幕墙工程计量

1. 幕墙工程清单及定额工程量计算规则见表4-2-19。

幕墙工程清单工程量计算规则 表 4-2-19

	项目编码	项目名称	项目特征	计量单位	工程量计算规则	工作内容
国标清单	011209001	带骨架幕墙	1. 骨架材料种类、规格、中距 2. 面层材料品种、规格、颜色 3. 面层固定方式 4. 隔离带、框边封闭材料品种、规格 5. 嵌缝、塞口材料种类	m²	按设计图示框外围尺寸以面积计算。与幕墙同种材质的窗所占面积不扣除	1. 骨架制作、运输、安装 2. 面层安装 3. 隔离带、框边封闭 4. 嵌缝、塞口 5. 清洗
	011209002	全玻（无框玻璃）幕墙	1. 玻璃品种、规格、颜色 2. 粘结塞口材料种类 3. 固定方式		按设计图示尺寸以面积计算。带肋全玻幕墙按展开面积计算	1. 幕墙安装 2. 嵌缝、塞口 3. 清洗
	说明：幕墙钢骨架按本附录表M.4干挂石材钢骨架编码列项					
综合定额	（1）带骨架幕墙，按设计图示框外围尺寸以"m²"计算。与幕墙同种材质的窗所占面积不扣除。 （2）全玻璃幕墙，按设计图示尺寸以"m²"计算。不扣除明框、胶缝所占的面积，但应扣除吊夹以上钢结构部分的面积。带肋全玻璃幕墙，按设计图示展开面积以"m²"计算，肋玻璃另行计算面积并入幕墙内。 （3）构件式幕墙的上悬窗增加费，按窗扇设计图示外围尺寸以"m²"计算。 （4）干挂石材钢骨架、点支式全玻璃幕墙钢结构桁架，按设计图示尺寸以"t"计算。 （5）幕墙防火隔断，按其设计图示镀锌板的展开面积以"m²"计算。 （6）通风器按设计图示尺寸以"m"计算					

2. 幕墙工程量计算

带骨架幕墙和全玻璃幕墙都以面积计量，而幕墙的钢骨架则按照骨架的质量（体积乘以钢密度）计量。

钢骨架在计量时，需要根据深化设计后的图纸才能准确算出工程量。

幕墙内的防火隔断、封堵、保温岩棉等材料都需算出工程量在幕墙清单综合单价中综合考虑。

4.2.11 隔断计量

隔断清单及定额工程量计算规则见表4-2-20。

隔断清单工程量计算规则　　　　　　　　　　　　　　　　表 4-2-20

	项目编码	项目名称	项目特征	计量单位	工程量计算规则	工作内容
国标清单	011210001	木隔断	1. 骨架、边框材料种类、规格 2. 隔板材料品种、规格、颜色 3. 嵌缝、塞口材料品种 4. 压条材料种类	m²	按设计图示框外围尺寸以面积计算。不扣除单个≤0.3m²的孔洞所占面积；浴厕门的材质与隔断相同时，门的面积并入隔断面积内	1. 骨架及边框制作、运输、安装 2. 隔板制作、运输、安装 3. 嵌缝、塞口 4. 装钉压条
	011210002	金属隔断	1. 骨架、边框材料种类、规格 2. 隔板材料品种、规格、颜色 3. 嵌缝、塞口材料品种			1. 骨架及边框制作、运输、安装 2. 隔板制作、运输、安装 3. 嵌缝、塞口
	011210003	玻璃隔断	1. 边框材料种类、规格 2. 玻璃品种、规格、颜色 3. 嵌缝、塞口材料品种		按设计图示框外围尺寸以面积计算。不扣除单个≤0.3m²的孔洞所占面积	1. 边框制作、运输、安装 2. 玻璃制作、运输、安装 3. 嵌缝、塞口
	011210004	塑料隔断	1. 边框材料种类、规格 2. 隔板材料品种、规格、颜色 3. 嵌缝、塞口材料品种			1. 骨架及边框制作、运输、安装 2. 隔板制作、运输、安装 3. 嵌缝、塞口
	011210005	成品隔断	1. 隔断材料品种、规格、颜色 2. 配件品种、规格	1. m² 2. 间	1. 以平方米计量，按设计图示框外围尺寸以面积计算 2. 以间计量，按设计间的数量计算	1. 隔断运输、安装 2. 嵌缝、塞口
	011210006	其他隔断	1. 骨架、边框材料种类、规格 2. 隔板材料品种、规格、颜色 3. 嵌缝、塞口材料品种	m²	按设计图示框外围尺寸以面积计算。不扣除单个≤0.3m²的孔洞所占面积	1. 骨架及边框安装 2. 隔板安装 3. 嵌缝、塞口
综合定额						

综合定额：

（1）隔断工程量，按设计图示框外围尺寸以"m²"计算。扣除单个 0.3m² 以上的孔洞所占面积；浴厕门的材质与隔断相同时，门的面积并入隔断面积内。

（2）隔断的不锈钢边框，按边框展开面积以"m²"计算。

（3）全玻隔断如有加强肋者，肋玻璃工程量并入隔断内。

（4）隔墙工程量，按设计图示墙净长乘以净高以"m²"计算，扣除门窗洞口及单个 0.3m² 以上的孔洞所占面积。

（5）轻质墙板工程量，按设计图示尺寸以"m²"计算

【例 4-2-7】 某厕所平面、立面图如图 4-2-12 所示，隔断及门采用防水 PVC 板制作。根据背景资料及现行清单和定额计算规范，试列出该卫生间隔断分部分项工程量清单并计算出对应的定额工程量。

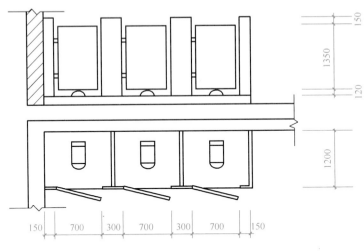

图 4-2-12　某厕所装修示意图

【解】 案例工程清单工程量计算表见表 4-2-21；分部分项工程量清单见表 4-2-22。

清单工程量计算表　　　　　　　　　　　　　　表 4-2-21

序号	项目编码	项目名称	计算式	工程量	单位
1	011210004001	塑料隔断	厕所隔间隔断工程量： $(1.35+0.15+0.12)\times(0.3\times2+0.15\times2+1.2\times3)=1.62\times4.5=7.29m^2$ 厕所隔间门的工程量 $=1.35\times0.7\times3=2.835m^2$ 厕所隔断工程量＝隔间隔断工程量＋隔间门的工程量 $=7.29+2.835=10.13m^2$	10.13	m^2

分部分项工程量清单　　　　　　　　　　　　　表 4-2-22

序号	项目编码	项目名称	项目特征	计量单位	工程量
1	011210004001	塑料隔断	1. 隔板材料品种、规格、颜色：防水 PVC 板 2. 类型：卫生间隔断	m^2	10.13

本例题中，金属隔断的定额工程量同清单工程量。

4.2.12　墙柱面工程清单与定额规则主要不同之处对比

墙柱面工程清单与定额工程量计算规则对比见表 4-2-23。

墙柱面工程清单与定额规则区别　　　　　　　　表 4-2-23

项目名称	清单	定额
飘窗抹灰	飘窗突出外墙面增加的抹灰并入外墙工程量内	飘窗抹灰另按墙面、地面、天棚面分别计算
外墙抹灰高度	斜外墙抹灰面积按外墙垂直投影面积计算	外墙为斜面时按设计图示尺寸以斜面面积计算

项目名称	清单	定额
内墙抹灰高度	有吊顶天棚的，高度算至天棚底	有吊顶天棚的，其高度按室内地面或楼面至天棚底另加 100mm 计算
块料墙面高度	按照镶贴高度计算	墙面镶贴块料有吊顶天棚时，如设计图示高度为室内地面或楼面至天棚底时，则镶贴高度由室内地面或楼面计至吊顶天棚另加 100mm

4.2.13　墙、柱面工程计价

1. 定额计价部分章说明

（1）定额中砂浆、水泥石子浆等种类、配合比、材料型号规格与设计不同时，可按设计规定换算，但人工费、机械台班消耗量不变。

（2）各种抹灰及块料面层定额，均包括扫水泥浆。

（3）抹灰厚度，按不同砂浆分别列在定额子目中，同类砂浆列总厚度，不同砂浆分别列出厚度，如定额子目中 15mm＋10mm 即表示两种不同砂浆的各自厚度。如设计抹灰厚度与定额不同时，除定额有注明厚度的子目可以换算外，其他不作调整。

（4）建筑物高度超过 20m 时，外墙抹灰子目按建筑物不同高度执行相应系数：30m 内按相应子目乘以系数 1.15，60m 以内的乘以系数 1.30，90m 以内的乘以系数 1.40，90m 以上的乘以系数 1.50。同一建筑物有不同高度的，按不同高度计算。

（5）内外附墙柱、梁面的抹灰和块料镶贴，不论柱、梁面与墙相平或凸出，均按墙面计算。

（6）墙柱面

1）墙柱面块料面层均未包括抹灰底层，计算时按设计要求分别套用相应的抹灰底层子目。

2）墙面设计钉（挂）网者，钉（挂）网部分的墙面相应抹灰层人工费乘以系数 1.20。

3）墙、柱面等块料镶贴子目中，凡设计规定缝宽尺寸的，按疏缝相应子目计算；没有缝宽要求的，按密缝计算。

4）圆柱、圆弧墙、锯齿型等不规则墙面抹灰及镶贴块料，套墙柱面抹灰或镶贴相应子目，人工费乘以系数 1.15。

5）定额墙身块料铺贴如设计为斜铺者，人工费乘以系数 1.10，块料消耗量乘以系数 1.03。

6）干挂大理石、花岗岩及陶瓷面砖的不锈钢挂件损耗率按 3% 考虑。设计用量与定额不同时，可以调整。

7）瓷板指陶瓷薄板，瓷板厚度按 <7mm 考虑，≥7mm 者按面砖相应项目执行。

（7）墙柱面木装饰

1）木装饰饰面层、隔墙（间壁）、隔断子目（成品除外），除另有注明者外，均未包括压条、收边、装饰线（板）。

2）装饰饰面层子目，除另有注明外，均不包含木龙骨、基层。

3）定额木龙骨基层是按双向考虑的。设计为单向时，人工费、材料消耗量乘以系数0.55。

4）木龙骨如采用膨胀螺栓固定者，不得换算。

5）面层、木基层均未包括刷防火涂料，如设计要求时，按"油漆涂料裱糊工程"章相应规定计算。

（8）隔断、隔墙

1）隔断、隔墙（间壁）所用的轻钢、铝合金龙骨，如设计不同时，可以调整，其他不变。

2）半玻璃隔断（隔墙）是指上部为玻璃隔断，下部为其他墙体，分别套用相应子目。

3）隔墙如有门窗者，扣除门窗面积。门窗按"门窗工程"章相应规定计算。

4）彩钢板隔墙，如设计金属面材厚度与定额不同时，材料可以换算，其他不变。

（9）单块石板面积大于 $0.64m^2$，人工费乘以系数 1.15。石材厚度定额按 20mm 考虑，若超过 20mm，人工费乘以系数 1.05。

（10）石材线条宽度 150mm 以内套用细部装饰的"装饰线、压条"子目计算；线条宽度 500mm 以内的，套零星项目计算；线条宽度 500mm 以外的，套墙面相应子目计算。

（11）其他有关说明

1）走廊、阳台的栏板不带漏花整幅镶贴块料时，套用墙面子目。

2）墙裙、护壁套用墙面相应子目计算。

3）门窗洞口侧壁（除飘窗外）镶贴块料，套用零星块料面层相应子目。

4）零星抹灰和零星镶贴块料面层项目适用于挑檐、天沟、腰线、窗台线、门窗套、压顶、扶手、遮阳板、雨篷周边、碗柜、过人洞、暖气壁龛池槽、花台以及单体 $0.5m^2$ 以内少量分散的抹灰和块料面层。

5）塑料条嵌缝，如设计选用材料不同时可以换算。

（12）轻质墙板砌块墙需加钢丝网，钢丝网另行计算。

2. 墙、柱面工程计价案例

【例 4-2-8】根据【例 4-2-1】的已知条件及计算结果，项目采用湿拌砂浆，不计价差。试计算墙面一般抹灰各清单项目的分部分项综合单价，并填写清单计价表。

【解】（1）根据题目条件，内墙面面层为 10mm 厚 M5 抹灰砂浆，底层为 15mm 厚 M5 抹灰砂浆，此处套取"A1-13-8"子目再换算面层厚度后为"A1-13-8"＋"A1-13-50"×5；底层湿拌砂浆编码 8005906，数量为 1.73（定额 A1-13-8 中"预拌水泥石灰砂浆"含量）×0.01＝0.0173；面层湿拌砂浆编码 8005906，数量为 [0.57（定额 A1-13-8 中"预拌水泥砂浆"含量）＋0.12（定额 A1-13-50 中"预拌水泥砂浆"含量）×5]×0.01 ＝0.0117。

（2）"A1-13-8"＋"A1-13-50"×5 中的单价部分为"A1-13-8"的定额单价再加上"A1-13-50"的定额单价的 5 倍之和。

（3）其他数据参照土石方部分所描述的方法以及定额的数据填写并计算（表 4-2-24、表 4-2-25）。

综合单价分析表　　　　　　　　表 4-2-24

工程名称：教材装饰工程　　　　　　　　标段：　　　　　　　　第　页　共　页

项目编码	011201001001	项目名称	墙面一般抹灰	计量单位	m²	工程量	154.06

清单综合单价组成明细

定额编号	定额项目名称	定额单位	数量	单价				合价			
				人工费	材料费	机具费	管理费和利润	人工费	材料费	机具费	管理费和利润
A1-13-8 换	各种墙面 15＋5mm 水泥石灰砂浆底 水泥砂浆面 内墙 实际面 厚度(mm)：10	100m²	0.01	1546.69	35.99		549.08	15.47	0.36		5.49
8005906	湿拌抹灰砂浆 一次抹灰厚度 ≥5mm M5	m³	0.0117		294				3.44		
8005906	湿拌抹灰砂浆 一次抹灰厚度 ≥5mm M5	m³	0.0173		294				5.09		
人工单价		小计						15.47	8.89		5.49
		未计价材料费									
		清单项目综合单价						29.84			

分部分项工程和单价措施项目清单与计价表　　　　　　表 4-2-25

工程名称：教材装饰工程　　　　　　　　标段：　　　　　　　　第　页　共　页

序号	项目编码	项目名称	项目特征描述	计量单位	工程量	金额（元）		其中
						综合单价	综合合价	暂估价
1	011201001001	墙面一般抹灰	1. 底层厚度、砂浆配合比：15mm 厚 M5 抹灰砂浆 2. 面层厚度、砂浆配合比：10mm 厚 M5 抹灰砂浆	m²	154.06	29.84	4597.15	

【例 4-2-9】根据【例 4-2-2】的已知条件及计算结果，项目采用湿拌砂浆，不计价差。试计算柱面一般抹灰各清单项目的分部分项综合单价，并填写清单计价表。

【解】（1）根据题目条件，柱底层为 15mm 厚 M5 砂浆，面层为 5mm 厚 M5 砂浆。此处套取"A1-13-24"子目；底层和面层湿拌砂浆编码均为 8005906，数量定额 A1-13-24 中"预拌水泥石灰砂浆"含量×0.01。

（2）其他数据参照土石方部分所描述的方法以及定额的数据填写并计算（表 4-2-26、表 4-2-27）。

综合单价分析表　　　　　　　　　　　　　表 4-2-26

工程名称：教材装饰工程　　　　　　　　标段：　　　　　　　　第　页　共　页

项目编码	011202001001	项目名称	柱面一般抹灰	计量单位	m²	工程量	14.27

清单综合单价组成明细

定额编号	定额项目名称	定额单位	数量	单价				合价			
				人工费	材料费	机具费	管理费和利润	人工费	材料费	机具费	管理费和利润
A1-13-24	柱梁面 水泥石灰砂浆底石灰砂浆面 15＋5mm	100m²	0.01	2544.84	33.61		903.42	25.45	0.34		9.03
8005906	湿拌抹灰砂浆 一次抹灰厚度≥5mm M5	m³	0.0058		294				1.71		
8005906	湿拌抹灰砂浆 一次抹灰厚度≥5mm M5	m³	0.0175		294				5.14		
人工单价		小计						25.45	7.19		9.03
		未计价材料费									
清单项目综合单价								41.67			

分部分项工程和单价措施项目清单与计价表　　　　　　　表 4-2-27

工程名称：教材装饰工程　　　　　　　　标段：　　　　　　　　第　页　共　页

序号	项目编码	项目名称	项目特征描述	计量单位	工程量	金额（元）		其中
						综合单价	综合合价	暂估价
1	011202001001	柱面一般抹灰	1. 底层厚度、砂浆配合比：15mm 厚 M5 湿拌砂浆 2. 面层厚度、砂浆配合比：5mm 厚 M5 湿拌砂浆	m²	14.27	41.67	594.63	

【例 4-2-10】根据【例 4-2-3】的已知条件及计算结果，项目采用湿拌砂浆，不计价差。试计算块料墙面各清单项目的分部分项综合单价，并填写清单计价表。

【解】（1）根据题目条件，墙面底层为 20mm 厚 M5 砂浆，面层为水泥膏镶贴 300mm×30mm 陶瓷，分"块料墙面"和"墙面一般抹灰"两条清单。

（2）"块料墙面"套取"A1-13-146"子目。

（3）"墙面一般抹灰"套取"A1-13-2"子目再换算面层厚度后为"A1-13-2"＋"A1-13-7"×5；底层湿拌砂浆编码 8005906，数量为［1.67（定额 A1-13-2 中"预拌水泥石灰砂浆"含量）＋0.12（定额 A1-13-7 中"预拌水泥砂浆"含量）×5］×0.01＝0.0227。

（4）其他数据参照本章其他部分所描述的方法以及定额的数据填写并计算（表 4-2-28～表 4-2-30）。

综合单价分析表　　　　　　　　　　　　　　表 4-2-28

工程名称：教材装饰工程　　　　　　　　标段：　　　　　　　第　页　共　页

项目编码	011204003001	项目名称	块料墙面	计量单位	m²	工程量	104.34

清单综合单价组成明细

定额编号	定额项目名称	定额单位	数量	单价				合价			
				人工费	材料费	机具费	管理费和利润	人工费	材料费	机具费	管理费和利润
A1-13-146	镶贴陶瓷面砖密缝 墙面 水泥膏 块料 周长 1300mm 内	100m²	0.01	4749.23	7781.33		1685.98	47.49	77.81		16.86
人工单价		小计						47.49	77.81		16.86
		未计价材料费									
		清单项目综合单价						142.17			

综合单价分析表　　　　　　　　　　　　　　表 4-2-29

工程名称：教材装饰工程　　　　　　　　标段：　　　　　　　第　页　共　页

项目编码	011201001002	项目名称	墙面一般抹灰	计量单位	m²	工程量	104.79

清单综合单价组成明细

定额编号	定额项目名称	定额单位	数量	单价				合价			
				人工费	材料费	机具费	管理费和利润	人工费	材料费	机具费	管理费和利润
A1-13-2 换	底层抹灰 15mm 各种墙面外墙 实际水泥石灰砂浆厚度（mm）：20	100m²	0.01	1940.51	42.06		688.88	19.41	0.42		6.89
8005906	湿拌抹灰砂浆 一次抹灰厚度 ≥5mm M5	m³	0.0227		294				6.67		
人工单价		小计						19.41	7.09		5.89
		未计价材料费									
		清单项目综合单价						33.39			

分部分项工程和单价措施项目清单与计价表　　　　　　表 4-2-30

工程名称：教材装饰工程　　　　　　　　标段：　　　　　　　第　页　共　页

序号	项目编码	项目名称	项目特征描述	计量单位	工程量	综合单价	综合合价	其中 暂估价
1	011204003001	块料墙面	1. 面层厚度、砂浆配合比：水泥膏镶贴 300mm×30mm 陶瓷面砖 2. 部位：外墙面	m²	104.34	142.17	14834.02	
2	011201001001	墙面一般抹灰	1.20mm 厚 M5 湿拌砂浆打底	m²	104.79	33.39	3498.94	

【例 4-2-11】 根据【例 4-2-4】的已知条件及计算结果，项目采用湿拌砂浆，不计价差。试计算墙面零星项目各清单项目的分部分项综合单价，并填写清单计价表。

【解】（1）根据题目条件，外墙面底层为 20mm 厚 M5 砂浆，面层为水泥膏镶贴 300mm×30mm 陶瓷，外墙的零星部分分"块料零星项目"和"零星项目一般抹灰"两条清单。

（2）因为定额说明中注明"墙、柱面等块料镶贴子目中，凡设计规定缝宽尺寸的，按疏缝相应子目计算；没有缝宽要求的，按密缝计算"，所以此处按密缝计算，套取"A1-13-149"子目。

（3）"零星项目一般抹灰"的计算参考【例 4-2-11】中"墙面一般抹灰"的处理方法。

（4）其他数据参照本章其他部分所述的方法以及定额的数据填写并计算（表 4-2-31～表 4-2-33）。

综合单价分析表　　　　　　　　　表 4-2-31

工程名称：教材装饰工程　　　　　　　　标段：　　　　　　　第　页　共　页

项目编码	011206002001	项目名称	块料零星项目	计量单位	m²	工程量	4.63

清单综合单价组成明细

定额编号	定额项目名称	定额单位	数量	单价				合价			
				人工费	材料费	机具费	管理费和利润	人工费	材料费	机具费	管理费和利润
A1-13-149	镶贴陶瓷面砖密缝零星项目水泥膏	100m²	0.01	5913.1	7996.61		2099.15	59.13	79.97		20.99
人工单价		小计						59.13	79.97		20.99
		未计价材料费									
清单项目综合单价								160.09			

综合单价分析表　　　　　　　　　　表 4-2-32

工程名称：××装饰工程　　　　　　　　标段：　　　　　　　　第　页　共　页

项目编码	011203001001	项目名称	零星项目一般抹灰	计量单位	m²	工程量	4.63

清单综合单价组成明细

定额编号	定额项目名称	定额单位	数量	单价				合价			
				人工费	材料费	机具费	管理费和利润	人工费	材料费	机具费	管理费和利润
A1-13-4 换	底层抹灰 15mm 零星项目实际水泥石灰砂浆厚度(mm)：20	100m²	0.01	5958.1	49.43		2115.13	59.58	0.49		21.15
8005906	湿拌抹灰砂浆一次抹灰厚度 ≥5mm M5	m³	0.0245		294				7.2		
人工单价		小计						59.58	7.69		21.15
		未计价材料费									
清单项目综合单价								88.43			

分部分项工程和单价措施项目清单与计价表　　　　表 4-2-33

工程名称：××装饰工程　　　　　　　　标段：　　　　　　　　第　页　共　页

序号	项目编码	项目名称	项目特征描述	计量单位	工程量	金额（元）		其中
						综合单价	综合合价	暂估价
1	011206002001	块料零星项目	1. 面层厚度、砂浆配合比：水泥膏镶贴 300mm×30mm 陶瓷面砖 2. 部位：外墙面零星	m²	4.63	160.09	741.22	
2	011203001001	零星项目一般抹灰	1. 20mm 厚 M5 湿拌砂浆打底	m²	4.63	88.43	409.43	

【例 4-2-12】 根据【例 4-2-6】的已知条件及计算结果，不计价差。试计算柱面装饰各清单项目的分部分项综合单价，并填写清单计价表。

【解】（1）根据题目条件，柱面装饰包含龙骨、基层和面层。30mm×40mm 单向木龙骨套取"A1-13-200"子目；5mm 厚胶合板基层套取"A1-13-221"子目；6mm 厚镜面玻璃面层粘合在胶合板上套取"A1-13-251"子目。

（2）其他数据定额的数据填写并计算（表 4-2-34、表 4-2-35）。

综合单价分析表　　　　　　　　　　　　　　　　表 4-2-34

工程名称：教材装饰工程　　　　　　　　标段：　　　　　　　　　　第　页　共　页

项目编码	011208001001	项目名称	柱面装饰	计量单位	m²	工程量	14.46

清单综合单价组成明细

定额编号	定额项目名称	定额单位	数量	单价				合价			
				人工费	材料费	机具费	管理费和利润	人工费	材料费	机具费	管理费和利润
A1-13-200	龙骨 断面13cm²内 木龙骨平均中距（mm以内）400	100m²	0.01	835.44	2440.1	5.92	298.68	8.35	24.4	0.06	2.99
A1-13-221	胶合板基层 5mm	100m²	0.01	577.77	1514.33	83.45	234.73	5.78	15.14	0.83	2.35
A1-13-251	镜面玻璃饰面层 墙面粘结在胶合板基层上	100m²	0.01	1288.67	9353.42		457.47	12.89	93.53		4.57
人工单价		小计						27.02	133.07	0.89	9.91
		未计价材料费									
清单项目综合单价								170.9			

分部分项工程和单价措施项目清单与计价表　　　　　　　　表 4-2-35

工程名称：教材装饰工程　　　　　　　　标段：　　　　　　　　　　第　页　共　页

序号	项目编码	项目名称	项目特征描述	计量单位	工程量	金额（元）		其中
						综合单价	综合合价	暂估价
1	011208001001	柱面装饰	1. 龙骨材料种类、规格、中距：30mm×40mm单向木龙骨，间距400mm　2. 基层材料种类、规格：5mm厚胶合板基层　3. 面层材料品种、规格、颜色：6mm厚镜面玻璃	m²	14.46	170.9	2471.21	

【例 4-2-13】根据【例 4-2-7】的已知条件及计算结果，不计价差。试计算隔断各清单项目的分部分项综合单价，并填写清单计价表。

【解】（1）根据题目条件，防水PVC板隔断套取"A1-13-278"子目即可。

（2）其他数据定额的数据填写并计算（表 4-2-36、表 4-2-37）。

3. 职业拓展——综合定额要点解析

（1）外墙是否都按底层抹灰套取？对于卫生间的内墙面是否也是按照底层抹灰套定额？

答：墙柱面块料面层均未包括抹灰底层，计算时按设计要求分别套用相应的抹灰底层子目，其中墙柱面有块料面层的套取底层抹灰，其余套取一般抹灰。

综合单价分析表　　　　　　　表 4-2-36

工程名称：××装饰工程　　　　　　　标段：　　　　　　　第　页　共　页

项目编码	011210004001	项目名称	塑料隔断	计量单位	m²	工程量	10.13

清单综合单价组成明细

定额编号	定额项目名称	定额单位	数量	单价				合价			
				人工费	材料费	机具费	管理费和利润	人工费	材料费	机具费	管理费和利润
A1-13-278	活动塑料隔断	100m²	0.01	2696.58	6930.01		957.29	26.97	69.3		9.57
人工单价		小计						26.97	69.3		9.57
		未计价材料费									
清单项目综合单价								105.84			

分部分项工程和单价措施项目清单与计价表　　　　　表 4-2-37

工程名称：××装饰工程　　　　　　　标段：　　　　　　　第　页　共　页

序号	项目编码	项目名称	项目特征描述	计量单位	工程量	金额（元）		
						综合单价	综合合价	其中暂估价
1	011210004001	塑料隔断	1. 隔板材料品种、规格、颜色：防水 PVC 板 2. 类型：卫生间隔断	m²	10.13	105.84	1072.16	

（2）计算贴瓷砖工程量时，是否需要计算因抹灰厚度增加的阳角的贴砖工程量？

答：按设计图示尺寸以镶贴表面积计算。

（3）墙、柱面装饰与隔断、幕墙工程章说明第二条第 9 点 "（4）零星抹灰和零星镶贴块料面层项目适用于挑檐"，其中关于挑檐的定义，是否按混凝土工程中的悬挑板伸出墙外 500mm 以内视为挑檐？当外墙悬挑 700mn，长 1000m 的空调机位板顶面（即地面）抹灰，应按零星抹灰、外墙抹灰、楼地面抹灰应执行什么子目？

答：悬挑板伸出墙外 500mn 以内应视为挑檐；此外挑板板顶面抹灰应执行楼地面抹灰子目，沿板厚度的侧面抹灰应执行墙面零星抹灰子目。

（4）墙面需要刷界面处理剂时，应套用什么定额子目？

答：定额抹灰子目已综合考虑界面处理的工作内容，不再另行套用子目。

（5）A1-13-166 镶贴陶瓷面砖疏缝 墙面墙裙 建筑胶粘剂粘贴，该定额子目的粘结层厚度为多少？若设计图纸采用 "专用抛光砖胶" 是否可对材料进行换算？

答：A1-13-166 子目粘结层厚度定额已综合考虑，不作调整。材料中粉状型建筑胶粘剂为综合考虑，不作换算。

（6）A.1.13 章说明第二条第 2 点 "建筑物高度超过 20m 时，外墙抹灰子目按建筑物不同高度执行相应系数……"，这里所指的外墙抹灰子目是否包括找平层、防水层、保温层、装饰层等所有墙面抹灰？

答：该处说明所指的外墙抹灰子目单指找平层抹灰。

（7）墙面镶贴陶瓷砖面层如实际采用 10mm 厚粘结砂浆时，套用定额 A1-13-153 子目是否可以调整粘结层砂浆？

答：依据 A.1.12 楼地面工程章说明第三点"如设计抹灰厚度与定额不同时，除定额有注明厚度的子目可以换算外，其他不做调整。"定额 A1-13-153 子目已综合考虑粘结层砂浆厚度，不另行调整。

（8）楼地面混凝土找平层中内置钢丝网应如何计价？

答：定额未考虑楼地面混凝土找平层中内置钢丝网定额子目，实际发生时可根据项目要求协商计价。

（9）定额 A1-13-327 幕墙防火隔断子目是否属于玻璃幕墙层间的防火封堵？

答：幕墙防火隔断子目是指幕墙层间的镀锌板防火封堵。

（10）定额 A.1.13 墙、柱面装饰与隔断、幕墙工程，工程量计算规则第四条"带骨架幕墙，按设计图示框外围尺寸以'm²'计算"，铝单板窗户折边和女儿墙顶翻折部分的铝单板面积是否可以计算？该部分铝单板并没有焊龙骨，只有铝板和打胶，应如何计费？

答：铝单板窗户折边和女儿墙顶翻折部分的铝单板设计有要求的应计算面积（见光面积），骨架调整可套用 A1-13-339 至 A1-13-341 骨架调整相关子目计算。

 任务小结

本任务主要结合实例对墙柱面工程的一般抹灰、装饰抹灰、柱面镶贴块料面层、墙柱面装饰、幕墙等项目的清单和定额有关说明及工程量计算规则进行全面讲解，也对这些项目计价时所用的定额说明进行讲解，并结合典型实例进行组价和综合单价分析，最终形成清单计价表。

通过本任务学习和实战演练，学生能够识读墙柱面装饰工程施工图纸，掌握墙柱面装饰工程工程计量知识，具备编制墙柱面装饰工程量清单以及计算相应清单和定额工程量的能力；掌握墙柱面工程的定额运用要点，掌握墙柱面工程组价及综合单价的计算，具备编制墙柱面装饰工程量清单计价表的能力。

 课后习题

一、单项选择题

1.《广东省房屋建筑与装饰工程综合定额（2018）》规定，内墙抹灰面积，按主墙间的净长乘以高度计算，有吊顶天棚的，其高度应该是（　　）。

A. 算到天棚底

B. 按室内地面或楼面至天棚另加 100mm 计算

C. 算到板底

D. 按室内地面或楼面至天棚另加 200mm 计算

2. 计算抹灰工程量时，外墙、内墙的计算长度（　　）计算。

A. 外墙按外边线，内墙按净长线　　　　　B. 内墙按中心线，外墙按净长线

C. 内、外墙按净长线　　　　　　　　　　D. 内、外墙按轴线

3. 墙面镶贴块料面层按设计图示尺寸以（　　）计算。

A. 垂直投影面积　　　　　　　　　　B. 展开面积

C. 实贴面积　　　　　　　　　　　　D. 镶贴表面积

4. 柱面镶贴块料工程量按设计图示以（　　）计算。

A. 柱体积　　　　　　　　　　　　　B. 柱结构周长×高度

C. 饰面外围尺寸×高度　　　　　　　D. 长度

5. 关于砌块墙钢丝网加固，以下说法正确的有（　　）

A. 钉（挂）网部分的墙面相应抹灰层人工费乘以系数 1.20。

B. 钢丝网的工程量按体积计算

C. 钢丝网的工程量按质量计算

D. 钢丝网的工程量按长度计算

6. 弧形幕墙套用相应幕墙子目，人工费乘以系数（　　）。

A. 1. 50　　　　　B. 1. 00　　　　　C. 1. 10　　　　　D. 1. 05

二、多项选择题

1. 装饰抹灰有（　　）。

A. 水刷石　　　　　　　　　　　　　B. 干粘石

C. 斩假石　　　　　　　　　　　　　D. 大理石

E. 花岗岩

2. 《房屋建筑与装饰工程工程量计算规范》GB 50854—2013 规定，幕墙工程的工程量计算规则，正确的有（　　）。

A. 带骨架幕墙，其工程量计算规则以"m²"计量，按设计图示框外围尺寸以面积计算。与幕墙同种材料的窗所占面积不扣除

B. 带骨架幕墙，其工程量计算规则以"m²"计量，按设计图示框外围尺寸以面积计算。与幕墙同种材料的窗所占面积单独列项

C. 带骨架幕墙，其工程量计算规则以"m²"计量，按设计图示框垂直投影面积计算。与幕墙同种材料的窗所占面积单独列项

D. 全玻（无框玻璃）幕墙，其工程量计算规则以"m²"计量，按设计图示尺寸以面积计

3. 《房屋建筑与装饰工程工程量计算规范》GB 50854—2013 规定，关于墙面抹灰工程量计算规则，正确的有（　　）。

A. 以 m² 计量，按设计图示尺寸以面积计算

B. 扣除墙裙、门窗洞口及单个>0.3m² 的孔洞面积

C. 扣除踢脚线、挂镜线和墙与构件交接处的面积

D. 增加门窗洞口和孔洞的侧壁及顶面的面积

E. 附墙柱、梁、垛、烟囱侧壁并入相应的墙面面积内

4. 《广东省房屋建筑与装饰工程综合定额（2018）》规定，建筑物高度超过 20m 时，外墙抹灰子目按建筑物不同高度执行相应系数，以下说法不正确的是（　　）。

A. 30m 内按相应子目乘以系数 1.15　　B. 60m 以内的乘以系数 1.20

C. 90m 以内的乘以系数 1.40　　　　　D. 90m 以上的乘以系数 1.50

E. 同一建筑物有不同高度的，按最大高度计算

5. 墙柱面工程中，下列项目应套用零星块料面层子目的有（　　）。

A. 挑檐 　　　　　　　　　　　　B. 门窗套

C. 压顶 　　　　　　　　　　　　D. 雨篷周边

E. 飘窗

6. 下列项目应套用零星块料面层子目的有（　　）。

A. 檐沟 　　　　　　　　　　　　B. 扶手

C. 遮阳板 　　　　　　　　　　　D. 花台

E. 门窗洞口侧壁

三、问答题

1. 《房屋建筑与装饰工程工程量计算规范》GB 50854—2013 规定，内墙面抹灰在计算时，高度怎么考虑？

2. 墙面装饰板的龙骨、基层、面层工程量如何计算？

3. 《房屋建筑与装饰工程工程量计算规范》GB 50854—2013 规定：有吊顶天棚的内墙面抹灰，抹至吊顶以上部分在综合单价中考虑，请问应该如何考虑？

4. 幕墙的计算规则都是按照面积计算，如果深化设计图纸中，幕墙骨架的含量和定额子目中不一致，该如何处理？

任务 4.3　天棚工程计量计价

知识要点

1. 熟悉天棚工程量清单的构成及编制；

2. 掌握天棚工程清单、定额工程量的计算规则；

3. 能根据实际项目，开列天棚工程清单，并进行清单、定额工程量的计算；

4. 熟悉定额总说明和天棚工程章说明中关于计价的规定；

5. 进行天棚清单项目定额组价时，能正确分析并选择出需要进行组价的定额；

6. 能够正确填写并计算天棚工程的综合单价分析表及清单与计价表。

4.3.1　天棚工程计量计价基础知识

1. 天棚工程的内容分类（图 4-3-1）

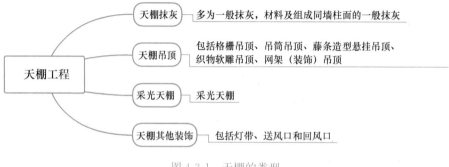

图 4-3-1　天棚的类型

2. 天棚抹灰（也称直接式天棚）

天棚抹灰按抹灰等级和技术要求分为普通抹灰、中级抹灰和高级抹灰；

按材料分为石灰砂浆（纸筋灰浆面）、混合砂浆、水泥砂浆抹灰；

按天棚基层分为混凝土、钢板网、板条及其他板面天棚抹灰。

3. 天棚吊顶

天棚吊顶由吊筋、龙骨和面层板组成，吊顶具有保温、隔热、隔声、吸声等作用，也是电气、通风空调、通信和防火、报警管线设备等工程的隐蔽层。

吊筋通常用圆钢制作，龙骨可用木龙骨或者金属龙骨（轻钢和铝合金）制作。

面层常用普通胶合板、硬质纤维板、装饰石膏板、埃特板、铝塑板、钙塑板、铝合金扣板条板、镜面玻璃和镜面不锈钢等。

吊顶天棚有上人与不上人之分，以及平面、跌级、锯齿形、阶梯形、吊挂式、藻井式及矩形、圆弧形、拱形等类型。

跌级天棚是指形状比较简单，不带灯槽，一个空间内有一个凹或凸形的天棚。

锯齿形、阶梯形、吊挂式、藻井式天棚的断面如图 4-3-2 所示。

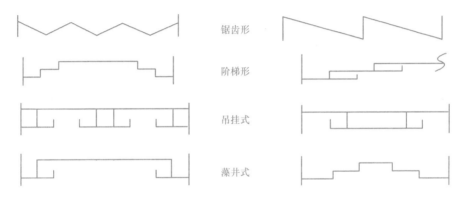

图 4-3-2 天棚吊顶的形式

国标清单中包含格栅吊顶、吊筒吊顶、藤条造型悬挂吊顶、织物软雕吊顶、装饰网架吊顶这些吊顶类型。

格栅吊顶：灯具等可装在顶棚内，广泛应用于大型商场、酒吧、候车室、机场、地铁等场站，大方美观、历久如新（图 4-3-3）。

吊筒吊顶：用某种材料做成筒状的装饰，悬吊于顶棚，形成某种特定装饰效果，就叫吊筒式吊顶（图 4-3-4）。

藤条造型悬挂吊顶：具有美观大方、色彩多样，良好的吸声和隔声效果，维修方便、耐候性强，安装容易等特点（图 4-3-5）。

织物软雕吊顶：指用绢纱、布幔等织物或充气薄膜装饰室内空间的顶部。这类顶棚可以自由地改变顶棚的形状，别具装饰风格，可以营造多种环境气氛，有丰富的装饰效果（图 4-3-6）。

装饰网架吊顶：是根据网架设计单位提供的设计文件计算每个网架球点的受力荷载数据进行图纸深化，确定吊顶钢架转换层的材料品种、型号、分布的间距，每个受力点的位置（图 4-3-7）。

图 4-3-3　格栅吊顶

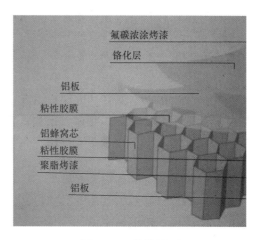

图 4-3-4　吊筒吊顶

图 4-3-5　藤条造型悬挂吊顶

图 4-3-6　织物软雕吊顶

图 4-3-7　装饰网架吊顶

4. 采光天棚

采光天棚主要是为了满足建筑物的采光需求，采光天棚的棚顶可以是玻璃的，也可以是各种采光板。采光板材料主要由 PP、PC、PET、APET 或 PVC 料做成（图 4-3-8）。

图 4-3-8　采光天棚

4.3.2　整体面层及找平层工程计量

整体面层及找平层清单及定额工程量计算规则见表 4-3-1。

天棚抹灰清单工程量计算规则　　　　　　　　表 4-3-1

	项目编码	项目名称	项目特征	计量单位	工程量计算规则	工作内容
国标清单	011301001	天棚抹灰	1. 基层类型 2. 抹灰厚度、材料种类 3. 砂浆配合比	m²	按设计图示尺寸以水平投影面积计算。不扣除间壁墙、垛、柱、附墙烟囱、检查口和管道所占的面积，带梁天棚的梁两侧抹灰面积并入天棚面积内，板式楼梯底面抹灰按斜面积计算，锯齿形楼梯底板抹灰按展开面积计算	1. 基层清理 2. 底层抹灰 3. 抹面层
综合定额	\(1\) 天棚抹灰，除注明外，按设计图示水平投影面积以"m²"计算。不扣除间壁墙、垛、柱、附墙烟囱、检查口和管道所占的面积。带梁天棚，梁两侧抹灰面积并入天棚面积内，板式楼梯底面抹灰按斜面积以"m²"计算，梁式楼梯底板抹灰按展开面积以"m²"计算。 \(2\) 阳台底面抹灰，按设计图示水平投影面积以"m²"计算，并入相应的天棚抹灰面积内。阳台带悬臂梁者，悬臂梁内侧抹灰面积并入天棚面积内以"m²"计算。 \(3\) 雨篷底层抹灰，按设计图示水平投影面积以"m²"计算，并入相应的天棚抹灰面积内。 \(4\) 天棚抹灰如带有装饰线时，装饰线按设计图示尺寸以"m"计算，计算天棚抹灰工程量时不扣除装饰线所占面积。 \(5\) 天棚中平面、跌级和艺术造型天棚抹灰，均按设计图示展开面积以"m²"计算					

【例 4-3-1】某井字梁顶棚，如图 4-3-9 所示。天棚抹灰的工程做法为：喷乳胶漆，6mm 厚 M20 砂浆抹面，8mm 厚 M15 砂浆打底，刷素水泥浆一道，现浇混凝土板。根据背景资料及现行清单和定额计算规范，试列出该工程天棚抹灰部分分部分项工程量清单并计算出对应的定额工程量（此处乳胶漆面层应按照"油漆、涂料、裱糊工程"部分相关项目编码列项）。

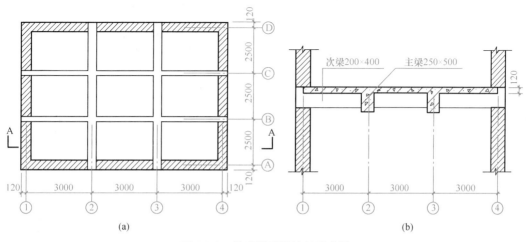

图 4-3-9　井字梁天棚抹灰示意图

（a）某现浇有梁板平面图；（b）A—A 剖面图

【解】案例工程清单工程量计算表见表 4-3-2；分部分项工程量清单见表 4-3-3。

清单工程量计算表

表 4-3-2

序号	项目编码	项目名称	计算过程	工程量	单位
1	011301001001	天棚抹灰	(3×3－0.12×2)×(2.5×3－0.12×2)（净空面积）＋(0.4－0.12)×(3×3－0.12×2－0.25×2)×2×2（次梁侧面积）＋[(0.5－0.12)×(2.5×3－0.12×2)－0.2×(0.4－0.12)×2]×2×2（主梁侧面积）	83.44	m²

分部分项工程量清单

表 4-3-3

序号	项目编码	项目名称	项目特征	计量单位	工程量
1	011301001001	天棚抹灰	1. 基层类型：混凝土楼板基层 2. 刷素水泥浆一道 3. 抹灰厚度，材料种类：6mm 厚 M20 湿拌砂浆抹面；8mm 厚 M15 湿拌砂浆打底	m²	83.44

本例题中，天棚抹灰的定额工程量同清单工程量。

4.3.3 天棚吊顶工程计量

天棚吊顶工程清单及定额工程量计算规则见表 4-3-4。

天棚吊顶清单工程量计算规则

表 4-3-4

	项目编码	项目名称	项目特征	计量单位	工程量计算规则	工作内容
国标清单	011302001	吊顶天棚	1. 吊顶形式、吊杆规格、高度 2. 龙骨材料种类、规格、中距 3. 基层材料种类、规格 4. 面层材料品种、规格 5. 压条材料种类、规格 6. 嵌缝材料种类 7. 防护材料种类	m²	按设计图示尺寸以水平投影面积计算。天棚面中的灯槽及跌级、锯齿形、吊挂式、藻井式天棚面积不展开计算。不扣除间壁墙、检查口、附墙烟囱、柱垛和管道所占面积，扣除单个＞0.3m²的孔洞、独立柱及与天棚相连的窗帘盒所占的面积	1. 基层清理、吊杆安装 2. 龙骨安装 3. 基层板铺贴 4. 面层铺贴 5. 嵌缝 6. 刷防护材料
	011302002	格栅吊顶	1. 龙骨材料种类、规格、中距 2. 基层材料种类、规格 3. 面层材料品种、规格 4. 防护材料种类		按设计图示尺寸以水平投影面积计算	1. 基层清理 2. 安装龙骨 3. 基层板铺贴 4. 面层铺贴 5. 刷防护材料
	011302003	吊筒吊顶	1. 吊筒形状、规格 2. 吊筒材料种类 3. 防护材料种类			1. 基层清理 2. 吊筒制作安装 3. 刷防护材料

续表

	项目编码	项目名称	项目特征	计量单位	工程量计算规则	工作内容
国标清单	011302004	藤条造型悬挂吊顶	1. 骨架材料种类、规格 2. 面层材料品种、规格	m²	按设计图示尺寸以水平投影面积计算	1. 基层清理 2. 龙骨安装 3. 铺贴面层
	011302005	织物软雕吊顶				
	011302006	装饰网架吊顶	网架材料品种、规格			1. 基层清理 2. 网架制作安装
综合定额						

（1）平面、跌级天棚

1）天棚龙骨工程量，按设计图示水平投影面积以"m²"计算，不扣除间壁墙、检查洞、附墙烟囱、柱垛和管道所占面积，但应扣除单个 0.3m² 以上的孔洞、独立柱及与天棚相连的窗帘盒所占面积。

2）天棚基层、面层工程量，除有注明外，均按设计图示展开面积以"m²"计算，不扣除间壁墙、检查洞、附墙烟囱、柱垛和管道所占面积，但应扣除单个 0.3m² 以上的孔洞、独立柱、灯光槽及与天棚相连的窗帘盒所占面积。灯光槽基层、面层工程量，按设计图示展开面积以"m²"计算。

3）天棚面层，若饰面材料没满贴（挂、吊、铺等）时，按设计图示其实际面积或数量以"m²"或"个"计算。

4）板式楼梯底面装饰工程量（除抹灰外）按设计图示水平投影面积乘以系数 1.15 以"m²"计算，梁式楼梯底面按设计图示展开面积以"m²"计算。

5）龙骨、基层、面层合并列项项目的工程量，按设计图示水平投影面积以"m²"计算，不扣除间壁墙、检查洞、附墙烟囱、柱垛和管道所占面积，但应扣除单个 0.3m² 以上的孔洞、独立柱及与天棚相连的窗帘盒所占面积。

（2）艺术造型天棚

1）天棚龙骨工程量，按设计图示水平投影面积以"m²"计算，不扣除间壁墙、检查洞、附墙烟囱、柱垛和管道所占面积，但应扣除单个 0.3m² 以上的孔洞、独立柱及与天棚相连的窗帘盒所占面积。

2）天棚基层、面层工程量，除有注明外，均按设计图示展开面积以"m²"计算，不扣除间壁墙、检查洞、附墙烟囱、柱垛和管道所占面积，但应扣除单个 0.3m² 以上的孔洞、独立柱、灯光槽及与天棚相连的窗帘盒所占面积。灯光槽基层、面层工程量，按设计图示展开面积以"m²"计算。

3）天棚面层，若饰面材料没满贴（挂、吊、铺等）时，按设计图示其实际面积或数量以"m²"或"个"计算。

（3）其他天棚（含龙骨和面层）

其他天棚（含龙骨和面层）工程量，按设计图示水平投影面积以"m²"计算

【例 4-3-2】预制钢筋混凝土空心板底做铝塑板平级吊顶，龙骨为装配式 U 型轻钢龙骨（不上人型），龙骨上铺钉 5mm 厚胶合板基层，面层为 6mm 厚铝塑板，规格为 300mm×300mm，建筑物尺寸如图 4-3-10 所示。

根据背景资料及现行清单和定额计算规范，试列出该铝塑板天棚部分分部分项工程量清单并计算出对应的定额工程量。

【解】案例工程清单工程量计算表见表 4-3-5；分部分项工程量清单见表 4-3-6。

清单工程量计算表　　　　　　　　　　　　　　　　　表 4-3-5

序号	项目编码	项目名称	计算过程	工程量	单位
1	011302001001	吊顶天棚	(3.6＋3.4×2－0.24×2)×(3.3×2－0.12×2)	63.09	m²

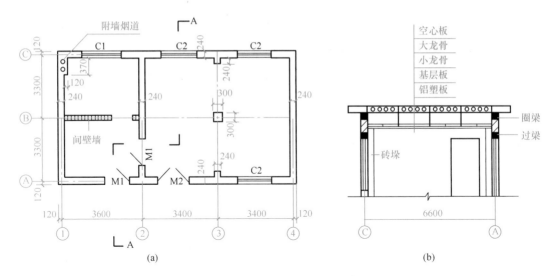

图 4-3-10 铝塑板平级吊顶天棚

（a）平面图；（b）A—A 剖面图

分部分项工程量清单   表 4-3-6

序号	项目编码	项目名称	项目特征	计量单位	工程量
1	011302001001	吊顶天棚	1. 龙骨材料种类，规格、中距：装配式 U 型轻钢龙骨（不上人型），平级 2. 基层材料种类、规格：龙骨上铺钉 5mm 厚胶合板基层 3. 面层材料品种、规格：6mm 厚铝塑板，规格为 300mm×300mm	m²	63.09

本例题中，吊顶天棚的龙骨、基层和面层的定额工程量均同清单工程量。

【例 4-3-3】如图 4-3-11 所示，天棚骨架为不上人型装配式 U 型轻钢龙骨，面层为 10mm 厚的石膏板吊顶。根据背景资料及现行清单和定额计算规范，试列出该天棚分部分项工程量清单并计算出对应的定额工程量。

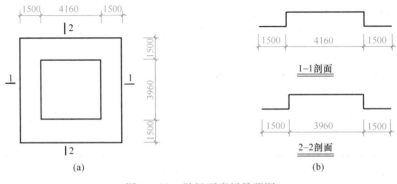

图 4-3-11 跌级石膏板吊顶图

（a）天棚平面图；（b）剖面图

【解】案例工程清单工程量计算表见表 4-3-7；分部分项工程量清单见表 4-3-8；定额工程量计算表见表 4-3-9。

清单工程量计算表　　　　　　表 4-3-7

序号	项目编码	项目名称	计算过程	工程量	单位
1	011302001001	吊顶天棚	6.96×7.16	49.83	m²

分部分项工程量清单　　　　　　表 4-3-8

序号	项目编码	项目名称	项目特征	计量单位	工程量
1	011302001001	吊顶天棚	1. 龙骨材料种类、规格、中距：装配式 U 型轻钢龙骨（不上人型）、跌级 2. 面层材料品种、规格：10mm 厚石膏板，300mm×300mm	m²	49.83

定额工程量计算表　　　　　　表 4-3-9

序号	项目名称	定额工程量计算式	工程量	单位
1	轻钢龙骨	6.96×7.16（按水平投影面积）	49.83	m²
2	石膏板面层	投影面积：6.96×7.16＝49.83m² 侧面面积：(3.96+4.16)×2×0.2＝3.25m² 展开面积：49.83+3.25＝53.08m²	53.08	m²

4.3.4　采光天棚工程计量

采光天棚工程清单及定额工程量计算规则见表 4-3-10。

采光天棚清单工程量计算规则　　　　　　表 4-3-10

	项目编码	项目名称	项目特征	计量单位	工程量计算规则	工作内容
国标清单	011303001	采光天棚	1. 骨架类型 2. 固定类型、固定材料品种、规格 3. 面层材料品种、规格 4. 嵌缝、塞口材料种类	m²	按框外围展开面积计算	1. 清理基层 2. 面层制安 3. 嵌缝、塞口 4. 清洗
	说明：采光天棚骨架不包括在本节中，应单独按本规范附录 F 相关项目编码列项					
综合定额	其他天棚（含龙骨和面层）工程量，按设计图示水平投影面积以"m²"计算。					

4.3.5 天棚其他工程计量

天棚其他工程清单及定额工程量计算规则见表4-3-11。

天棚其他装饰清单工程量计算规则　　　　　　　　　表 4-3-11

	项目编码	项目名称	项目特征	计量单位	工程量计算规则	工作内容
国标清单	011304001	灯带（槽）	1. 灯带形式、尺寸 2. 格栅片材料品种、规格 3. 安装固定方式	m²	按设计图示尺寸以框外围面积计算	安装、固定
	011304002	送风口、回风口	1. 风口材料品种、规格 2. 安装固定方式 3. 防护材料种类	个	按设计图示数量计算	1. 安装、固定 2. 刷防护材料
综合定额	（1）天棚吸音层按实铺面积以"m²"计算。 （2）送（回）风口，按设计图示数量以"个"计算。 （3）天棚检修道按设计图示尺寸以"m"计算					

4.3.6 天棚工程清单与定额规则主要不同之处对比

天棚工程清单与定额主要区别见表4-3-12。

天棚工程清单与定额规则区别　　　　　　　　　表 4-3-12

项目名称	清单	定额
吊顶天棚	清单规定按设计图示尺寸以水平投影面积计算，天棚面中的灯槽及跌级、锯齿形、吊挂式、藻井式天棚面积不展开计算	天棚基层、面层工程量，除有注明外，均按设计图示展开面积以"m²"计算

4.3.7 天棚工程计价

定额计价部分章说明如下：

（1）抹灰厚度，按不同砂浆分别列在定额子目中，同类砂浆列总厚度，不同砂浆分别列出厚度，如定额子目中10mm＋5mm即表示两种不同砂浆的各自厚度。如设计抹灰厚度与定额不同时，除定额有注明厚度的子目可以换算砂浆消耗量外，其他不作调整。

（2）计算雨篷底面抹灰时，雨篷外边线套用墙柱面零星子目。

（3）天棚抹灰装饰线，线角的道数以一个突出的棱角为一道线，分别套用三道线内或五道线内相应子目。

（4）雨篷、阳台板、悬挑板、挑檐底面和天棚贴陶瓷块料或马赛克时，套用墙柱面工程相应定额子目，人工费乘以系数1.45，砂浆乘以系数1.07。

（5）定额中所注明的砂浆种类、配合比、饰面材料的型号规格与设计不同时，材料可以换算，其他不变。

（6）本章除了部分项目将龙骨、基层、面层合并列项外，其余均按天棚龙骨、基层和面层分别列项编制。

（7）本章龙骨的种类、间距、规格和基层、面层材料的型号、规格是按常用材料和常规做法考虑的，如设计要求不同时，材料种类及用量可以调整，其他不变。

（8）平面、跌级天棚是指：天棚面层在同一标高者为平面天棚，不在同一标高者为跌级天棚。

（9）艺术造型天棚分为锯齿形、阶梯形、吊挂式、藻井式四种类型，其断面见附图。

（10）天棚面层不在同一标高，且高差在 400mm 以下三级以内的一般直线形平面天棚按跌级天棚相应项目执行；高差在 400mm 以上或超过三级以及圆弧形、拱形等造型天棚按吊顶天棚中的艺术造型天棚相应项目执行。

（11）定额轻钢龙骨、铝合金龙骨项目按双层结构（即中、小龙骨紧贴大龙骨底面吊挂）考虑，如设计为单层结构时（大、中龙骨底面在同一水平上），人工费乘以系数 0.85。

（12）轻钢龙骨和铝合金龙骨不上人型吊杆长度为 0.6m，上人型吊杆长度为 1.4m。

（13）上人型天棚安装龙骨吊筋采用射枪时，按相应子目人工费乘以系数 0.98、吊筋（圆钢 ϕ10 以内）减少 3.8kg，增加铁件 27.6kg、射钉 585 个。

（14）不上人型天棚龙骨吊筋改全预埋时，按相应子目人工费乘以系数 1.05、吊筋（圆钢 ϕ10 以内）增加 30kg，扣除子目中的全部射钉用量。

（15）天棚灯光槽并入与其相连的天棚项目内计算，套用相应子目。

（16）本章未包括天棚的防火处理，天棚防火处理另行计算。

（17）天棚检查孔的工料已在定额内综合考虑，不得另行计算。

（18）天棚基层如做两层时，应分别计算工程量并套用相应基层子目，第二层基层的人工费乘以系数 0.80。

（19）跌级天棚及艺术造型天棚同一标高且连续的部分，其面积超过 6m² 或最短边长度大于 1.2m 时，该部分的龙骨、基层、面层套用相应材质的平面天棚子目。

（20）井口天花子目包括龙骨、基层和面层，但不包括在面层上所做的彩绘工序，如有发生按实际计算。

4.3.8　天棚工程计价案例

【例 4-3-4】 根据【例 4-3-1】的已知条件及计算结果，项目采用湿拌砂浆，不计价差，试计算天棚抹灰各清单项目的分部分项综合单价，并填写清单计价表。

【解】（1）根据题目条件，天棚抹灰做法为：6 厚 mmM20 湿拌砂浆抹面，8mm 厚 M15 湿拌砂浆打底。此处选择"A1-14-4"子目，因为定额中注明："如设计抹灰厚度与定额不同时，除定额有注明厚度的子目可以换算砂浆消耗量外，其他不作调整"，所以无需再换算厚度。

（2）砂浆的选取以及砂浆数量的填写，均参考楼地面和墙柱面部分。

（3）其他数据参照土石方部分所描述的方法以及定额的数据填写并计算（表 4-3-13、表 4-3-14）。

综合单价分析表　　　　　　　　　　　表 4-3-13

工程名称：××装饰工程　　　　　　　　标段：　　　　　　　　　第　页　共　页

项目编码	011301001001		项目名称	天棚抹灰		计量单位	m²	工程量	83.44
清单综合单价组成明细									
定额编号	定额项目名称	定额单位	数量	单价				合价	

定额编号	定额项目名称	定额单位	数量	人工费	材料费	机具费	管理费和利润	人工费	材料费	机具费	管理费和利润
A1-14-4	水泥石灰砂浆底 水泥砂浆面 10+5mm	100m²	0.01	1865.9	37.66		654.37	18.66	0.38		6.54
8005909	湿拌抹灰砂浆 一次抹灰厚度≥5mm M20	m³	0.0072		312				2.25		
8005908	湿拌抹灰砂浆 一次抹灰厚度≥5mm M15	m³	0.0113		308				3.48		
人工单价		小计						18.66	6.11		6.54
		未计价材料费									
清单项目综合单价								31.31			

分部分项工程和单价措施项目清单与计价表　　　　　表 4-3-14

工程名称：××装饰工程　　　　　　　　标段：　　　　　　　　　第　页　共　页

序号	项目编码	项目名称	项目特征描述	计量单位	工程量	金额（元）		
						综合单价	综合合价	其中
								暂估价
1	011301001001	天棚抹灰	1. 基层类型：混凝土楼板基层 2. 刷素水泥浆一道 3. 抹灰厚度，材料种类：6mm 厚 M20 湿拌砂浆抹面；8mm 厚 M15 湿拌砂浆打底	m²	83.44	31.31	2612.51	

【例 4-3-5】根据【例 4-3-2】的已知条件及计算结果，不计价差，试计算吊顶天棚各清单项目的分部分项综合单价，并填写清单计价表。

（1）根据题目条件，"平级装配式 U 型轻钢龙骨（不上人型）"套取"A1-14-35"子目，"5mm 厚胶合板基层"套取"A1-14-88"子目，"6mm 厚铝塑板面层"套取"A1-14-105"子目。

（2）其他数据参照土石方部分所描述的方法以及定额的数据填写并计算（表 4-3-15、表 4-3-16）。

综合单价分析表　　　　　　　　　　　　　表 4-3-15

工程名称：××装饰工程　　　　　　　　　　标段：　　　　　　　　　　第　页　共　页

| 项目编码 | 011302001001 | 项目名称 | 吊顶天棚 | 计量单位 | m² | 工程量 | 63.09 |

清单综合单价组成明细

定额编号	定额项目名称	定额单位	数量	单价				合价			
				人工费	材料费	机具费	管理费和利润	人工费	材料费	机具费	管理费和利润
A1-14-35	装配式 U 型轻钢天棚龙骨（不上人型）面层规格（mm）300×300 平面	100m²	0.01	1769.79	2629.34	9.47	623.98	17.7	26.29	0.09	6.24
A1-14-88	胶合板	100m²	0.01	612.15	1456.19		214.68	6.12	14.56		2.15
A1-14-105	铝塑板面层 贴在胶合板基层上	100m²	0.01	1308.15	12933.19		458.77	13.08	129.33		4.59
人工单价		小计						36.9	170.18	0.09	12.98
		未计价材料费									
		清单项目综合单价						220.16			

分部分项工程和单价措施项目清单与计价表　　　　　　表 4-3-16

工程名称：××装饰工程　　　　　　　　　　标段：　　　　　　　　　　第　页　共　页

序号	项目编码	项目名称	项目特征描述	计量单位	工程量	金额（元）		
						综合单价	综合合价	其中
								暂估价
1	011302001001	吊顶天棚	1. 龙骨材料种类，规格、中距：装配式 U 型轻钢龙骨（不上人型），平级 2. 基层材料种类、规格：龙骨上铺钉 5mm 厚胶合板基层 3. 面层材料品种、规格：6mm 厚铝塑板，规格为 300mm×300mm	m²	63.09	220.16	13889.89	

【例 4-3-6】根据【例 4-3-3】的已知条件及计算结果，不计价差，试计算各清单项目的分部分项综合单价，并填写清单计价表。

【解】（1）根据题目条件，"跌级装配式 U 型轻钢龙骨（不上人型）"套取"A1-14-36"子目；"10mm 厚石膏板面层"套取"A1-14-111"子目。

（2）其他数据参照土石方部分所描述的方法以及定额的数据填写并计算（需注意：跌级石膏板面层的定额工程量与清单工程量不一致），见表 4-3-17、表 4-3-18。

综合单价分析表 表 4-3-17

工程名称：××装饰工程　　　　　　　标段：　　　　　　　第 页 共 页

项目编码	011302001002	项目名称	吊顶天棚	计量单位	m²	工程量	49.83

清单综合单价组成明细

定额编号	定额项目名称	定额单位	数量	单价				合价			
				人工费	材料费	机具费	管理费和利润	人工费	材料费	机具费	管理费和利润
A1-14-36	装配式 U 型轻钢天棚龙骨（不上人型）面层规格（mm）300×300 跌级	100m²	0.01	1846.76	3134.32	9.47	650.98	18.47	31.34	0.09	6.51
A1-14-111	石膏板面层安在 U 型轻钢龙骨上	100m²	0.0107	923.48	1883.95		323.87	9.84	20.07		3.45
人工单价		小计						28.31	51.41	0.09	9.96
		未计价材料费									
清单项目综合单价								89.77			

分部分项工程和单价措施项目清单与计价表 表 4-3-18

工程名称：××装饰工程　　　　　　　标段：　　　　　　　第 页 共 页

序号	项目编码	项目名称	项目特征描述	计量单位	工程量	金额（元）		其中
						综合单价	综合合价	暂估价
1	011302001001	吊顶天棚	1. 龙骨材料种类，规格、中距：装配式 U 型轻钢龙骨（不上人型），跌级 2. 面层材料品种、规格：10mm 厚石膏板	m²	49.83	89.77	4473.24	

职业拓展——综合定额要点解析：

A.1.14 天棚工程章说明第十三条"轻钢龙骨和铝合金龙骨不上人型吊杆长度为 0.6m，上人型吊杆长度为 1.4m。"若超出这个范围是否可以换算？如何换算？

答：A.1.14 天棚工程章说明"本章龙骨的种类、间距、规格和基层、面层材料的型号、规格是按常用材料的常规做法考虑的，如设计要求不同时，材料种类及用量可以调整，其他不变。"超出定额规定的范围，可按设计长度进行相应换算。

 **任务小结**

本任务首先学习了天棚工程的基础知识，然后分天棚抹灰、平面和跌级天棚、艺术造

型天棚、其他天棚、天棚其他装饰项目等几个模块对工程计量的清单和定额规则进行了学习，并辅以案例进行练习和巩固；在计量的基础上，进一步学习了定额的计价说明、案例的综合单价分析和计算、分部分项工程清单与计价表的填写。最后为与职业接轨，将天棚工程的定额解释进行了补充，以拓展学习者的职业视角。

通过本任务学习使学生能够识读天棚装饰工程施工图纸，掌握天棚装饰工程计量知识，具备编制天棚装饰工程量清单以及计算相应清单和定额工程量的能力；掌握天棚工程组价及综合单价的计算，具备编制天棚装饰工程量清单计价表的能力。

一、单项选择题

1. 根据《广东省房屋建筑与装饰工程综合定额（2018）》，板式楼梯底面抹灰面积按（　　）计算。

A. 斜面积 B. 水平投影面积×1.15

C. 展开面积 D. 展开面积×1.15

2. 根据《广东省房屋建筑与装饰工程综合定额（2018）》，阳台带悬臂梁者，悬臂梁内侧抹灰面积（　　）。

A. 按墙面抹灰计算 B. 并入天棚面积内

C. 按照长度计算 D. 按照零星抹灰计算

3. 《广东省房屋建筑与装饰工程综合定额（2018）》天棚工程中，关于天棚抹灰，下列说法不正确的是（　　）。

A. 不同砂浆应该分别列出厚度

B. 定额子目中 10mm+5mm 即表示两种不同砂浆的各自厚度

C. 如设计抹灰厚度与定额不同时，不作调整

D. 如设计抹灰厚度与定额不同时，除定额有注明厚度的子目可以换算砂浆消耗量外，其他不作调整

4. 雨篷、阳台板、悬挑板、挑檐底面和天棚贴陶瓷块料或马赛克时（　　）。

A. 套用墙柱面工程相应定额子目

B. 人工费乘以系数 1.45、砂浆乘以系数 1.07

C. 套用天棚工程相应定额子目

D. 套用零星项目定额子目

二、多项选择题

1. 《广东省房屋建筑与装饰工程综合定额（2018）》规定，各种天棚龙骨按设计图示水平投影面积以"m²"计算，不扣除（　　）。

A. 独立柱 B. 间壁墙

C. 单个面积 0.3m² 以上的孔洞 D. 检查洞

E. 与天棚相连的窗帘盒。

2. 吊顶天棚一般由（　　）组成。

A. 龙骨 B. 基层

C. 找平层   D. 结合层

E. 面层

3. 天棚龙骨所用材料有（   ）。

A. 木龙骨   B. 轻钢龙骨

C. 塑料龙骨   D. 铝合金龙骨

E. 石膏龙骨

4. （   ）按设计图示数量计算。

A. 灯槽   B. 送风口

C. 装饰线   D. 回风口

5. 《房屋建筑与装饰工程工程量计算规范》GB 50854—2013 规定，关于天棚抹灰工程量计算的说法中，正确的是（   ）。

A. 锯齿形楼梯底板抹灰面积按展开面积计算

B. 带梁天棚的梁两侧抹灰面积应并入天棚抹灰工程量内计算

C. 天棚抹灰工程量的计算应扣除垛、柱所占面积

D. 天棚抹灰工程量的计算不扣除间壁墙、检查口所占面积

E. 天棚抹灰工程量的计算不扣除附墙烟囱、管道所占面积

6. 根据《广东省房屋建筑与装饰工程综合定额（2018）》规定，关于天棚工程下列说法不正确的有（   ）。

A. 天棚的防火处理在天棚面层中已考虑

B. 天棚检查孔的工料已在定额内综合考虑，不得另行计算

C. 天棚基层如做两层时，应分别计算工程量并套用相应基层子目，第二层基层的人工费乘以系数 0.90

D. 天棚灯光槽并入与其相连的天棚项目内计算，套用相应子目

7. 以下项目底面和天棚贴陶瓷块料或马赛克时，套用墙柱面工程相应定额子目的是（   ）。

A. 雨篷   B. 阳台板

C. 悬挑板   D. 挑檐

E. 楼梯

三、问答题

1. 清单和定额规则在天棚工程的工程量计算方面有什么不同之处？

2. 请从计量和计价两个方面来对比平面和跌级天棚。

任务 4.4   油漆、涂料、裱糊工程计量计价

 知识要点

1. 了解油漆、涂料、裱糊工程量清单的编制；

2. 熟悉油漆、涂料、裱糊清单工程量的计算；

3. 熟悉 2018 综合定额中油漆的系数调整表；

4. 掌握油漆、涂料、裱糊定额工程量的计算；

5. 能根据实际项目，开列油漆工程清单，并进行清单、定额工程量的计算；

6. 熟悉定额总说明和油漆涂料工程章说明中关于计价的规定；

7. 进行油漆涂料清单项目定额组价时，能正确分析并选择出需要进行组价的定额；

8. 能够正确填写并计算油漆涂料工程的综合单价分析表及清单与计价表。

4.4.1 油漆、涂料、裱糊工程计量计价的前导知识

在我国，一般将用于建筑物内墙、外墙、顶棚、地面的涂料称为建筑涂料。实际上建筑涂料的范围很广，除上述内容外，还包括功能性涂料及防水涂料等。早期的涂料主要是以油脂和天然树脂为主要原料，故旧称油漆。

建筑涂料具有装饰功能、保护功能和居住性改进功能。各种功能所占的比重因使用目的不同而不尽相同。

油漆施工根据基层的不同，有木材面油漆、金属面油漆、抹灰面油漆等种类。涂料施工有刷涂、喷涂、滚涂、弹涂、抹涂等形式。油漆、涂料施工一般经过基层处理、打底子、刮腻子、磨光、涂刷等工序。裱糊有对花和不对花两种类型。

腻子种类分石膏油腻子（由熟桐油、石膏粉及适量水调制）、胶腻子（由大白、色粉及羧甲基纤维素调制）、漆片腻子（由漆片、酒精、石膏粉及适量色粉调制）、油腻子（由矾石粉、桐油、脂肪酸及松香调制）等。

腻子要求分为刮腻子遍数（道数）、满刮腻子和找补腻子等。

4.4.2 门油漆计量

门油漆清单及定额工程量计算规则（表 4-4-1）。

门油漆清单工程量计算规则 表 4-4-1

	项目编码	项目名称	项目特征	计量单位	工程量计算规则	工作内容
国标清单	011401001	木门油漆	1. 门类型 2. 门代号及洞口尺寸 3. 腻子种类 4. 刮腻子遍数 5. 防护材料种类 6. 油漆品种、刷漆遍数	1. 樘 2. m²	1. 以樘计量，按设计图示数量计量 2. 以平方米计量，按设计图示洞口尺寸以面积计算	1. 基层清理 2. 刮腻子 3. 刷防护材料、油漆
国标清单	011401002	金属门油漆				1. 除锈、基层清理 2. 刮腻子 3. 刷防护材料、油漆

说明：（1）木门油漆应区分木大门、单层木门、双层（一玻一纱）木门、双层（单裁口）木门、全玻自由门、半玻自由门、装饰门及有框门或无框门等项目，分别编码列项。

（2）金属门油漆应区分平开门、推拉门、钢制防火门等项目，分别编码列项。

（3）以平方米计量，项目特征可不必描述洞口尺寸

综合定额：木门：按设计图示框外围面积以"m²"计算，但无框装饰门、成品门按设计图示门扇面积以"m²"计算。

钢门铁门：按设计图示尺寸以"t"计算。

门油漆工程量在按照上述计算规则算完后，还需要乘以规定的油漆系数，具体见表 4-4-2

门油漆工程量计算规则和其相应系数表　　　　　　　　　　表 4-4-2

项目名称	系数	工程量计算规则
单层木门	1	按设计图示框外围面积以"m²"计算，但无框装饰门、成品门按设计图示门扇面积以"m²"计算
双层（一玻一纱）木门	1.36	
双层（单裁口）木门	2	
单层半玻门	0.85	
单层全玻门	0.75	
木全百叶门	1.7	
厂库木大门	1.1	
单层带玻璃钢门	1.35	
双层（一玻一纱）钢门	2	
满钢板或包铁皮门	2.2	
钢管镀锌钢丝网大门	1.1	
厂库房平开、推拉门	2.3	
无框装饰门、成品门	1.1	按设计图示门扇面积以"m²"计算
项目名称	折算面积（m²）	工程量计算规则
厂库房钢大门	50	按设计图示尺寸以"t"计算
普通铁门	73	
折叠钢门	87	
百叶钢门	108	

【例 4-4-1】 某建筑物有单层木质夹板门 12 樘，尺寸如图 4-4-1 所示。油漆为刮腻子、底漆二遍、聚酯色漆二遍。根据背景资料及现行清单和定额计算规范，试列出该工程木门油漆部分分部分项工程量清单并计算出对应的定额工程量。

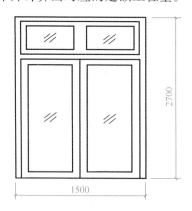

图 4-4-1　某全玻璃门立面图

【解】案例工程清单工程量计算表见表 4-4-3；分部分项工程量清单见表 4-4-4；定额工程量计算表见表 4-4-5。

清单工程量计算表　　　　　　　　　　　　　　　　表 4-4-3

序号	项目编码	项目名称	计算过程	工程量	单位
1	011401001001	木门油漆	1.5×2.7×12	48.6	m²

分部分项工程量清单　　　　　　　　　　　　　　　　表 4-4-4

序号	项目编码	项目名称	项目特征	计量单位	工程量
1	011401001001	木门油漆	1. 门类型：木质夹板门 2. 门代号及洞口尺寸：1500mm×2700mm 3. 油漆品种、刷漆遍数：刮腻子、底漆二遍，聚酯色漆二遍	m²	48.6

定额工程量计算表　　　　　　　　　　　　　　　　表 4-4-5

序号	项目名称	定额工程量计算式	工程量	单位
1	木门油漆	(1.5−0.015×2)×(2.7−0.015)×1(单层木门油漆系数)×12	47.36	m²

4.4.3　窗油漆计量

窗油漆清单及定额工程量计算规则见表 4-4-6。

窗油漆清单工程量计算规则　　　　　　　　　　　　　　　　表 4-4-6

	项目编码	项目名称	项目特征	计量单位	工程量计算规则	工作内容
国标清单	011402001	木窗油漆	1. 窗类型 2. 窗代号及洞口尺寸 3. 腻子种类 4. 刮腻子遍数 5. 防护材料种类 6. 油漆品种、刷漆遍数	1. 樘 2. m²	1. 以樘计量，按设计图示数量计量 2. 以平方米计量，按设计图示洞口尺寸以面积计算	1. 基层清理 2. 刮腻子 3. 刷防护材料、油漆
	011402002	金属窗油漆				1. 除锈、基层清理 2. 刮腻子 3. 刷防护材料、油漆
国标清单	说明：（1）木窗油漆应区分单层木门、双层（一玻一纱）木窗、双层框扇（单裁口）木窗、双层框三层（二玻一纱）木窗、单层组合窗、双层组合窗、木百叶窗、木推拉窗等项目，分别编码列项。 （2）金属窗油漆应区分平开窗、推拉窗、固定窗、组合窗、金属隔栅窗等项目，分别编码列项。 （3）以平方米计量，项目特征可不必描述洞口尺寸					
综合定额	（1）按设计图示框外围面积以"m²"计算。 （2）窗油漆工程量在按照上述计算规则算完后，还需要乘以规定的油漆系数，具体见表 4-4-7					

窗油漆工程量计算规则和其相应系数表　　　　　　　　表 4-4-7

项目名称	系数	工程量计算规则
单层玻璃窗、满洲窗、屏风花檐、挂落	1	
双层（一玻一纱）木窗	1.36	
双层（单裁口）木窗	2	
三层（二玻一纱）窗	2.6	
单层组合木窗	0.83	按设计图示框外围面积以"m"计算
双层组合木窗	1.13	
木百叶窗	1.5	
单层带玻璃钢窗、单双玻璃天窗、组合钢窗	1.35	
双层（一玻一纱）钢窗	2	
钢窗波纹窗花	0.38	

4.4.4　木扶手及其他板条、线条油漆计量

木扶手及其他板条、线条油漆清单及定额工程量计算规则见表 4-4-8。

木扶手及其他板条、线条油漆清单工程量计算规则　　　　　表 4-4-8

	项目编码	项目名称	项目特征	计量单位	工程量计算规则	工作内容
国标清单	011403001	木扶手油漆	1. 断面尺寸 2. 腻子种类 3. 刮腻子遍数 4. 防护材料种类 5. 油漆品种、刷漆遍数	m	按设计图示尺寸以长度计算	1. 基层清理 2. 刮腻子 3. 刷防护材料、油漆
	011403002	窗帘盒油漆				
	011403003	封檐板、顺水板油漆				
	011403004	挂衣板、黑板框油漆				
	011403005	挂镜线、窗帘棍、单独木线油漆				
	说明：木扶手应区分带托板与不带托板，分别编码列项，若是木栏杆带扶手，木扶手不应单独列项，应包含在木栏杆油漆中					
综合定额	（1）按设计图示尺寸以"m"计算 （2）油漆工程量在按照上述计算规则算完后，还需要乘以规定的油漆系数，具体见表 4-4-9					

木扶手及其他板条、线条油漆工程量计算规则和其相应系数表　　表 4-4-9

项目名称	系数	工程量计算规则
木扶手（不带托板）	1	按设计图示尺寸以"m"计算
木扶手（带托板）	2.5	
窗帘盒	2	
封檐板、顺水板、博风板	1.7	
挂衣板、黑板框	0.5	
生活园地框、挂镜线、窗帘棍	0.35	

【例 4-4-2】 某建筑物如图 4-4-2 所示，墙厚 240mm，木质挂镜线 25mm×50mm，刷底油一遍、调和漆二遍。根据背景资料及现行清单和定额计算规范，试列出该工程挂镜线油漆部分分部分项工程量清单并计算出对应的定额工程量。

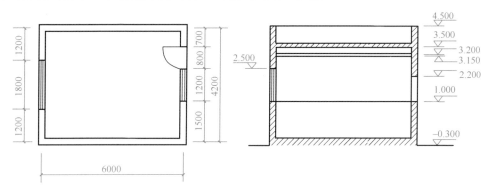

图 4-4-2　某建筑物挂镜线示意图

【解】 案例工程清单工程量计算表见表 4-4-10；分部分项工程量清单见表 4-4-11；定额工程量计算表见表 4-4-12。

清单工程量计算表　　表 4-4-10

序号	项目编码	项目名称	计算过程	工程量	单位
1	011403005001	挂镜线油漆	$(6-0.12\times2+4.2-0.12\times2-0.025\times2)\times2$	19.34	m

分部分项工程量清单　　表 4-4-11

序号	项目编码	项目名称	项目特征	计量单位	工程量
1	011403005001	挂镜线油漆	1. 断面尺寸：25mm×50mm 木质 2. 防护材料种类油漆品种、刷漆遍数：刷底油一遍、调和漆二遍	m	19.34

定额工程量计算表　　表 4-4-12

序号	项目名称	定额工程量计算式	工程量	单位
1	挂镜线油漆	$(6-0.12\times2+4.2-0.12\times2-0.025\times2)\times2\times0.35$(油漆系数)	6.804	m

4.4.5　木材面油漆计量

木材面油漆清单及定额工程量计算规则见表 4-4-13。

木材面油漆清单工程量计算规则 表 4-4-13

	项目编码	项目名称	项目特征	计量单位	工程量计算规则	工作内容
国标清单	011404001	木护墙、木墙裙油漆	1. 腻子种类 2. 刮腻子遍数 3. 防护材料种类 4. 油漆品种、刷漆遍数 5. 腻子种类 6. 刮腻子遍数 7. 防护材料种类 8. 油漆品种、刷漆遍数	m²	按设计图示尺寸以面积计算	1. 基层清理 2. 刮腻子 3. 刷防护材料、油漆 4. 基层清理 5. 刮腻子 6. 刷防护材料、油漆
	011404002	窗台板、筒子板、盖板、门窗套、踢脚线油漆				
	011404003	清水板条天棚、檐口油漆				
	011404004	木方格吊顶天棚油漆				
	011404005	吸音板墙面、天棚面油漆				
	011404006	暖气罩油漆				
	011404007	其他木材面				
	011404008	木间壁、木隔断油漆		m²	按设计图示尺寸以单面外围面积计算	
	011404009	玻璃间壁露明墙筋油漆				
	011404010	木栅栏、木栏杆（带扶手）油漆				
	011404011	衣柜、壁柜油漆			按设计图示尺寸以油漆部分展开面积计算	
	011404012	梁柱饰面油漆				
	011404013	零星木装修油漆				
	011404014	木地板油漆			按设计图示尺寸以面积计算。孔洞、空圈、暖气包槽、壁龛的开口部分并入相应的工程量内	
	011404015	木地板烫硬蜡面	1. 硬蜡品种 2. 面层处理要求			1. 基层清理 2. 烫蜡
综合定额						

综合定额：

（1）壁柜，梁柱饰面，零星木装修油漆，均按设计图示尺寸油漆部分展开面积以"m²"计算。

（2）装饰线宽度 200mm 内的按设计图示长度以"m"计算，超过 200mm 的按设计图示展开面积以"m²"计算。

（3）木屋架油漆，按二分之一设计图示跨度乘以设计图示高度以面积"m²"计算。

（4）木地板油漆、木楼梯油漆工程量计算规则和其相应系数见表 4-4-14。

（5）其他构件计算规则和油漆系数见表 4-4-15

木地板、木楼梯油漆计算规则和油漆系数 表 4-4-14

项目名称	系数	工程量计算规则
木地板	1	按设计图示尺寸以"m"计算，孔洞、空圈、暖气包槽、壁龛的开口部分并入相应的工程量内
木楼梯面层（带踢板）	2.3	按设计图示水平投影面积以"m"计算，不扣除宽度小于 300mm 的楼梯井，伸入墙内部分不计算
木楼梯底层（带踢板，底封板）	1.3	
木楼梯底层（带踢板，底不封板）	2.3	
木楼梯面层（不带踢板）	1.2	
木楼梯底层（不带踢板）	1.2	

其他构件油漆计算规则和油漆系数 表 4-4-15

项目名称	系数	工程量计算规则
木板、纤维板、胶合板（单面）	1	按设计图示尺寸以"m"计算
木护墙、木墙裙、踢脚线	0.83	
窗台板、筒子板、盖板、门窗套	0.83	
清水板条天棚、檐口	1.1	
木方格吊顶天棚	1.2	
吸音板墙面、天棚面	0.87	
鱼鳞板墙	2.4	
暖气罩	1.28	
屋面板（带榜条）	1.1	
木间壁、木隔断	1.9	按设计图示单面外围面积以"m"计算
玻璃间壁露明墙筋	1.65	
木栅栏、木栏杆（带扶手）	1.82	
零星木装修	1.1	按设计图示油漆部分展开面积以"m"计算
木饰线（宽度超 200mm 时）	1	按设计图示尺寸以"m"计算
木屋架	1.77	按二分之一设计图示跨度乘以设计图示中间位置高度以"m"计算

4.4.6 金属面油漆计量

金属面油漆清单及定额工程量计算规则见表 4-4-16。

金属面油漆清单工程量计算规则 表 4-4-16

	项目编码	项目名称	项目特征	计量单位	工程量计算规则	工作内容
国标清单	011405001	金属面油漆	1. 构件名称 2. 腻子种类 3. 刮腻子要求 4. 防护材料种类 5. 油漆品种、刷漆遍数	1. t 2. m²	1. 以吨计量，按设计图示尺寸以质量计算 2. 以平方米计量，按设计展开面积计算	1. 基层清理 2. 刮腻子 3. 刷防护材料、油漆
综合定额	（1）钢结构构件油漆，按设计图示展开面积以"m²"计算。 （2）执行金属结构构件表面油漆面积的项目，其工程量计算规则及相应系数见表 4-4-17					

金属面油漆计算规则和油漆系数　　表 4-4-17

项目名称	折算面积系数（m）	工程量计算规则
钢爬梯、钢支架、柜台钢支架	44.84	按设计图示尺寸以"t"乘以折算面积系数计算
踏步式钢梯（钢扶梯）	39.9	
钢栏杆、钢栅栏门、钢窗栅	64.98	
桁架梁、型钢梁（吧头、门头）	40	
零星构件、零星小品（构件）	58	

4.4.7 抹灰面油漆计量

抹灰面油漆清单及定额工程量计算规则见表 4-4-18。

抹灰面油漆清单工程量计算规则　　表 4-4-18

	项目编码	项目名称	项目特征	计量单位	工程量计算规则	工作内容
国标清单	011406001	抹灰面油漆	1. 基层类型 2. 腻子种类 3. 刮腻子遍数 4. 防护材料种类 5. 油漆品种、刷漆遍数 6. 部位	m²	按设计图示尺寸以面积计算	1. 基层清理 2. 刮腻子 3. 刷防护材料、油漆
	011406002	抹灰线条油漆	1. 线条宽度、道数 2. 腻子种类 3. 刮腻子遍数 4. 防护材料种类 5. 油漆品种、刷漆遍数	m	按设计图示尺寸以长度计算	
	011406003	满刮腻子	1. 基层类型 2. 腻子种类 3. 刮腻子遍数	m²	按设计图示尺寸以面积计算	1. 基层清理 2. 刮腻子
综合定额	（1）空花格、栏杆油漆，按设计图示单面外围面积以"m²"计算。 （2）踢脚线刷耐磨漆按设计图示长度以"m"计算。 （3）天棚、墙、柱面粘贴 PVC 阴阳角护角条按设计图示要求粘贴护角条以长度"m"计算，抗裂纤维网按设计图示要求粘贴的面积以"m²"计算。 （4）天棚、墙、柱面板缝粘贴胶带，以设计图示要求的板面接缝长度乘以胶带宽度按粘贴的面积以"m²"计算。 （5）其他执行抹灰面油漆、涂料的项目，其工程量计算规则及其相应系数见表 4-4-19					

其他抹灰面油漆项目计算规则和油漆系数　　　　　表 4-4-19

项目名称	系数	工程量计算规则
混凝土梯底（板式）	1.3	按设计图示水平投影面积以"m"计算
混凝土梯底（梁式）	1	按设计图示油漆部分展开面积以"m"计算
混凝土花格窗、栏杆、花饰	1.82	按设计图示单面外围面积以"m"计算
亭顶棚	1	按设计图示斜面积以"m"计算
楼地面、天棚、墙、柱梁面	1	按设计图示油漆部分展开面积以"m"计算

【例 4-4-3】某井字梁顶棚如图 4-4-3 所示。天棚抹灰的工程做法为：①刷乳胶漆两道；②6mm 厚 1：2.5 水泥砂浆抹面；③8mm 厚 1：3 水泥砂浆打底；④刷素水泥浆一道；⑤现浇混凝土板。根据背景资料及现行清单和定额计算规范，试列出该工程天棚乳胶漆分部分项工程量清单并计算出对应的定额工程量（此处天棚底层抹灰已在"4.3 天棚工程"部分编码列项）。

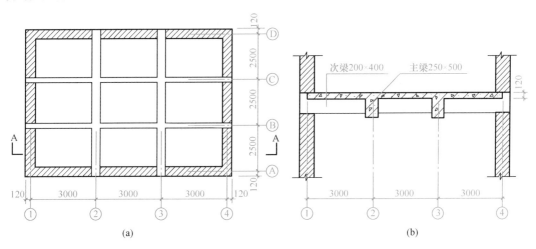

图 4-4-3　某顶棚抹灰示意图
（a）某现浇有梁板平面图；（b）A—A 剖面图

【解】此处乳胶漆应选择"抹灰面油漆"而非 4.4.8 的"墙面喷刷涂料"清单来开项。

乳胶漆指的是一般性的 ICI 工程漆，为人工腻子粉底，面层乳胶漆，价格方面也较为普通，应按抹灰面油漆列项。

而墙面喷刷涂料主要泛指的工艺漆，像喷刷仿石漆等，价格方面也会贵许多。

案例工程清单工程量计算表见表 4-4-20；分部分项工程量清单见表 4-4-21。

清单工程量计算表　　　　　表 4-4-20

序号	项目编码	项目名称	计算过程	工程量	单位
1	011406001001	抹灰面油漆	（3×3−0.12×2）×（2.5×3−0.12×2）(净空面积)＋（0.4−0.12）×（3×3−0.12×2−0.25×2）×2×2(次梁侧面积)＋[（0.5−0.12）×（2.5×3−0.12×2）−0.2×（0.4−0.12）×2]×2×2(主梁侧面积)	83.44	m²

分部分项工程量清单 表 4-4-21

序号	项目编码	项目名称	项目特征	计量单位	工程量
1	011406001001	抹灰面油漆	1. 基层类型：抹灰面 2. 油漆品种、刷漆遍数：刷乳胶漆，底油一遍面油二遍 3. 部位：天棚	m²	83.44

本案例中，抹灰面油漆的定额工程量同清单工程量（油漆系数为 1）。

4.4.8 喷刷涂料计量

喷刷涂料清单及定额工程量计算规则见表 4-4-22。

喷刷涂料清单工程量计算规则 表 4-4-22

	项目编码	项目名称	项目特征	计量单位	工程量计算规则	工作内容
国标清单	011407001	墙面喷刷涂料	1. 基层类型 2. 喷刷涂料部位 3. 腻子种类 4. 刮腻子要求 5. 涂料品种、喷刷遍数	m²	按设计图示尺寸以面积计算	1. 基层清理 2. 刮腻子 3. 刷、喷涂料
	011407002	天棚喷刷涂料				
	011407003	空花格、栏杆刷涂料	1. 腻子种类 2. 刮腻子遍数 3. 涂料品种、刷喷遍数		按设计图示尺寸以单面外围面积计算	
	011407004	线条刷涂料	1. 基层清理 2. 线条宽度 3. 刮腻子遍数 4. 刷防护材料、油漆	m	按设计图示尺寸以长度计算	
	011407005	金属构件刷防火涂料	1. 喷刷防火涂料构件名称 2. 防火等级要求 3. 涂料品种、喷刷遍数	1. m² 2. t	1. 以吨计量，按设计图示尺寸以质量计算 2. 以平方米计量，按设计展开面积计算	1. 基层清理 2. 刷防护材料、油漆
	011407006	木材构件喷刷防火涂料		m²	以平方米计量，按设计图示尺寸以面积计算	1. 基层清理 2. 刷防火材料
	说明：喷刷墙面涂料部位要注明内墙或外墙					
综合定额	天棚面、墙、柱、梁等面喷（刷）涂料、地坪防火涂料，按设计图示面积以"m²"计算					

4.4.9　裱糊计量

裱糊清单及定额工程量计算规则见表 4-4-23。

裱糊清单工程量计算规则

表 4-4-23

	项目编码	项目名称	项目特征	计量单位	工程量计算规则	工作内容
国标清单	011408001	墙纸裱糊	1. 基层类型 2. 裱糊部位 3. 腻子种类 4. 刮腻子遍数 5. 粘结材料种类 6. 防护材料种类 7. 面层材料品种、规格、颜色	m²	按设计图示尺寸以面积计算	1. 基层清理 2. 刮腻子 3. 面层铺粘 4. 刷防护材料
	011408002	织锦缎裱糊				
综合定额	墙纸、织锦缎裱糊，按设计图示面积以"m²"计算，其中无缝墙布连续铺贴范围内的门、窗洞口面积不扣除					

4.4.10　油漆、涂料、裱糊工程清单与定额规则不同之处对比

本任务内容，清单规则和定额规则不一致的地方较多，请同学们注意自行总结。需要注意的是：定额中门窗的油漆一般是按照框外围面积计算，而清单中则是按照洞口面积计算或者以"樘"来计算。而且，定额中需要考虑油漆系数，在计量与计价中需特别考虑。

4.4.11　油漆、涂料、裱糊工程计价

1. 定额计价部分说明

（1）本部分的油漆、涂料除注明外，均采用手工扫刷。

（2）当设计与本章定额取定的喷、涂、刷遍数不同时，可按本章相应操作每增加一遍项目进行调整。

（3）本部分除装饰线条外已综合考虑了在同一平面上的分色及门窗内外分色。油漆浅、中、深各种不同的颜色及高光、半哑光、哑光等因素已综合在定额子目中，不另调整。如做美术图案则另行计算。

（4）定额中的木门窗油漆按双面刷油考虑。如采用单面油漆，按定额相应子目乘以系数 0.49 计算。双层木门窗油漆，套用单层木门窗子目，其中人工费乘以系数 1.35。工程量折算系数见定额附表一、附表二。木门、木窗等木材面刷底油一遍、清油一遍可套用相应底油一遍、熟桐油一遍子目，其中熟桐油调整为清油，消耗量不变。

（5）定额中的木扶手油漆不带托板考虑。

（6）木门窗油漆子目中均已包括贴脸油漆。木门、饰面板的线条油漆同一颜色已综合考虑在含量系数内；线条油漆颜色不同时可另行计算。

（7）附墙柱抹灰面喷刷油漆、涂料，并入墙面相应子目计算；独立柱抹灰面喷刷油漆、涂料的，套用墙面相应子目，其中人工费应乘以系数 1.20。

（8）本章抹灰面涂料项目除注明外均未包括刮腻子内容，刮腻子按相应子目单独计算。

（9）艺术造型天棚吊顶、墙面装饰的基层板缝粘贴胶带（抗裂纤维网），按本部分相应子目执行，人工费乘以系数1.20。

（10）油漆涂料裱糊工程子目遍数增减调整系数按表4-4-24执行。

油漆涂料裱糊工程子目遍数增减调整系数表　　　　　表4-4-24

序号	子目编号	子目名称	遍数使用情况说明	人工费系数	材料费系数
1	A1-15-91	喷（刷）涂料 水性饰面型防火涂料（木材面）二遍	每增减一遍时	0.85	0.80
2	A1-15-92	喷（刷）涂料 溶剂饰面型防火涂料（木材面）二遍			
3	A1-15-100	金属面调和漆 调和漆 一遍	每增加一遍时	0.95	1.00
4	A1-15-102	金属面油醇酸磁漆 一遍			
5	A1-15-101	金属面喷调和漆 调和漆一遍	每增加一遍时	1.00	0.85
6	A-15-103	金属面漆喷醇酸磁漆 一遍			
7	A1-15-116	金属面 氟碳漆一遍	每增加一遍面漆时	0.80	材料费中的13090030和14350680消耗量×1.00，其余材料×0
8	A1-15-117	金属面 喷氟碳面漆一遍			
9	A1-15-118	金属面 环氧富锌漆一遍	每增加一遍面漆时	1.00	0.95
10	A1-15-120	喷水性无机富锌底漆 一遍	每增加一遍底漆时	0.95	0.85
11	A1-15-121	喷无机富锌底漆 一遍			
12	A1-15-123	喷环氧富锌底漆（封闭漆）一遍			
13	A1-15-122	机喷环氧富锌漆防锈漆 一遍	每增加一遍防锈漆时	0.95	0.90
14	A1-15-124	防锈漆 一遍			
15	A1-15-125	机喷防锈漆 一遍			
16	A1-15-136	环氧云铁漆 一遍	每增加一遍漆时	0.95	0.85
17	A1-15-137	机喷环氧云铁漆 一遍			
18	A1-15-138	喷环氧云母氧化铁中间漆 一遍	每增加一遍中间漆时	0.95	0.90
19	A1-15-139	喷聚氨酯面漆 一遍	每增加一遍面漆时	0.95	0.95
20	A1-15-140	喷聚硅氧烷面漆 一遍			
21	A1-15-150～A1-15-153	成品腻子粉墙面/天棚面 满刮一遍	每增加一遍腻子时	0.80	1.00
22	A1-15-154～A1-15-157	成品腻子膏墙面/天棚面 满刮一遍			
23	A1-15-158	抹灰面乳胶漆墙柱面 面漆一遍	每增加一遍面漆时	1.05	1.00
24	A1-15-159	抹灰面乳胶漆天棚面 面漆一遍			
25	A1-15-170	抗碱底漆一遍 墙柱面	每增加一遍底漆时	0.95	0.85
26	A1-15-171	抗碱底漆一遍 天棚面			

2. 油漆、涂料、裱糊工程计价案例

【例4-4-4】根据【例4-4-1】的已知条件及计算结果，项目不计价差，试计算油漆、涂料、裱糊工程各清单项目的分部分项综合单价，并填写清单计价表。

　　【解】（1）根据题目条件，单层木门刮腻子加底漆二遍、聚酯色漆二遍应套取"A1-15-61"子目。数量＝47.36/48.6/100＝0.0097。

　　（2）其他数据参照土石方部分所描述的方法以及定额的数据填写并计算（表 4-4-25、表 4-2-26）。

综合单价分析表

表 4-4-25

工程名称：某建筑装饰工程　　　　　　　　　标段：　　　　　　　　第　页　共　页

项目编码	011401001001	项目名称		木门油漆		计量单位	m²	工程量	48.6
清单综合单价组成明细									
定额编号	定额项目名称	定额单位	数量	单价				合价	
				人工费	材料费	机具费	管理费和利润	人工费	材料费	机具费	管理费和利润
A1-15-61	单层木门 刮腻子、底漆二遍、聚酯色漆二遍	100m²	0.0097	2666.08	1403.37		935	25.86	13.61		9.107
人工单价		小计						25.86	13.61		9.107
		未计价材料费									
清单项目综合单价								48.54			

分部分项工程和单价措施项目清单与计价表

表 4-4-26

工程名称：某建筑装饰工程　　　　　　　　　标段：　　　　　　　　第　页　共　页

序号	项目编码	项目名称	项目特征描述	计量单位	工程量	金额（元）			
						综合单价	综合合价	其中	
								暂估价	
1	011401001001	木门油漆	1. 门类型：木质夹板门 2. 门代号及洞口尺寸：1500mm×2700mm 3. 油漆品种、刷漆遍数：刮腻子、底漆二遍，聚酯色漆二遍	m²	48.6	48.54	2359.04		

　　【例 4-4-5】根据【例 4-4-2】的已知条件及计算结果，项目不计价差，试计算挂镜线各清单项目的分部分项综合单价，并填写清单计价表。

　　【解】（1）根据题目条件，挂镜线刷底油一遍、调和漆二遍应套取"A1-15-10"子目。数量＝6.804/19.34/100＝0.0035。

　　（2）其他数据参照土石方部分所描述的方法以及定额的数据填写并计算（表 4-4-27、表 4-4-28）。

综合单价分析表　　　　　　　　　　　表 4-4-27

工程名称：某建筑装饰工程　　　　　　　标段：　　　　　　　　第　页　共　页

项目编码	011403005001		项目名称		挂镜线油漆		计量单位	m	工程量	19.44

清单综合单价组成明细

定额编号	定额项目名称	定额单位	数量	单价				合价			
				人工费	材料费	机具费	管理费和利润	人工费	材料费	机具费	管理费和利润
A1-15-10	木线条宽度≤200mm 刷底油、调和漆二遍	100m	0.0035	551.84	48.51		193.53	1.93	0.17		0.68
人工单价			小计					1.93	0.17		0.68
			未计价材料费								
			清单项目综合单价					2.78			

分部分项工程和单价措施项目清单与计价表　　　　　表 4-4-28

工程名称：某建筑装饰工程　　　　　　　标段：　　　　　　　　第　页　共　页

序号	项目编码	项目名称	项目特征描述	计量单位	工程量	金额（元）		其中
						综合单价	综合合价	暂估价
1	011403005001	挂镜线油漆	1. 断面尺寸：25mm×50mm 木质 2. 防护材料种类油漆品种、刷漆遍数：刷底油一遍、调和漆二遍	m	19.44	2.78	54.04	

【例 4-4-6】根据【例 4-4-3】的已知条件及计算结果，项目不计价差，试计算抹灰面油漆各清单项目的分部分项综合单价，并填写清单计价表。

【解】（1）根据题目条件，墙面在抹灰的基础上刷乳胶漆，底油一遍面油二遍，应选取"A1-15-161"子目调整底油遍数为 1 遍后为"A1-15-161"-"A1-15-166"×1。

（2）"A1-15-161"-"A1-15-166"×1 子目的单价部分为"A1-15-161"的定额单价再减去"A1-15-161"的定额单价的 1 倍。例如人工费为 1686.56－331.1×1＝1355.46 元，其他费用同人工费。

（3）其他数据参照土石方部分所描述的方法以及定额的数据填写并计算（表 4-4-29、表 4-4-30）。

综合单价分析表　　　　　　　　　　　　　　　　表 4-4-29

工程名称：某建筑装饰工程　　　　　　　　　标段：　　　　　　　　　　第　页　共　页

项目编码	011406001001	项目名称	抹灰面油漆	计量单位	m²	工程量	83.44

清单综合单价组成明细

定额编号	定额项目名称	定额单位	数量	单价				合价			
				人工费	材料费	机具费	管理费和利润	人工费	材料费	机具费	管理费和利润
A1-15-161 换	乳胶漆底油二遍面油二遍抹灰面 天棚面 实际底漆遍数（遍）：1	100m²	0.01	1355.46	755.66		475.36	13.55	7.56		4.75
人工单价		小计						13.55	7.56		4.75
		未计价材料费									
清单项目综合单价								25.86			

分部分项工程和单价措施项目清单与计价表　　　　　　　表 4-4-30

工程名称：某建筑装饰工程　　　　　　　　　标段：　　　　　　　　　　第　页　共　页

序号	项目编码	项目名称	项目特征描述	计量单位	工程量	金额（元）		其中
						综合单价	综合合价	暂估价
1	011406001001	抹灰面油漆	1. 基层类型：抹灰面 2. 油漆品种、刷漆遍数：刷乳胶漆，底油一遍面油二遍 3. 部位：天棚	m²	83.44	25.86	2157.76	

3. 职业拓展——综合定额要点解析

（1）A.1.15 油漆涂料裱糊工程中"4 金属面氟碳漆、防锈漆等"子目工作内容包括除锈，这里的除锈指需达到哪种程度的除锈工作？

答：是指除锈合格后的钢材表面，按常规的施工工序，在涂底漆前出现返锈而需进行的简易擦拭除锈工作。

（2）A1-15-116 金属面氟碳漆一遍，该子目一遍是指底漆还是面漆？若采用氟碳漆，材料可进行换算吗？

答："金属面氟碳漆一遍"是指底漆和面漆各一道，一底一面为一遍。若设计图纸要求的材料与定额子目材料不一致时，可换算，但材料消耗量不变。

 任务小结

本任务首先学习了油漆、涂料、裱糊工程的基础知识，然后分门油漆，窗油漆，木扶手及其他板条、线条油漆，木材面油漆，金属面油漆，抹灰面油漆，喷刷涂料和裱糊等几个模块对工程计量的清单和定额规则进行了学习，并辅以案例进行练习和巩固；在计量的

基础上，进一步学习了定额的计价说明、案例的综合单价分析和计算、分部分项工程清单与计价表的填写。最后为与职业接轨，将油漆、涂料、裱糊工程的定额解释进行了补充，以拓展学习者的职业视角。

通过本任务学习使学生能够识读油漆、涂料、裱糊工程施工图纸，掌握油漆、涂料、裱糊工程计量知识，具备编制油漆、涂料、裱糊装饰工程量清单以及计算相应清单和定额工程量的能力；掌握油漆、涂料、裱糊工程组价及综合单价的计算，具备编制相应工程量清单计价表的能力。

一、单项选择题

1. 根据《广东省房屋建筑与装饰工程综合定额（2018）》，执行单层木门油漆的项目，其工程量计算规则正确的是（　　）。

A. 单层全玻门油漆工程量按框外围面积乘系数 1.00 计算

B. 单层全玻门油漆工程量按框外围面积乘系数 0.75 计算

C. 单层半玻门油漆工程量按门洞口面积乘系数 1 计算

D. 单层半玻门油漆工程量按门洞口面积乘系数 0.85 计算

2. 根据《广东省房屋建筑与装饰工程综合定额（2018）》，下列金属构件执行系数折算，将质量（t）折算为面积的说法中正确的是（　　）。

A. 钢爬梯、钢支架、柜台钢支架折算系数为 44.98

B. 踏步式钢梯（钢扶梯）折算系数为 54.84

C. 桁架梁、型钢梁折算系数为 49.90

D. 零星构件折算系数为 58

3. 木龙骨刷防火、防腐涂料按设计图示尺寸以（　　）计算。

A. 面层展开面积 　　　　　　　B. 面层投影面积

C. 龙骨架展开面积 　　　　　　D. 龙骨架投影面积

4. 根据《广东省房屋建筑与装饰工程综合定额（2018）》中油漆、涂料、裱糊的内容，以下说法不正确的是（　　）。

A. 抹灰面涂料项目除注明外均未包括刮腻子内容，刮腻子按相应子目单独计算

B. 双层木门窗油漆，套用单层木门窗子目，其中人工费乘以系数 1.2

C. A1-15-101 子目在执行时，每增加一遍面漆，人工费不需要调整

D. A1-15-101 子目在执行时，每增加一遍面漆，材料费乘以系数 0.85

二、多项选择题

1. 根据《广东省房屋建筑与装饰工程综合定额（2018）》，油漆工程下列说法正确的是（　　）。

A. 木扶手（不带托板）油漆工程按延长米计算

B. 窗帘盒执行油漆系数 1.2

C. 装饰线宽度 200mm 内的按设计图示长度以"m"计算

D. 装饰线宽度超过 200mm 的按设计图示展开面积以"m²"计算

E. 执行金属面油漆、涂料项目，其工程量按设计图示尺寸以展开面积计算

2. 根据《房屋建筑与装饰工程工程量计算规范》GB 50854—2013，以下不属于附录P油漆、涂料、裱糊工程内容的是（　　　）。

A. 抹灰　　　　　　　　　　　　　B. 喷刷涂料

C. 防腐面层　　　　　　　　　　　D. 裱糊

E. 木材面油漆

3. 下列说明中不正确的是（　　　）。

A. 独立柱抹灰面喷刷油漆、涂料、裱糊，应按墙面相应项目执行，其中人工乘系数 1.1

B. 附墙柱抹灰面喷刷油漆、涂料，并入墙面相应子目计算

C. 定额中的木门窗油漆按双面刷油考虑。如采用单面油漆，按定额相应子目乘以系数 0.49 计算

D. 按附表七的折算面积系数计算的金属结构构件，特指质量在 600kg 以内（含本数）的单个金属构件

4. 根据《广东省房屋建筑与装饰工程综合定额（2018）》，下列说法正确的是（　　　）。

A. 定额中的木门窗油漆按双面刷油考虑。如采用单面油漆，按定额相应子目乘以系数 0.49 计算

B. 定额中的木门窗油漆按单面刷油考虑．如采用双面油漆，按定额相应子目乘以系数 2.0 计算

C. 当设计与本章定额取定的喷、涂、刷遍数不同时，可按本章相应操作每增加一遍项目进行调整

D. 当设计与本章定额取定的喷、涂、刷遍数不同时，不允许进行调整

E. 本章除装饰线条外已综合考虑了在同一平面上的分色及门窗内外分色，如做美术图案则另行计算

三、问答题

1. 《房屋建筑与装饰工程工程量计算规范》GB 50854—2013 中窗油漆的计算规则是什么？和定额规则的区别是什么？

2. 根据《广东省房屋建筑与装饰工程综合定额（2018）》，金属构件油漆工程量如何计算？

3. 喷塑（一塑三油）：底油、装饰漆、面油，规格如何划分？

学习情境 5　措施及其他项目计量计价

任务 5.1　模板工程计量计价

知识要点

1. 了解模板工程国标清单的分类及构成；
2. 熟悉粤建造发〔2013〕4 号文对模板工程的规定；
3. 掌握模板工程清单的编制；
4. 熟悉模板工程清单和定额工程量计算的差异，并能正确进行清单、定额工程量计算；
5. 能根据实际项目，开列模板工程清单，并进行清单、定额工程量的计算。

5.1.1　基础模板工程计算

基础模板清单附录及定额规则见表 5-1-1。

现浇混凝土基础模板　　　　　　　　表 5-1-1

	项目编码	项目名称	项目特征	计量单位	工程量计算规则	工作内容
国标清单	011702001	基础	1. 基础类型	m²	按模板与现浇混凝土构件的接触面积计算	1. 模板制作 2. 模板安装、拆除、整理堆放及场内外运输 3. 清理模板粘结物及模内杂物、刷隔离剂等
综合定额	现浇混凝土建筑物模板工程量，除另有规定外，均按混凝土与模板的接触面积以"m²"计算，不扣除后浇带面积					

【例 5-1-1】试计算图 5-1-1 所示的带形基础模板工程量。

【解】$S_外=[0.3+(0.3^2+0.15^2)^{0.5}+0.2]\times(16+9)\times2\times2-(0.4\times0.3+(0.4+1)/2\times0.15+1\times0.2)\times2=82.69m^2$

梁间净长度 $=9-(0.12+0.08)\times2=8.6m$

斜坡中心线长度 $=9-(0.2+0.3/2)\times2=8.3m$

基底净长度 $=9-0.5\times2=8m$

$S_内=0.3\times8.6\times2+(0.3^2+0.15^2)^{0.5}\times8.3\times2+0.2\times8\times2=13.93m^2$

$S_{基础}=S_外+S_内=82.69+13.93=96.62m^2$

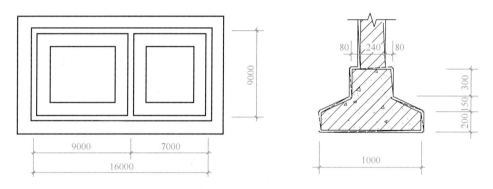

图 5-1-1　带形基础平面及剖面图

【例 5-1-2】某桩基础的平面图、剖面图如图 5-1-2 所示，桩外径 500mm。试计算桩承台基础模板工程量。

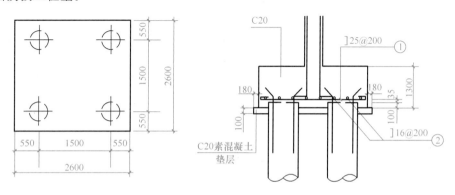

图 5-1-2　某桩基础平面、剖面示意图

【解】$S=(2.6+2.6)\times2\times1.3=13.52m^2$

5.1.2　混凝土柱模板工程计量

现浇混凝土柱模板的清单附录及定额规则见表 5-1-2。

现浇混凝土柱模板　　　　　　　　　　　　表 5-1-2

	项目编码	项目名称	项目特征	计量单位	工程量计算规则	工作内容
国标清单	011702002	矩形柱		m²	按模板与现浇混凝土构件的接触面积计算。 1. 现浇框架分别按梁、板、柱有关规定计算；附墙柱、暗梁、暗柱并入墙内工程量内计算 2. 柱、梁、墙、板相互连接的重叠部分，均不计算模板面积 3. 构造柱按图示外露部分计算模板面积	1. 模板制作 2. 模板安装、拆除、整理堆放及场内外运输 3. 清理模板粘结物及模内杂物、刷隔离剂等
	011702003	构造柱				
	011702004	异形柱				
综合定额	（1）现浇混凝土建筑物模板工程量，除另有规定外，均按混凝土与模板的接触面积以"m²"计算，不扣除后浇带面积。 （2）梁与梁、梁与墙、梁与柱交接时，净空长度以"m"计算，不扣减接合处的模板面积。 （3）构造柱如与砌体相连的，按混凝土柱接触面宽度每边加 10cm 乘以柱高计算；如不与砌体相连的，按混凝土与模板的接触面积计算					

【例 5-1-3】构造柱设置平面图如图 5-1-3 所示，在所有墙体交接处设计了断面为 240mm×240mm 的钢筋混凝土构造柱，柱体高度为 3.9m。试计算构造柱模板工程量。

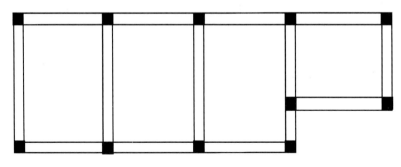

图 5-1-3　构造柱设置平面图

【解】构造柱清单工程量计算表见表 5-1-3；构造柱定额工程量计算表见表 5-1-4。

构造柱清单工程量计算表　　　　　　　表 5-1-3

序号	项目编码	项目名称	清单工程量计算式	工程量	单位
1	011702003001	构造柱	$[(0.24×2+0.03/2×4)×4+(0.24+0.03/2×6)×6]×3.9$	16.15	m²

构造柱定额工程量计算表　　　　　　　表 5-1-4

序号	项目名称	定额工程量计算式	工程量	单位
1	构造柱	$[(0.24×2+0.1×4)×4+(0.24+0.1×6)×6]×3.9$	33.38	m²

5.1.3　混凝土梁、墙模板工程计量

1. 现浇混凝土梁模板清单及定额工程量计算规则见表 5-1-5。

现浇混凝土梁模板　　　　　　　表 5-1-5

	项目编码	项目名称	项目特征	计量单位	工程量计算规则	工作内容
国标清单	011702005	基础梁	梁截面形状	m²	按模板与现浇混凝土构件的接触面积计算。 1. 现浇框架分别按梁、板、柱有关规定计算；附墙柱、暗梁、暗柱并入墙内工程量内计算 2. 柱、梁、墙、板相互连接的重叠部分，均不计算模板面积	1. 模板制作 2. 模板安装、拆除、整理堆放及场内外运输 3. 清理模板粘结物及模内杂物、刷隔离剂等
	011702006	矩形梁	支撑高度			
	011702007	异形梁	1. 梁截面形状 2. 支撑高度			
	011702008	圈梁				
	011702009	过梁				
	011702010	弧形、拱形梁	1. 梁截面形状 2. 支撑高度			
综合定额	（1）现浇混凝土建筑物模板工程量，除另有规定外，均按混凝土与模板的接触面积以"m²"计算，不扣除后浇带面积。 （2）梁与梁、梁与墙、梁与柱交接时，净空长度以"m"计算，不扣减接合处的模板面积					

2. 现浇混凝土墙模板清单及定额工程量计算规则见表 5-1-6。

现浇混凝土墙　　　　　　　　　　　　表 5-1-6

	项目编码	项目名称	项目特征	计量单位	工程量计算规则	工作内容
国标清单	011702011	直形墙	梁截面形状	m²	按模板与现浇混凝土构件的接触面积计算。 1. 现浇钢筋混凝土墙、板单孔面积≤0.3m²的孔洞不予扣除，洞侧壁模板亦不增加；单孔面积>0.3m²时应予扣除，洞侧壁模板面积并入墙、板工程量内计算 2. 现浇框架分别按梁、板、柱有关规定计算；附墙柱、暗梁、暗柱并入墙内工程量内计算 3. 柱、梁、墙、板相互连接的重叠部分，均不计算模板面积	1. 模板制作 2. 模板安装、拆除、整理堆放及场内外运输 3. 清理模板粘结物及模内杂物、刷隔离剂等
	011702012	弧形墙	支撑高度			
	011702013	短肢剪力墙、电梯井壁	1. 梁截面形状 2. 支撑高度			
综合定额	（1）现浇混凝土建筑物模板工程量，除另有规定外，均按混凝土与模板的接触面积以"m²"计算，不扣除后浇带面积。 （2）墙板上单孔面积在 1.0m² 以内的孔洞不扣除，洞侧壁模板亦不增加；单孔面积在 1.0m² 以外应予扣除，洞侧壁模板面积并入相应子目计算					

对于短肢剪力墙的界定划分，可参见表 5-1-7。

短肢剪力墙划分　　　　　　　　　　　　表 5-1-7

截面厚度	各肢截面高度与厚度之比	所属类型
$d \leqslant 300mm$	$4 < \max\left(\dfrac{h}{d}\right) \leqslant 8$	短肢剪力墙
	$\max\left(\dfrac{h}{d}\right) \leqslant 4$	柱
	$\max\left(\dfrac{h}{d}\right) > 8$	直行墙

5.1.4　混凝土板模板工程计量

现浇混凝土板模板的部分清单附录及定额规则见表 5-1-8。

现浇混凝土板模板   表 5-1-8

	项目编码	项目名称	项目特征	计量单位	工程量计算规则	工作内容
国标清单	011702014	有梁板	支撑高度	m²	按模板与现浇混凝土构件的接触面积计算。 1. 现浇钢筋混凝土墙、板单孔面积≤0.3m²的孔洞不予扣除，洞侧壁模板亦不增加；单孔面积＞0.3m²时应予扣除，洞侧壁模板面积并入墙、板工程量内计算 2. 现浇框架分别按梁、板、柱有关规定计算；附墙柱、暗梁、暗柱并入墙内工程量内计算 3. 柱、梁、墙、板相互连接的重叠部分，均不计算模板面积	1. 模板制作 2. 模板安装、拆除、整理堆放及场内外运输 3. 清理模板粘结物及模内杂物、刷隔离剂等
	011702015	无梁板				
	011702016	平板				
	011702017	拱板				
	011702018	薄壳板				
	011702019	空心板				
	011702020	其他板				
	011702021	栏板				
	011702022	天沟、檐沟	构件类型		按模板与现浇混凝土构件的接触面积计算	
	011702023	雨篷、悬挑板、阳台板	1. 构件类型 2. 板厚度		按图示外挑部分尺寸的水平投影面积计算，挑出墙外的悬臂梁及板边不另计算	
综合定额						

（1）现浇混凝土建筑物模板工程量，除另有规定外，均按混凝土与模板的接触面积以"m²"计算，不扣除后浇带面积。

（2）墙板上单孔面积在 1.0m² 以内的孔洞不扣除，洞侧壁模板亦不增加；单孔面积在 1.0m² 以外应予扣除，洞侧壁模板面积并入相应子目计算。

（3）板模板工程量应扣除混凝土柱、梁、墙所占的面积。亭面板按模板斜面积计算，所带脊梁及连系亭面板的圈梁的模板工程量并入亭面板模板计算。

（4）悬挑板、挑板（挑檐、雨篷、阳台）模板按外挑部分的水平投影面积计算，伸出墙外的牛腿、挑梁及板边的模板不另计算

【例 5-1-4】试计算图 5-1-4 所示雨篷的混凝土模板工程量。

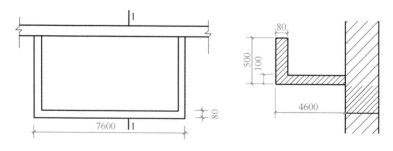

图 5-1-4 雨篷平面及剖面图

【解】 $S = 7.6 \times 4.6 = 34.96 \text{m}^2$

5.1.5 混凝土楼梯模板清单及定额工程量计算规则见表 5-1-9。

现浇混凝土楼梯模板

表 5-1-9

	项目编码	项目名称	项目特征	计量单位	工程量计算规则	工作内容
国标清单	011702024	楼梯	类型	m²	按楼梯（包括休息平台、平台梁、斜梁和楼层板的连接梁）的水平投影面积计算，不扣除宽度≤500mm 的楼梯井所占面积，楼梯踏步、踏步板、平台梁等侧面模板不另计算，伸入墙内部分亦不增加	1. 模板制作 2. 模板安装、拆除、整理堆放及场内外运输 3. 清理模板粘结物及模内杂物、刷隔离剂等
综合定额	楼梯模板按水平投影面积计算，整体楼梯（包括直形楼梯、弧形楼梯）的水平投影面积包括休息平台、平台梁、斜梁和楼梯的连接梁。当整体楼梯与现浇楼板无梯梁连接时，以楼梯的最后一个踏步边缘加 300mm 为界。不扣除小于 500mm 宽度的楼梯井所占面积，楼梯的踏步板、平台梁等的侧面模板不另计算					

【例 5-1-5】 已知某首层楼梯墙厚 180mm，平台板厚 100mm，踏步斜板厚 110mm，踏步宽 300mm，踏步平均高度 158.3mm，梯梁尺寸 200mm×400mm，梯柱边缘齐平外墙皮，框架柱 Z1 边缘分别齐平轴线内墙皮、轴线外墙皮，其余尺寸详见图 5-1-5。试按体积计算该楼梯模板的清单工程量。

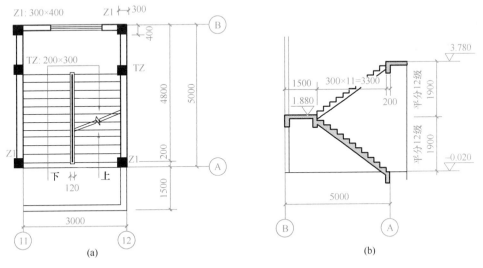

图 5-1-5 某建筑楼梯示意图
（a）平面图；（b）剖面图

【解】 $S = (3 - 0.18) \times 5 = 14.10 \text{m}^2$

5.1.6 现浇混凝土其他构件模板及后浇带模板等工程计量

现浇混凝土其他构件模板及后浇带模板清单及定额工程量计算规则见表 5-1-10。

现浇混凝土其他构件模板及后浇带模板 表 5-1-10

	项目编码	项目名称	项目特征	计量单位	工程量计算规则	工作内容
国标清单	011702025	其他现浇构件	构件类型	m²	按模板与现浇混凝土构件的接触面积计算	1. 模板制作 2. 模板安装、拆除、整理堆放及场内外运输 3. 清理模板粘结物及模内杂物、刷隔离剂等
	011702026	电缆沟、地沟	1. 沟类型 2. 沟截面		按模板与电缆沟、地沟接触的面积计算	
	011702027	台阶	台阶踏步宽		按图示台阶水平投影面积计算，台阶端头两侧不另计算模板面积。架空式混凝土台阶，按现浇楼梯计算	
	011702028	扶手	扶手断面尺寸		按模板与扶手的接触面积计算	
	011702029	散水			按模板与散水的接触面积计算	
	011702030	后浇带	后浇带部位		按模板与后浇带的接触面积计算	
	011702031	化粪池	1. 化粪池部位 2. 化粪池规格		按模板与混凝土接触面积计算	
	011702032	检查井	1. 检查井部位 2. 检查井规格			
综合定额						

综合定额
(1) 台阶模板按水平投影面积计算，台阶两侧不另计算模板面积。
(2) 压顶、扶手模板按其长度以"m"计算。
(3) 小型池槽模板按构件外围体积计算，池槽内、外侧及底部的模板不另计算。
(4) 后浇带模板工程量，按后浇混凝土与模板的接触面积乘以系数 1.50 以"m²"计算

【例 5-1-6】 某现浇钢筋混凝土单层厂房（图 5-1-6），屋面板顶面标高 5.0m，柱基础顶面标高为 -0.5m，柱截面尺寸为：Z3＝300mm×500mm，Z4＝400mm×500mm，Z5＝

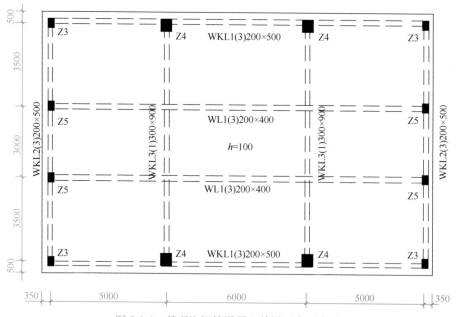

图 5-1-6 某现浇钢筋混凝土单层厂房示意图

300mm×500mm（注：边柱、角柱的外边线与梁边缘齐平，定位轴线与梁中心线重合），用 C30 普通预拌碎石混凝土泵送。试计算现浇混凝土模板工程的清单与定额工程量。

【解】案例工程清单工程量计算表见表 5-1-11；定额工程量计算表见表 5-1-12。

清单工程量计算表　　　　　　　　　　　　表 5-1-11

序号	项目编码	项目名称	清单工程量计算式	工程量	单位
1	011702002001	矩形柱	Z3：$(0.3+0.5)×2×(5.5-0.1)×4-0.2×(0.5-0.1)×8=33.92m^2$ Z4：$(0.4+0.5)×2×(5.5-0.1)×4-0.2×(0.5-0.1)×8-0.3×(0.9-0.1)×4=37.28m^2$ Z5：$(0.3+0.5)×2×(5.5-0.1)×4-0.2×(0.5-0.1)×8-0.2×(0.4-0.1)×4=33.68m^2$ 小计：$104.88m^2$	104.88	m^2
2	011702006001	矩形梁 （梁宽 250mm 内）	WKL1：$(16-0.2×2-0.4×2)×(0.2+(0.5-0.1)×2)×2=29.6m^2$ WKL2：$(10-0.4×2-0.5×2)×(0.2+(0.5-0.1)×2)×2=16.4m^2$ WL1：$(16-0.2×2-0.3×2)×(0.2+(0.4-0.1)×2)×2=24m^2$ 小计：$29.6+16.4+24=70m^2$	70	m^2
3	011702006002	矩形梁 （梁宽 250mm 外）	WKL3：$(10-0.4×2)×[0.3+(0.9-0.1)×2]×2-0.2×(0.4-0.1)×8=34.48m^2$	34.48	m^2
4	011702014001	有梁板	板：$(10+0.1×2)×(16+0.1×2)=165.24m^2$ WKL1：$(16-0.2×2-0.4×2)×0.2×2=5.92\ m^2$ WKL2：$(10-0.4×2-0.5×2)×0.2×2=3.28m^2$ WKL3：$(10-0.4×2)×0.3×2=5.52m^2$ WL1：$(16-0.2×2-0.3×2)×0.2×2=6m^2$ Z3：$0.3×0.5×4=0.6m^2$ Z4：$0.4×0.5×4=0.8m^2$ Z5：$0.3×0.5×4=0.6m^2$ 小计：$165.24-5.92-3.28-5.52-6-0.6-0.8-0.6=142.52m^2$	142.52	m^2
5	011702023001	雨篷、悬挑板、阳台板	$(16+0.35×2)×(10+0.5×2)-(16+0.1×2)×(10+0.1×2)=18.5m^2$	18.5	m^2

定额工程量计算表　　　　　　　　　　　　表 5-1-12

序号	项目名称	定额工程量计算式	工程量	单位
1	矩形柱	Z3：$(0.3+0.5)×2×(5.5-0.1)×4=34.56m^2$ Z4：$(0.4+0.5)×2×(5.5-0.1)×4=38.88m^2$ Z5：$(0.3+0.5)×2×(5.5-0.1)×4=34.56m^2$ 小计：$108m^2$	108	m^2

续表

序号	项目名称	定额工程量计算式	工程量	单位
2	矩形梁 (梁宽250mm内)	WKL1：$(16-0.2\times2-0.4\times2)\times[0.2+(0.5-0.1)\times2]\times2$ $=29.6m^2$ WKL2：$(10-0.4\times2-0.5\times2)\times[0.2+(0.5-0.1)\times2]\times2$ $=16.4m^2$ WL1：$(16-0.2\times2-0.3\times2)\times[0.2+(0.4-0.1)\times2]\times2$ $=24m^2$ 小计：$29.6+16.4+24=70m^2$	70	m²
3	矩形梁 (梁宽250mm外)	WKL3：$(10-0.4\times2)\times[0.3+(0.9-0.1)\times2]\times2$ $=34.96m^2$	34.96	m²
4	有梁板	同清单	142.52	m²
5	雨篷、悬挑板、 阳台板	同清单	18.5	m²

5.1.7 模板工程清单与定额规则不同之处对比（表5-1-13）

模板工程清单与定额规则异同比较 表5-1-13

项目名称	清单	定额
构件交接处 面积	柱、梁、板、墙相互连接的重叠部分，均不计算模板面积	梁与梁、梁与墙、梁与柱交接时，不扣减接合处的模板面积
孔洞扣除的 规定	墙、板单孔面积＞0.3m²时予以扣除，洞侧壁模板面积并入墙、板工程量内计算	墙、板上单孔面积≤1.0m²时不扣除，洞侧壁模板亦不增加
构造柱	按图示外露部分计算模板面积	如与砌体相连的，按混凝土柱宽度每边加10cm乘以柱高计算；如不与砌体相连的，按混凝土与模板的接触面积计算

5.1.8 模板工程计价

1. 定额计价部分说明

（1）本章定额包括混凝土模板及支撑、现浇混凝土构筑物模板、预制混凝土模板、预制构件后浇混凝土模板、铝合金模板，共五节。

（2）现浇混凝土模板按不同构件，分别以胶合板模板、木模板，钢支撑、木支撑配制，木模板统一在封闭式车间加工，并在圆盘锯旁边安放粉末吸尘器；高层或多层建筑垃圾清理采用搭设封闭性临时专用道或容器吊运。

（3）梁、板的支模高度3.6m内时，套用支模高度3.6m相应子目；支模高度超过3.6m时，应同时计算增加1m以内子目。支模高度达到8.4m时，套用支模高度8.4m相应子目；支模高度超过8.4m时，应同时计算增加1m以内子目。支模高度达到20m时，套用支模高度20m相应子目；支模高度超过20m时，应同时计算增加1m以内子目。当支模高度超过8.4m时，有方案按施工方案，没有方案按上述规定计算，支模高度超过30m时，按施工方案另行确定。

（4）柱、墙的支模高度3.6m内时，套用支模高度3.6m内相应子目；支模高度超过3.6m时，应同时计算增加1m以内子目。支模高度达到8.4m时，套用支模高度8.4m内相应子目；支模高度超过8.4m时，应同时计算增加1m以内子目。支模高度达到20m时，套用支模高度20m内相应子目；支模高度超过20m时，应同时计算增加1m以内子目。支模高度超过 30m 时，按施工方案另行确定。

（5）支模高度指楼层高度。亭面板超高以檐口线标高计算，直檐亭超高以最上层檐口线标高计算；地下室楼板支模高度超过 3.6m 的，超高增加的费用套用相应步距的板模每增加 1m 以内子目的人工费、材料费和机具费乘以系数 1.20 计算。

（6）房上水池模板按梁、板、柱、墙模板相应子目计算。

（7）附墙柱及混凝土中的暗柱、暗梁及墙突出部分的模板并入墙模板计算。

（8）异形柱与剪力墙按图 5-1-7 所示单向划分：

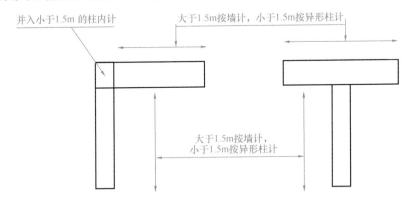

图 5-1-7　异形柱与剪力墙划分示意图

（9）阳台、雨篷支模高度以 3.6m 考虑，支模高度 3.6m 以上 10m 以内时，应同时按"板支模高度超过 3.6m 每增加 1m 以内"子目计算。支模高度 10m 以上时，按施工方案另行确定。

（10）混凝土斜板模板在 11°19′至 26°34′时，按相应子目人工费乘以系数 1.15。松杂木枋板材、圆钉、铁件用量增加 5%；超过 26°34′时，人工费乘以系数 1.20，松杂木枋板材、圆钉、铁件用量增加 8%。

（11）混凝土斜梁模板按斜板模板系数调整。

（12）天沟底板模板套挑檐模板子目，侧板模板套反檐模板子目。

（13）地下室底板的模板套用满堂基础模板子目计算。

（14）如设计要求清水混凝土施工，按相应模板子目的人工费乘以系数 1.05，胶合板用量增加 20%。

（15）用钢滑升模板施工的烟囱、水塔及贮仓按内井架施工考虑的，并综合了操作平台，不再另计算脚手架及竖井架。

（16）倒锥壳水塔筒身钢滑升模板子目，也适用于一般水塔塔身滑升模板工程。

（17）烟囱钢滑升模板子目已包括烟囱筒身、牛腿、烟道口；倒锥壳水塔钢滑升模板子目已包括直筒、门窗洞口侧壁等模板用量。

（18）柱、梁、墙所出的弧线或二级以上的直角线，以及体积在 0.1m³ 以内的构件，其模板按小型构件模板计算。

（19）模壳密肋楼板支撑系统套用无梁板模板相应子目，其中人工费乘以系数 0.8；防水胶合板消耗量乘以系数 0.6 计算，其他不变。

（20）体育场馆的钢筋混凝土看台模板套用有梁板相应子目乘以系数 1.20。

（21）止水螺杆适用于有防水要求的混凝土构件，套用止水螺杆子目，扣除模板相应子目中对拉螺栓消耗量，其他不变。

（22）后浇混凝土模板定额消耗量中已包含了伸出后浇混凝土与预制构件抱合部分模板的用量。

（23）铝合金模板指组成模板的模板结构和构配件为定型化标准化产品，可多次重复利用，并按规定的程序组装和施工的工具式模板。

（24）铝合金模板系统是由铝模板系统、支撑系统、紧固系统和附件系统构成，本定额中铝合金模板的材料摊销次数按 90 次考虑。

（25）现浇混凝土柱（不含构造柱）、墙、梁（不含圈、过梁）、板是按高度（板面或地面、垫层面至上层板面的高度）3.6m 综合考虑。如遇斜板面结构时，柱分别按各柱的中心高度为准；墙按分段墙的平均高度为准；框架梁按每跨两端的支座平均高度为准；板（含梁板合计的梁）按高点与低点的平均高度为准。

（26）异形柱、梁，是指柱、梁的断面形状为 L 形、十字形、T 形等的柱、梁。圆形柱模板执行异形柱模板。

（27）铝合金模板定额已考虑深化设计费及试配装费用。

2. 模板工程计价案例

【例 5-1-7】根据【例 5-1-6】的已知条件及计算结果，试计算各清单项目的分部分项综合单价，并填写清单计价表。

【解】（1）矩形柱模板的综合单价分析

1）根据题目条件及工程量计算规则分析，本题矩形柱的清单工程量≠定额工程量，矩形柱定额编码 A1−20−15、A1−20−19，数量 = 108÷104.88÷100 = 0.0103；

2）其他数据按照定额的数据填写并计算（表 5-1-14）。

综合单价分析表 表 5-1-14

工程名称：模板工程　　　　　　　标段：　　　　　　　第 1 页　共 5 页

项目编码	011702002001	项目名称	矩形柱		计量单位	m²	工程量	104.88

清单综合单价组成明细

定额编号	定额项目名称	定额单位	数量	单价				合价			
				人工费	材料费	机具费	管理费和利润	人工费	材料费	机具费	管理费和利润
A1-20-15	矩形柱模板（周长 m）支模高度 3.6m 内 1.8m 内	100m²	0.0103	2819.89	1088.08	178.11	1389.57	29.04	11.2	1.83	14.31
A1-20-19 ×2	柱支模高度超过 3.6～8.4m 每增加 1m 内 单价×2	100m²	0.0103	509.34	97.28	11.06	241.21	5.24	1	0.11	2.48
人工单价		小计						34.28	12.2	1.94	16.79
		未计价材料费									
		清单项目综合单价						65.23			

（2）矩形梁的综合单价分析

1）根据题目条件及工程量计算规则分析，本题梁宽 250mm 内矩形梁的清单工程量＝定额工程量，矩形梁定额编码 A1-20-33、A1-20-40，数量＝70÷70÷100＝0.01；

2）其他数据按照定额的数据填写并计算（表 5-1-15）。

综合单价分析表　　　　　　　　　　　　　　　　　表 5-1-15

工程名称：××模板工程　　　　　　　　标段：　　　　　　　　第 2 页　共 5 页

项目编码	011702006001	项目名称		矩形梁			计量单位	m²	工程量	70
清单综合单价组成明细										
定额编号	定额项目名称	定额单位	数量	单价				合价		
				人工费	材料费	机具费	管理费和利润	人工费	材料费	机具费	管理费和利润
A1-20-33	单梁、连续梁模板（梁宽 cm）25 以内 支模高度 3.6m	100m²	0.01	3495.18	1109.75	186.91	1706.66	34.95	11.1	1.87	17.07
A1-20-40×2	梁支模高度超过 3.6～8.4m 每增加 1m 内 单价×2	100m²	0.01	930.02	127.8	63.02	460.28	9.3	1.28	0.63	4.6
人工单价		小计						44.25	12.38	2.5	21.67
		未计价材料费									
清单项目综合单价								80.8			

3）根据题目条件及工程量计算规则分析，本题梁宽 250mm 外矩形梁的清单工程量≠定额工程量，矩形梁定额编码 A1-20-34、A1-20-40，数量＝34.96÷34.48÷100＝0.0101；

4）其他数据按照定额的数据填写并计算（表 5-1-16）。

综合单价分析表　　　　　　　　　　　　　　　　　表 5-1-16

工程名称：××模板工程　　　　　　　　标段：　　　　　　　　第 3 页　共 5 页

项目编码	011702006002	项目名称		矩形梁			计量单位	m²	工程量	34.48
清单综合单价组成明细										
定额编号	定额项目名称	定额单位	数量	单价				合价		
				人工费	材料费	机具费	管理费和利润	人工费	材料费	机具费	管理费和利润
A1-20-34	单梁、连续梁模板（梁宽 cm）25 以外 支模高度 3.6m	100m²	0.0101	3844.43	1242.3	186.91	1868.53	38.98	12.6	1.9	18.95
A1-20-40×2	梁支模高度超过 3.6～8.4m 每增加 1m 内 单价×2	100m²	0.0101	930.02	127.8	63.02	460.28	9.43	1.3	0.64	4.67
人工单价		小计						48.41	13.9	2.54	23.62
		未计价材料费									
清单项目综合单价								88.45			

（3）有梁板的综合单价分析

1）根据题目条件及工程量计算规则分析，本题有梁板的清单工程量＝定额工程量，有梁板定额编码 A1-20-75、A1-20-79，数量＝142.52÷142.52÷100＝0.01；

2）其他数据按照定额的数据填写并计算（表 5-1-17）

综合单价分析表　　　　　　　　　　　　　　　　表 5-1-17

工程名称：××模板工程　　　　　　　　　标段：　　　　　　　　第 4 页　共 5 页

项目编码	011702014001	项目名称		有梁板		计量单位	m²	工程量	142.52
清单综合单价组成明细									
定额编号	定额项目名称	定额单位	数量	单价				合价	
				人工费	材料费	机具费	管理费和利润	人工费	材料费	机具费	管理费和利润
A1-20-75	有梁板模板 支模高度 3.6m	100m²	0.01	2976.2	1321.93	269.83	1504.54	29.76	13.22	2.7	15.05
A1-20-79×2	板模板 支模高度超过 3.6～8.4m 每增加 1m 内单价×2	100m²	0.01	1062.92	109.86	50.86	516.24	10.63	1.1	0.51	5.16
人工单价	小计							40.39	14.32	3.21	20.21
	未计价材料费										
清单项目综合单价								78.12			

（4）挑檐板的综合单价分析

1）根据题目条件及工程量计算规则分析，本题挑檐板的清单工程量＝定额工程量，挑檐板定额编码 A1-20-94，数量＝18.5÷18.5÷100＝0.01；

2）其他数据按照定额的数据填写并计算（表 5-1-18）。

综合单价分析表　　　　　　　　　　　　　　　　表 5-1-18

工程名称：××建筑工程　　　　　　　　　标段：　　　　　　　　第 5 页　共 5 页

项目编码	011702023001	项目名称		雨篷、悬挑板、阳台板		计量单位	m²	工程量	18.5
清单综合单价组成明细									
定额编号	定额项目名称	定额单位	数量	单价				合价	
				人工费	材料费	机具费	管理费和利润	人工费	材料费	机具费	管理费和利润
A1-20-94	阳台、雨篷模板 直形	100m²	0.01	3869.32	1084.87	309.93	1937.08	38.69	10.85	3.1	19.37
人工单价	小计							38.69	10.85	3.1	19.37
	未计价材料费										
清单项目综合单价								72.01			

（5）根据题目条件及清单工程量、综合单价的计算结果，整理清单与计价表见表 5-1-19。

分部分项工程和单价措施项目清单与计价表　　　　　　　　表 5-1-19

工程名称：××建筑工程　　　　　　　　标段：　　　　　　　　第 1 页　共 1 页

序号	项目编码	项目名称	项目特征描述	计量单位	工程量	金额（元）		
						综合单价	综合合价	其中暂估价
1	011702002001	矩形柱	1. 支撑高度：5m 2. 柱周长：1.8m 以内	m²	104.88	65.23	6841.32	
2	011702006001	矩形梁	1. 支撑高度：5m 2. 梁宽：250mm 以内	m²	70	80.8	5656	
3	011702006002	矩形梁	1. 支撑高度：5m 2. 梁宽：250mm 以外	m²	34.48	88.45	3049.76	
4	011702014001	有梁板	1. 支撑高度：5m	m²	142.52	78.12	11133.66	
5	011702023001	雨篷、悬挑板、阳台板	1. 构件类型：悬挑板 2. 板厚度：100mm	m²	18.5	72.01	1332.19	

3. 职业拓展——综合定额要点解析

（1）墙模板超高问题：假如剪力墙高度 5m，墙全部面积套 A21-37，然后 3.6m 以上的模板面积再套 A21-44，这样套法对吗？

答：柱、墙的支模高度 3.6m 内时，套用支模高度 3.6m 内相应子目；支模高度超过 3.6m 时，柱、墙的工程量应再计算增加 1m 以内子目。例如剪力墙高度 5m，先以墙的全部面积套 A21-37，然后再以墙的全部面积套 A21-44。

（2）有梁板中的梁模板，应该套用单梁、连续梁模板，还是有梁板模板？

答：应套用梁模板相应子目。

（3）有梁板支模高度超过 3.6m，此高度按梁底还是板底计算超高增加费？

答：支模高度按章说明第五条"支模高度指楼层高度"规定确定。

（4）压顶、扶手的模板，按照长度计算，该长度是否为压顶的中心线长度？

答：压顶、扶手模板按其长度以"m"计算，是指中心线长度。

（5）地下室顶板的加腋板混凝土工程量及模板工程量应如何计算？

答：地下室顶板加腋板的混凝土及模板工程量均并入板中计算。

（6）A.1.20 工程量计算规则第一条第 2 点"梁与梁、梁与墙、梁与柱交接时，净空长度以"m"计算，不扣减接合处的模板面积。"是否理解为柱、梁、墙等接合处均不扣除模板的工程量？

答：A.1.20 工程量计算规则第一条第 1 点"现浇混凝土建筑物模板工程量，除另有规定外，均按混凝土与模板的接触面积以'm²'计算，不扣除后浇带面积。"第 2 点"梁与梁、梁与墙、梁与柱交接时，净空长度以'm'计算，不扣减接合处的模板面积。"柱与墙构件交接处的模板应扣除。

(7) 有梁板的梁模板和板模板应如何套用子目?

答:有梁板的梁模板和板模板应分别套用第 A.1.20 章第 3 节梁模板和第 5 节板模板相应子目。

 任务小结

本任务主要对模板工程的清单和定额有关说明及工程量计算规则进行了讲解,并附有综合实例进行训练,特别是对定额和清单不一致的地方,进行了重点讲解和练习。

通过本任务学习,学生能够识读模板工程施工图纸,掌握模板工程计量知识,具备编制模板工程工程量清单以及计算相应清单和定额工程量的能力。

 课后习题

一、单项选择题

1. 根据《建设工程工程量清单计价规范》GB 50500—2013 及广东省建设工程造价管理总站《关于实施〈房屋建筑与装饰工程工程量计算规范〉GB 50854—2013 等的若干意见》(粤建造发〔2013〕4 号),下面关于模板工程的说法中,不正确的是(   )。

A. 现浇混凝土项目的模板应单独列项,计入相应的措施项目中

B. 现浇混凝土构造柱的模板按图示外露部分计算

C. 预制混凝土的模板应包含在相应预制混凝土的清单项目中

D. 现浇混凝土柱、梁、墙、板相互连接的重叠部分,要计算模板面积

2. 根据《广东省房屋建筑与装饰工程综合定额（2018）》下面模板工程的说法中错误的是(   )。

A. 天沟底板、侧板模板套挑檐模板子目

B. 支模高度指楼层高度

C. 附墙柱突出墙面部分的模板并入墙模板内计算

D. 墙板上单孔面积在 1.0m² 以内的孔洞不扣除,洞侧壁模板不增加

3. 地下室楼板支模高度超过 3.6m 的,超高增加的费用套用相应步距的板模每增加 1m 以内子目的人工费、材料费和机具费乘以系数(   )计算。

A. 1.05　　　　B. 1.15　　　　C. 1.2　　　　D. 1.25

4. 天沟底板模板套(   )模板子目,侧板模板套(   )模板子目。

A. 挑檐,反檐　　B. 水沟,反檐　　C. 挑檐,压顶　　D. 水沟,压顶

5. 地下室底板的模板套用(   )模板子目计算。

A. 基础垫层　　B. 满堂基础　　C. 有梁板　　D. 地下室楼板

6. 如设计要求清水混凝土施工,按相应模板子目的人工费乘以系数(   ),胶合板用量增加 20%。

A. 1.05　　　　B. 1.15　　　　C. 1.2　　　　D. 1.25

7. 现浇建筑物模板,墙板上单孔面积在(   )m² 以内的孔洞不扣除,洞侧壁模板(   )。

A. 0.3,不增加　　B. 1.0,不增加　　C. 0.3,增加　　D. 1.0,增加

8. 构造柱如与砌体相连的，按混凝土柱接触面宽度（　　）乘以柱高计算。

A. 每边加 10cm
B. 每面加 10cm
C. 每边加 30mm
D. 每面加 30mm

9. 以下模板工程量计算正确的是（　　）。

A. 压顶、扶手模板按其长度以"m^2"计算

B. 小型池槽模板按构件外围体积计算，池槽内、外侧及底部的模板另计

C. 后浇带模板工程量，按后浇带混凝土与模板的接触面积乘以系数 1.50 以"m"计算

D. 大梁、大柱及墙面模板使用对拉螺杆的，费用另计

10. 铝合金模板，现浇钢筋混凝土墙、板上单孔面积≤（　　）m^2 的孔洞不予扣除，洞侧壁模板（　　）。

A. 0.3，不增加
B. 1.0，不增加
C. 0.3，增加
D. 1.0，增加

二、多项选择题

以下模板工程量计算正确的是（　　）。

A. 板模板工程量应扣除混凝土柱、梁、墙所占的面积

B. 悬挑板、挑板（挑檐、雨篷、阳台）模板按外挑部分的水平投影面积计算，伸出墙外的牛腿、挑梁及板边的模板另计

C. 楼梯模板按水平投影面积计算，楼梯的踏步板、平台梁等的侧面模板另计

D. 台阶模板按水平投影面积计算，台阶两侧不另计算模板面积

E. 压顶、扶手模板按其长度以"m"计算

任务 5.2　脚手架工程计量计价

 知识要点

1. 熟悉粤建造发〔2013〕4 号文对脚手架工程的规定及章说明中关于计价的规定；

2. 掌握脚手架工程清单的编制；

3. 熟悉脚手架工程量的计算规则；

4. 进行脚手架清单项目定额组价时，能正确分析并选择出需要进行组价的定额；

5. 能够正确填写并计算脚手架工程的综合单价分析表及清单与计价表。

5.2.1　概述

1. 国标清单内容

根据粤建造发〔2013〕4 号文"关于实施《房屋建筑与装饰工程工程量计算规范》GB 50854—2013 等的若干意见"，脚手架工程计算暂不执行表 S.1 的有关规定，按照粤表 S.1.1 的规定执行。

脚手架工程包括综合脚手架、单排脚手架、满堂脚手架、里脚手架、活动脚手架、靠脚手架安全挡板、独立安全挡板、电梯井脚手架、烟囱脚手架、架空运输道、围尼龙编织布、单独挂尼龙安全网 12 个工程量清单项目。

2. 定额内容

综合定额包括建筑脚手架、单独装饰脚手架、工具式脚手架，共三节。

定额内容包括定额说明、工程量计算规则、工作内容、计量单位、定额编号、子目名称、子目单价、单价组成及人材机消耗量等，应根据工程实际选择相应的定额子目使用。

5.2.2 脚手架工程清单

根据粤建造发〔2013〕4 号文"关于实施《房屋建筑与装饰工程工程量计算规范》GB 50854—2013 等的若干意见"，脚手架工程计算暂不执行表 S.1 的有关规定，按照粤表 S.1.1（表 5-2-1）的规定执行。

粤表 S.1.1 脚手架工程清单附录   表 5-2-1

项目编码	项目名称	项目特征	计量单位	工程量计算规则	工作内容
粤 011701008	综合钢脚手架	搭设高度	m²	按《广东省建筑与装饰工程综合定额(2018)》"脚手架工程"工程量计算规则相关规定计算	1. 场内外材料搬运 2. 搭、拆脚手架、斜道、上料平台 3. 安全网的铺设 4. 拆除脚手架后材料的堆放
粤 011701009	单排钢脚手架	搭设高度			1. 场内、场外材料搬运 2. 搭设 3. 拆除脚手架后材料的堆放
粤 011701010	满堂脚手架	搭设高度			
粤 011701011	里脚手架				
粤 011701012	活动脚手架	搭设部位			
粤 011701013	靠脚手架安全板	搭设高度			
粤 011701014	独立安全挡板	搭设方式 搭设高度			
粤 011701015	电梯井脚手架	搭设高度	座		
粤 011701016	烟囱脚手架	直径大小 搭设高度			
粤 011701017	架空运输道	搭设高度			
粤 011701018	围尼龙编织布	搭设高度	m²		1. 场内、场外材料搬运 2. 围尼龙编织布 3. 拆除后材料堆放
粤 011701019	单独挂尼龙安全网	搭设高度			1. 场内、场外材料搬运 2. 安全网的铺设 3. 拆除后材料的堆放

5.2.3 定额工程量部分计算规则

外墙综合脚手架搭拆工程量，按外墙外边线的凹凸（包括凸出阳台）总长度乘以设计外地坪至外墙的顶板面或檐口的高度以"m²"计算；不扣除门、窗、洞口及穿过建筑物的通道的孔洞面积。屋面上的楼梯间、水池、电梯机房等的脚手架工程量应并入主体工程量内计算。外墙脚手架如从地下室顶板搭设的，未回填的以地下室顶板标高计算；已回填的以覆土后标高计算。

1. 外墙综合脚手架的步距和计算高度，按以下情形分别确定：

（1）有女儿墙者，高度和步距计至女儿墙顶面。

（2）有山墙者，以山尖二分之一高度计算，山墙高度的步距按檐口高度。

（3）地下室外墙综合脚手架，高度和步距从设计外地坪至底板垫层底。

（4）上层外墙或裙楼上有缩入的塔楼者，工程量分别计算。裙楼的高度和步距应按设计外地坪至裙楼顶面的高度计算；缩入的塔楼高度从缩入面计至塔楼的顶面，但套用定额步距的高度应从设计外地坪计至塔楼顶面。

2. 外墙综合脚手架使用工程量，按脚手架搭设面积乘以脚手架在施工现场的有效使用天数以"100m² · 10 天"为单位计算。

外墙综合脚手架有效使用天数的计算：

（1）具有经审核的施工组织设计文件

±0.000 以下工程脚手架有效使用天数＝（地下工程工期－土方开挖工期）/2

±0.000 以上工程脚手架有效使用天数＝（主体工程工期＋开始拆架至工程竣工的间隔期）×0.5＋封顶至开始拆架的间隔期

（2）没有经审核的施工组织设计文件，按主体工程工期占地上工程工期60%；装饰工程工期占 30%；封顶至拆架间隔期占 10%综合考虑。

±0.000 以下工程脚手架有效使用天数＝地下工程工期/4

±0.000 以上工程建筑脚手架有效使用天数＝地上工程工期×0.40

±0.000 以上工程装饰脚手架有效使用天数＝地上工程工期×0.15

工期按现行的建设工程施工标准工期定额计算。

3. 外墙为幕墙时，幕墙部分按幕墙外围面积计算综合脚手架。

4. 加层建筑物工程外墙脚手架工程量，按以下规则计算：

（1）原有建筑物部分，按两个单排脚手架计算，其高度以原建筑物的外地坪至原有建筑物高度减 2.5m。

（2）加层建筑工程部分，按综合脚手架计算，其高度按加层建筑物的高度加 2.5m，脚手架的定额步距按外地坪至加层建筑物外墙顶的高度。

5. 围墙脚手架按设计外地坪至围墙顶高度乘以围墙长度以"m²"计算，套相应高度的单排脚手架，围墙双面抹灰的，增加一面单排脚手架。

6. 砌筑石墙，高度在 1.2m 以上时，按砌筑石墙长度乘以高度计算一面综合脚手架；墙厚 40cm 以上时，按一面综合脚手架、一面单排脚手架计算。

7. 现浇钢筋混凝土屋架以及不与板相接的梁，按屋架跨度或梁长乘以高度以"m²"计算综合脚手架，高度从地面或楼面算起，屋架计至架顶平均高度双面计算，单梁高度计至梁面单面计算。在外墙轴线的现浇屋架、单梁及与楼板一起现浇的梁均不得计算脚手架。

8. 吊装系梁、吊车梁、柱间支撑、屋架等（未能搭外脚手架时），搭设的临时柱架和工作台，按柱（大截面）周长加 3.6m 后乘以高，套单排脚手架计算。

9. 建筑面积计算范围外的独立柱、柱高超过 1.2m 时，按柱身周长加 3.6m 后乘以高，套单排脚手架，在外轴线上的附墙柱的脚手架已综合考虑。

10. 大型设备基础高度超过 2m 时，按其外形周长乘以基础高度以"m²"计算单排脚手架。

11. 各种类型的预制钢筋混凝土及钢结构屋架，如跨度在 8m 以上，吊装时按屋架外围面积计算脚手架工程量，套 10m 以内单排脚手架乘以系数 2 计算。

12. 凿桩头的高度如超过 1.2m 时，混凝土灌注桩、预制方桩、管桩每凿 1m³ 桩头，计算单排脚手架 16m²；钻（冲）孔桩按直径乘以 4 加 3.6m 再乘以高以"m²"计算单排脚手架。

13. 满堂脚手架工程量，按室内净面积计算，其高度在 3.6～5.2m，按满堂脚手架基本层计算，超过 5.2m 每增加 1.2m 按增加一层计算，不足 0.6m 的不计。计算式表示如下：

满堂脚手架增加层＝(楼层高度－5.2m)/1.2m

14. 建筑里脚手架，楼层高度在 3.6m 以内按各层建筑面积计算，层高超过 3.6m 每增加 1.2m 按调增子目，不足 0.6m 的不计算。在有满堂脚手架搭设的部分，里脚手架按该部分建筑面积的 50% 计算。不带装修的工程，里脚手架按建筑面积的 50% 计算。没有建筑面积部分的脚手架搭设按相应子目规定分别计算。

15. 亭、台、阁、廊、榭、舫、塔、坛、碑、牌坊、景墙、景壁、景门、景窗（附墙的景壁、景门、景窗除外）、屏风的脚手架：平顶的按滴水线总长度乘设计地坪至檐口线高度以"m²"计算；尖顶的按其结构最大水平投影周长乘以设计外地坪至顶点高度以"m²"计算，按不同步距套综合脚手架子目。

16. 建筑花架廊廊顶高度在 3.6m 以内套用满堂脚手架基本层定额子目的 50% 计算，在 3.6m 以上套用满堂脚手架基本层定额子目。

17. 建筑石山的脚手架：石山高度在 1.2m 以上时，按外围水平投影最大周长乘以设计外地坪至石山顶高度以"m²"计算，套用综合脚手架定额。

18. 水塔脚手架按其外围外周长加 3.6m 计算，套用相应步距综合脚手架。

19. 其他脚手架计算规则如下：

（1）独立安全挡板：水平挡板，按水平投影面积计算；垂直挡板，按自然地坪至最上一层横杆之间的搭设高度，乘以实际搭设长度，以"m²"计算。

（2）架空运输脚手架，按搭设长度以"m"计算。

（3）烟囱、水塔、独立筒仓脚手架，分不同内径，按外地坪至顶面高度，套相应定额子目。

（4）烟囱内衬的脚手架，按烟囱内衬砌体的面积，套单排脚手架。

（5）电梯井脚手架按井底板面至顶板底高度，套相应定额子目以"座"计算。如±0.000 以上不同施工单位施工时，上盖仍按座计算，高度步距从电梯井底起计，±0.000 以下则按井内净空周长乘井底至±0.000 高度计算，套单排脚手架。

（6）围尼龙编织布按实搭面积以"m²"计算（垂直防护挡板除外）。

（7）靠脚手架安全挡板：编制预算时，每层安全挡板工程量，按建筑物外墙的凹凸面（包括凸出阳台）的总长度加 16m 乘以宽度 2m 计算。建筑物高度在三层以内或 9m 范围内不计安全挡板。高度在三至六层或在 9～18m 计算一层，以后每增加三层或高度 9m 者计一层（最多按三层计算），结算时除另有约定外，按实搭面积以"m²"计算。

（8）深基坑上落钢爬梯工程量按延长米×宽度，按水平投影面积以"m²"计算。

5.2.4　脚手架工程定额计价部分说明

1. 脚手架

（1）本章外脚手架以钢管脚手架考虑，包括综合脚手架和单排脚手架。定额子目按搭拆、使用分别编制，使用本章子目的，应同时计算搭拆、使用。

（2）综合脚手架包括脚手架、平桥、斜桥、平台、护栏、挡脚板、安全网等，高层脚手架 50.5～200.5m 还包括托架和拉杆费用。

（3）建筑用外脚手架是指单独为建筑物外墙外边线上的所有构件及部位的整体结构、装饰工程施工所需搭设的外脚手架。装修用外脚手架是指单独为建筑物外墙外边线上所有构件的装修工程施工所搭设的外脚手架。

（4）综合脚手架全部周转材料在施工现场的加权平均使用天数为综合脚手架的有效使用天数。脚手架搭拆和使用的时间规律如图 5-2-1 所示。

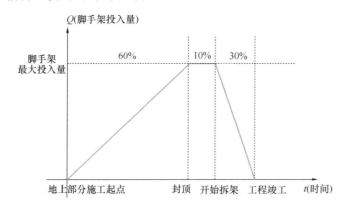

图 5-2-1　脚手架搭拆和使用的时间规律示例图

（5）里脚手架包括外墙内面装饰脚手架、内墙砌筑及装饰用脚手架、外走廊及阳台的外墙砌筑与装饰脚手架，走廊柱、独立柱的砌筑与装饰脚手架，现捣混凝土柱、混凝土墙结构及装饰脚手架费用，但不包括吊装脚手架，如发生构件吊装，该部分增加的脚手架另按有关的工程量计算规则计算，套用单排脚手架。

（6）脚手架防火费用，另按各市有关规定计算。

（7）靠脚手架安全挡板套算高度，如搭设一层，按综合脚手架高度步距计算；搭设二层及以上时，按综合脚手架高度套低一级步距计算。

（8）烟囱脚手架综合垂直运输架、斜桥、风缆、地锚等子目。独立筒仓脚手架按相应烟囱脚手架人工费乘以系数 1.11，其他不变。

（9）架空运输道，适用于特殊施工环境，按施工组织设计计算。定额以架宽 2m 为准，如架宽大于 2m 时应按相应子目乘以系数 1.20；超过 3m 时按相应子目乘以系数 1.50。

（10）独立安全水平挡板和垂直挡板，是指脚手架以外单独搭设的，用于车辆通道、人行通道、临街防护和施工现场与其他危险场所隔离等防护。

（11）定额满堂脚手架子目适用于搭设高度 10m 以内；搭设高度超过 10m 时，按照审定的施工方案确定。

2. 建筑脚手架

（1）外墙采用钢骨架封彩钢板结构，按综合脚手架计算。

（2）1.5m 宽以上雨篷（顶层雨篷除外），如没有计算综合脚手架的，按单排脚手架计算。

（3）楼梯顶板高度计算是按自然层计算。

（4）斜板、拱形板、弧形板、坡屋面和架空阶梯的计算高度按平均高度。

（5）水池墙、烟道墙等高度在 3.6m 以内套用单排脚手架，3.6m 以上套用综合脚手架。

（6）贮水（油）池工程外脚手架，高度在 3.6m 以内套用单排脚手架，3.6m 以上套用综合脚手架，池壁内脚手架按单排脚手架计算。

（7）石墙砌筑不论内外墙，高度超过 1.2m 时，计算一面综合脚手架；墙厚大于 40cm 时，则计算一面综合脚手架及一面单排脚手架。

（8）毛石挡土墙砌筑高度超过 1.2m，计算一面综合脚手架。

（9）滑升模板施工的钢筋混凝土烟囱、筒仓，不再计算脚手架。

（10）天棚装饰（包括抹平扫白）楼层高度超过 3.6m 时，计算满堂脚手架。

（11）天棚面单独刷（喷）灰水时，楼层高度在 5.2m 以下者，均不计算脚手架费用，高度在 5.2～10m 按满堂脚手架基本层子目的 50% 计算。

（12）满堂基础脚手架套用满堂脚手架基本层定额子目的 50% 计算。

（13）整体满堂红钢筋混凝土基础、条形基础，凡其宽度超过 3m 以上且深度指垫层顶至基础顶面在 1.5m 以上时，增加的工作平台按基础底板面积计算满堂基础脚手架。

（14）天面女儿墙高度超过 1.2m 时，女儿墙内侧按单排脚手架计算。

（15）钢结构工程外墙没有围蔽的项目，综合脚手架按 50% 计算。

（16）水塔套用综合脚手架相应子目。

5.2.5 脚手架工程综合案例

【例 5-2-1】某建筑平面图、剖面图如图 5-2-2 所示，墙厚为 240mm，室内外高差为 0.600m。试计算外钢管脚手架（地上工期 270 天）、满堂脚手架、里脚手架的工程量。

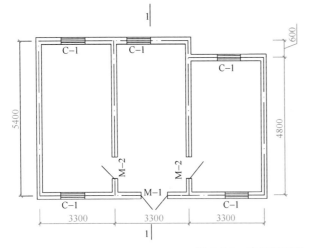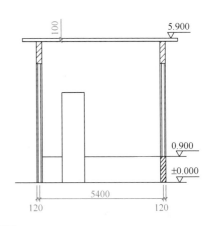

图 5-2-2 建筑平面图、剖面图

【解】(1) 工程量计算

外脚手架工程量：$(3.3 \times 3 + 0.24 + 5.4 + 0.24) \times (5.9 + 0.6) = 102.57\text{m}^2$

满堂脚手架工程量：$(5.4 - 0.24) \times (3.3 \times 3 - 0.24) - 3.3 \times 0.6 = 47.87\text{m}^2$

里脚手架工程量：$[(5.4 + 0.24) \times (3.3 \times 3 + 0.24) - 3.3 \times 0.6] \div 2 = 27.60\text{m}^2$

(2) 综合单价计算

1) 根据题目条件及工程量计算规则分析，本题清单工程量＝定额工程量，外脚手架定额编码 A1-21-2，数量＝$55.23 \div 55.23 \div 100 = 0.01$；根据脚手架使用费的规定，综合脚手架应套使用费，定额编码 A1-21-22，脚手架有效使用天数为地上工期的 0.55，则脚手架使用费的工程量＝$102.57 \times 270 \times 0.55 = 15231.645$（$\text{m}^2 \cdot$ 天），数量＝$15231.645 \div 102.57 \div 100 \div 10 = 0.1485$；

2) 满堂脚手架定额编码 A1-21-29、A1-21-30，数量＝$47.87 \div 47.87 \div 100 = 0.01$，里脚手架定额编码 A1-21-31、A1-21-32，数量＝$55.21 \div 55.21 \div 100 = 0.01$。

3) 其他数据按照定额的数据填写并计算（表 5-2-2～表 5-2-4）。

综合单价分析表　　　　　表 5-2-2

工程名称：××单位工程　　　　标段：　　　　第 1 页 共 3 页

项目编码	粤011701008001		项目名称	综合钢脚手架		计量单位	m²	工程量	102.57
清单综合单价组成明细									
定额编号	定额项目名称	定额单位	数量	单价					
				人工费	材料费	机具费	管理费和利润	合价	
								人工费 / 材料费 / 机具费 / 管理费和利润	
A1-21-2	综合钢脚手架搭拆 高度（m 以内）12.5	100m²	0.01	1239.89	366.63	165.83	497.90	12.40 / 3.67 / 1.66 / 4.98	
A1-21-22	建筑用综合脚手架使用费	100m²·10 天	0.1485	116.15	168.28	11.06	45.06	17.25 / 24.99 / 1.64 / 6.69	
人工单价			小计					29.65 / 28.66 / 3.30 / 11.67	
			未计价材料费						
清单项目综合单价								73.27	

综合单价分析表　　　　　表 5-2-3

工程名称：××脚手架工程　　　　标段：　　　　第 2 页 共 3 页

项目编码	粤011701010001		项目名称	满堂脚手架		计量单位	m²	工程量	47.87
清单综合单价组成明细									
定额编号	定额项目名称	定额单位	数量	单价				合价	
				人工费	材料费	机具费	管理费和利润	人工费 / 材料费 / 机具费 / 管理费和利润	
A1-21-29	满堂脚手架（钢管）基本层 3.6m	100m²	0.01	731.63	209.76	27.64	268.93	7.32 / 2.1 / 0.28 / 2.69	
A1-21-30	满堂脚手架（钢管）每增加 1.2m	100m²	0.01	277.64	37.05	5.53	100.29	2.78 / 0.37 / 0.06 / 1	
人工单价			小计					10.1 / 2.47 / 0.34 / 3.69	
			未计价材料费						
清单项目综合单价								16.58	

综合单价分析表   表 5-2-4

工程名称：××脚手架工程   标段：   第 3 页 共 3 页

项目编码	粤011701011002	项目名称	里脚手架	计量单位	m²	工程量	27.6

清单综合单价组成明细

定额编号	定额项目名称	定额单位	数量	单价				合价			
				人工费	材料费	机具费	管理费和利润	人工费	材料费	机具费	管理费和利润
A1-21-31	里脚手架（钢管）民用建筑基本层 3.6m	100m²	0.01	1045.4	99.05	38.69	383.99	10.45	0.99	0.39	3.84
A1-21-32 ×2	里脚手架（钢管）民用建筑每增加 1.2m 单价×2	100m²	0.01	690.4	75.24	33.16	256.28	6.9	0.75	0.33	2.56
人工单价			小计					17.35	1.74	0.72	6.4
		未计价材料费									
		清单项目综合单价						26.22			

（3）根据题目条件及清单工程量、综合单价的计算结果，整理清单与计价表见表 5-2-5。

分部分项工程和单价措施项目清单与计价表   表 5-2-5

工程名称：××建筑工程   标段：   第 1 页 共 1 页

序号	项目编码	项目名称	项目特征描述	计量单位	工程量	金额（元）		
						综合单价	综合合价	其中 暂估价
1	粤011701008002	综合钢脚手架	1. 搭设高度：5.9m	m²	102.57	22.7	2328.34	
2	粤011701010001	满堂脚手架	1. 搭设高度：5.9m	m²	47.87	16.58	793.68	
3	粤011701011002	里脚手架	1. 搭设高度：5.9m	m²	27.6	26.22	723.67	

5.2.6 职业拓展——综合定额要点解析

（1）外墙综合脚手架工程量，按外墙外边线的凹凸（包括凸出阳台）总长度乘以设计外地坪至外墙的顶板面或檐口的高度以面积计算，这个外墙边线的凹凸是否包括雨篷？

答：不包括雨篷。

（2）A1.1.21 脚手架工程，工程量计算规则第一条"外墙综合脚手架搭拆工程量，按外墙外边线的凹凸（包括凸出阳台）总长度乘以设计外地坪至外墙的顶板面或檐口的高度以"m²"计算"。外墙外边线是否包括外墙附属的装饰柱（墙垛）？

答：凸出外墙 60cm 以上的，可按其凹凸面长度列入外墙外边线长度内。

（3）A1.1.21 脚手架工程，工具式脚手架中，附着式电动整体提升架 A1-21-201 电动整体提升架子目，是否包含搭拆费和使用费呢？材料消耗中提升装置及架体的消耗量 0.090，是按多少次摊销考虑。

答：定额子目包含搭拆费和使用费；摊销次数定额综合考虑，除定额另有规定外，一般不做调整。

（4）温室大棚顶棚是轻钢骨架或简易镀锌钢管骨架、顶棚面铺遮阳网或塑料薄膜，顶棚高度超过 3.6m，是否可以算满堂脚手架？

答：不可以。

（5）A.1.21 脚手架工程说明第二条第 2 点"综合脚手架包括脚手架、平桥、斜桥、平台、护栏、挡脚板、安全网等，高层脚手架 50.5～200.5m 还包括托架和拉杆费用。"此定额说明中未明确是否为双排脚手架，如实际采用三排是否可调整，应如何调整？

答：定额考虑的是双排脚手架，采用非常规的施工方案，应结合项目实际情况考虑。

（6）A.1.21 脚手架工程外墙综合脚手架的步距和计算高度注明"有女儿墙者，高度和步距计至女儿墙顶面。"若女儿墙采用装饰玻璃栏板或钢栏杆形式的，是否需计算至玻璃栏板或钢栏杆顶标高？

答：应计算至玻璃栏板或钢栏杆顶标高。

（7）A.1.21 脚手架工程说明三、建筑脚手架"14. 天面女儿墙高度超过 1.2m 时，女儿墙内侧按单排脚手架计算"是否单指混凝土或砖砌女儿墙？若混凝土或砖砌女儿墙为 900mm，上面为玻璃栏板或钢栏杆 600mm，总计为 1500mm，是否需计算单排脚手架？

答：女儿墙内侧可以计算单排脚手架，定额说明中的女儿墙是指设计图纸标示的女儿墙，并非单指混凝土或砖砌女儿墙。天面女儿墙高度超过 1.2m 时，女儿墙内侧按单排脚手架计算。

（8）满堂基础脚手架与满堂脚手架有什么区别？

答：满堂基础脚手架是指满足定额 A.1.21 脚手架章说明第三条第 13 点"整体满堂红钢筋混凝土基础、条形基础，凡其宽度超过 3m 且深度指垫层顶至基础顶面在 1.5m 以上时，增加的工作平台按基础底板面积计算满堂基础脚手架。"的规定，考虑其浇捣混凝土时人和混凝土振捣设备无法到达而搭设的工作平台。满堂脚手架是指楼层高度超 3.6m 时天棚装饰施工时需要搭设的脚手架。

（9）大型钢支撑的基坑支护是否需要另计满堂脚手架？

答：大型钢支撑安装、拆除是否需要计算满堂脚手架应依据经审批的施工方案确定，常规做法不需要满堂脚手架。

（10）综合脚手架子目，密目式阻燃安全网换成金属防护网，应如何换算？

答：本定额脚手架章节未包括金属防护网子目，实际发生时可按经批准的施工组织方案，结合材料的合理摊销次数协商计价或按当地造价主管部门发布的补充定额计价。

（11）已计算满堂脚手架的单独装饰工程是否需计算墙面活动脚手架？

答：需要。

（12）计算综合脚手架使用费后，根据施工规范要求采用分段搭设的托架是否可以另行计算托架的使用费，应如何计算？

答：可以计算托架的使用费，可套用定额 A1-21-23 建筑用脚手架托架子目。

 任务小结

本任务主要对脚手架工程的清单工程量计算规则进行了讲解，并设置了综合案例，辅

助学生对几种常用脚手架进行区别和更好的理解。

通过本任务学习，学生能够掌握脚手架工程计量知识，具备编制脚手架工程工程量清单以及计算脚手架工程量的能力。

 **课后习题**

一、单项选择题

1. 根据《广东省房屋建筑与装饰工程综合定额（2018）》，某工程第一层的楼层高度为 6.6m，则其里脚手架增加层为（   ）。

A. 1 　　　　　　B. 2 　　　　　　C. 3 　　　　　　D. 4

2. （   ）m 宽以上雨篷（顶层雨篷除外），如没有计算综合脚手架的，按单排脚手架计算。

A. 1.1 　　　　　B. 1.2 　　　　　C. 1.5 　　　　　D. 2.0

3. 石墙砌筑不论内外墙，高度超过 1.2m 时，计算一面综合脚手架；墙厚大于 40cm 时，则计算一面综合脚手架及一面（   ）脚手架。

A. 单排 　　　　　B. 满堂 　　　　　C. 里 　　　　　　D. 双排

4. 水池墙、烟道墙等高度在 3.6m 以内套用（   ）脚手架。

A. 单排 　　　　　B. 满堂 　　　　　C. 里 　　　　　　D. 综合

5. 满堂基础脚手架套用满堂脚手架基本层定额子目的（   ）计算。

A. 20% 　　　　　B. 25% 　　　　　C. 50% 　　　　　D. 75%

6. 整体满堂红钢筋混凝土基础、条形基础，凡其（   ），增加的工作平台按基础底板面积计算满堂基础脚手架。

A. 宽度在 3m 以内，且深度指垫层顶至基础顶面在 1.5m 以下时

B. 宽度在 3m 以内，且深度指垫层顶至基础顶面在 1.5m 以上时

C. 宽度超过 3m 且深度指垫层顶至基础顶面在 1.5m 以下时

D. 宽度超过 3m 且深度指垫层顶至基础顶面在 1.5m 以上时

7. 水塔脚手架按其外围外周长加（   ）m 计算，套用相应步距综合脚手架。

A. 1.2 　　　　　B. 2.4 　　　　　C. 3.6 　　　　　D. 5.2

二、多项选择题

1. 根据《广东省房屋建筑与装饰工程综合定额（2018）》，以下应按相关定额子目计算的绿色施工安全防护措施费项目是（   ）。

A. 综合脚手架 　　　　　　　　　　B. 临时设施

C. 防尘降噪绿色施工防护棚 　　　　D. 用工实名

E. 密目式安全网

2. 以下应套单排脚手架子目的是（   ）。

A. 水塔 　　　　　　　　　　　　　B. 1.5m 宽以上雨篷

C. 高度 3.6m 以内的烟道墙 　　　　D. 女儿墙内侧

E. 高度 3.6m 以内的水池墙

任务 5.3　垂直运输及超高施工增加计量计价

 知识要点

1. 了解垂直运输及超高施工增加项目国标清单的构成和编制；
2. 掌握垂直运输及超高施工增加工程量的计算差异；
3. 能根据实际项目，开列垂直运输及超高施工增加工程清单，并进行工程量的计算；
4. 熟悉垂直运输和超高施工增加工程章说明中关于计价的规定；
5. 熟悉垂直运输和超高施工增加工程清单项目名称的工作内容与定额子目的对应关系；
6. 能够正确填写并计算垂直运输和超高施工增加工程的综合单价分析表及清单与计价表；
7. 能根据工程实际项目，完成垂直运输和超高施工增加工程的综合单价分析表及清单与计价表。

5.3.1　垂直运输及超高施工增加工程清单

1. 国标清单内容

垂直运输包括 1 个工程量清单项目：垂直运输。

超高施工增加包括 1 个工程量清单项目：超高施工增加。

2. 注意事项

编制工程量清单时，应注意以下事项：

（1）根据国标清单"表 S.3 垂直运输（编码 011703）"，应注意：

1）建筑物的檐口高度是指设计室外地坪至檐口滴水的高度（平屋顶系指屋面板底高度），突出主体建筑物屋顶的电梯机房、楼梯间、水箱间、瞭望塔、排烟机房等不计入檐口高度。

2）垂直运输指施工工程在合理工期内所需垂直运输机械。

3）同一建筑物有不同檐高时，按建筑物的不同檐高做纵向分割，分别计算建筑面积，以不同檐高分别编码列项。

（2）根据国标清单"表 S.4 垂直运输（编码 011704）"，应注意：

1）单层建筑物檐口高度超过 20m，多层建筑物超过 6 层时，可按超高部分的建筑面积计算超高施工增加。计算层数时，地下室不计入层数。

2）同一建筑物有不同檐高时，可按不同高度的建筑面积分别计算建筑面积，以不同檐高分别编码列项。

（3）编制工程量清单时，若出现国标清单附录 S 未包括的清单项目，编制人应做补充清单，具体规定详见国标清单第 4.1.3 条的规定。

3. 工程量清单项目编制及工程量计算规则

根据粤建造发〔2013〕4 号文"关于实施《房屋建筑与装饰工程工程量计算规范》GB 50854—2013 等的若干意见"，建筑工程垂直运输执行"S.3 垂直运输"（表 5-3-1），单独装饰装修工程按照粤表 S.3（表 5-3-2）的规定执行，超高施工增加参照表 S.4 的规

定执行（表 5-3-3）

S. 3 垂直运输（011703）

表 5-3-1

项目编码	项目名称	项目特征	计量单位	工程量计算规则	工作内容
011703001	垂直运输	1. 建筑物建筑类型及结构形式 2. 地下室建筑面积 3. 建筑物檐口高度、层数	1. m² 2. 天	1. 按建筑面积计算 2. 按施工工期日历天数计算	1. 垂直运输机械的固定装置、基础制作、安装 2. 行走式垂直运输机械轨道的铺设、拆除、摊销

粤表 S. 3 单独装饰装修工程垂直运输工程（粤 011703002）

表 5-3-2

项目编码	项目名称	项目特征	计量单位	工程量计算规则	工作内容
粤 011703002	单独装饰装修工程垂直运输	1. 装饰高度、层数 2. 装饰内容 3. 运输条件或方式	项	1. 机械垂直运输，按装饰楼层不同垂直运输高度以定额工日计算 2. 人工垂直运输，按不同装饰楼层和不同材料以定额所示的计量单位计算	1. 垂直运输机械的固定装置、基础制作、安装、拆除或原有垂直运输机械的保护 2. 材料、设备的垂直运输

表 S. 4 超高施工增加（011704）

表 5-3-3

项目编码	项目名称	项目特征	计量单位	工程量计算规则	工作内容
011704001	超高施工增加	1. 建筑物建筑类型及结构形式 2. 建筑物檐口高度、层数 3. 单层建筑物檐口高度超过 20m，多层建筑物超过 6 层部分的建筑面积	m²	按建筑物超高部分的建筑面积计算	1. 建筑物超高引起的人工工效降低以及由于人工工效降低引起的机械降效 2. 高层施工用水加压水泵的安装、拆除及工作台班 3. 通信联络设备的使用及摊销

5.3.2 定额工程量计算规则

1. 定额内容

（1）垂直运输综合定额包括建筑工程垂直运输、单独装饰工程垂直运输，共两节。

（2）《广东省房屋建筑与装饰工程综合定额（2018）》附录一"建筑物超高增加人工、机具"，对建筑工程和单独装饰工程的超高增加费计取方法做了 11 条规定（详见定额说明），且该部分费用应计入分部分项工程费内。

定额内容包括定额说明、工程量计算规则、工作内容、计量单位、定额编号、子目名称、子目单价、单价组成及人材机消耗量等，应根据工程实际选择相应的定额子目使用。

2. 垂直运输工程量计算规则（建筑工程）

（1）建筑物的垂直运输，按建筑物的建筑面积以"m^2"计算。高度超过100m时按每增10m内定额子目计算，其高度不足10m时，按10m计算。

（2）构筑物垂直运输以座计算。超过规定高度时按每增加1m定额子目计算，其高度不足1m时，按1m计算。

（3）叠塑石山按石山基底占地面积以"m^2"计算。

（4）建筑工程的主体为钢结构工程的，按本章计算的垂直运输费应扣除钢结构工程的占比系数。

钢结构工程占比系数＝钢结构工程造价÷建筑与装修工程总造价

钢结构工程造价指套用定额"金属结构工程"章节中相应工程内容的造价。建筑与装饰工程造价包括钢结构工程造价，但不包括单独装饰工程的造价。

3. 垂直运输工程定额计价说明（建筑物）

（1）本定额工作内容，包括单位工程在按定额工期内完成全部工程所需的垂直运输机械台班，不包括机械的场外往返运输，一次安拆及路基铺垫和轨道铺拆等费用。如果实际工期超过定额工期10%的，超出的部分费用，按相应子目对应的机械台班费计算。

（2）建筑物檐口高度在3.6m以内的单层建筑，不计算垂直运输费用。

（3）地下室部分的垂直运输高度由底板垫层底至设计室外地面标高计算，套相应高度的定额子目。

（4）不能计算建筑面积且高度超过3.6m的工程（如围墙），垂直运输费按除基础以外的人工费的5%计算。

（5）建筑物高度是指设计室外地坪至檐口的高度，突出主体建筑物屋顶的电梯间、水箱间、女儿墙等不计高度。一幢建筑物中有不同的高度时，除另有规定外，按最高的檐口高度套同一步距计算。

（6）裙楼与塔楼工程，裙楼按设计室外地坪至裙楼檐口高度计算垂直运输，塔楼按设计室外地坪至塔楼檐口高度计算垂直运输。

（7）建筑物间带连廊的工程，按不同建筑物分别计算垂直运输，连廊并入较高建筑物中。

（8）本章不包括泵送混凝土的机械费用，混凝土泵送费用在混凝土工程中的泵送增加费考虑。

（9）本章适应建筑物200m内的垂直运输内容，超过200m的按垂直运输方案计算。

5.3.3　超高施工增加定额计价说明（建筑工程）

《广东省房屋建筑与装饰工程综合定额（2018）》无相关定额子目及工程量计算规则，应按附录一"建筑物超高增加人工、机具"规定执行，并计入分部分项工程费。

（1）建筑物超高增加人工、机具适用于建筑物高度20m以上的工程。建筑物高度是指设计室外地坪至檐口的高度，突出主体建筑屋顶的电梯间、水箱间、女儿墙等不计高度，顶层建筑物超过该天面面积1/3时可以计算高度。建筑物如有不同的高度时

（图 5-3-1），按下式计算加权平均高度（公式中的 S_1、S_2、S_3 均指各层面积之和）：

$$加权平均高度 = \frac{h_1 \times S_1 + h_2 \times S_2 + h_3 \times S_3}{S_1 + S_2 + S_3}$$

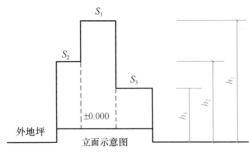

图 5-3-1　建筑物不同高度示意图

（2）人工、机具降效包括工人上下班降低工效、上下楼及自然休息增加的时间、垂直运输影响的时间以及由于人工降效引起的机具降效。

（3）各项降效系数中包括的内容指建筑物 ± 0.000 以上（包括首层面层、找平层）的全部工程项目，但不包括措施项目及各类构件的水平运输。

（4）建筑物超高人工、机具增加，列入分部分项工程费内。

（5）超高降效已含管理费，超高加压水泵台班并入建筑物超高的机具降效内综合考虑。

（6）人工降效按规定内容中的全部人工费、机具降效按规定内容中的全部机具费乘以表 5-3-4 相应系数计算。

人工、机具降效系数表　　　　　　　　　　　　　表 5-3-4

高度	内容	
	人工	机具
30m 以内	1.24%	3.13%
40m 以内	2.23%	5.13%
50m 以内	3.36%	6.65%
60m 以内	4.96%	8.83%
70m 以内	6.64%	11.04%
80m 以内	8.37%	13.24%
90m 以内	10.12%	15.28%
100m 以内	13.09%	18.81%
每增 10m 以内	2.06%	2.49%

5.3.4　垂直运输及超高施工增加工程综合案例

【例 5-3-1】某招待所框架结构 7 层，层高均为 3m，天面梯间层高 2.6m，建筑面积 29m²，房屋总建筑面积 1430m²，室外地坪标高为 −0.5m，请根据《广东省房屋建筑与装饰工程综合定额》（2018），编制综合单价分析表及清单计价表。

【解】（1）确定檐口高度：$3 \times 7 + 0.5 = 21.5$m

（2）垂直运输工程量：1430m²

（3）综合单价计算

1）根据题目条件及工程量计算规则分析，本题清单工程量＝定额工程量，垂直运输定额编码 A1−22−3，数量＝1430/1430/100＝0.01。

2）其他数据按照定额的数据填写并计算（表5-3-5）。

综合单价分析表 表5-3-5

工程名称：脚手架工程　　　　　　　　　标段：　　　　　　　第1页 共1页

项目编码	011703001001	项目名称	垂直运输	计量单位	m²	工程量	1430

清单综合单价组成明细

定额编号	定额项目名称	定额单位	数量	单价				合价			
				人工费	材料费	机具费	管理费和利润	人工费	材料费	机具费	管理费和利润
A1-22-3	建筑物20m以上的垂直运输30m以内	100m²	0.01			2699.48	1001.78			26.99	10.02
人工单价			小计							26.99	10.02
			未计价材料费								
清单项目综合单价								37.01			

（4）根据题目条件及清单工程量、综合单价的计算结果，整理清单与计价表见表5-3-6。

分部分项工程和单价措施项目清单与计价表 表5-3-6

工程名称：建筑工程　　　　　　　　　标段：　　　　　　　第1页 共1页

序号	项目编码	项目名称	项目特征描述	计量单位	工程量	金额（元）		其中
						综合单价	综合合价	暂估价
1	011703001001	垂直运输	1. 建筑物建筑类型及结构形式：现浇框架结构 2. 建筑物檐口高度、层数：21.5m，7层	m²	1430	37.01	52924.3	

5.3.5 职业拓展——综合定额要点解析

（1）垂直运输计算规则，裙楼与塔楼分段计取。若当塔楼处于裙楼范围内，塔楼与裙楼交接的部分，是按裙楼高度计算垂直运输还是按塔楼高度计算垂直运输？

答：按裙楼高度计算垂直运输。

（2）A.1.22垂直运输工程，定额子目A1-22-3建筑物20m以上的垂直运输（30m以内）的工料机内有电动单筒快速卷扬机和卷扬机架（单笼5t内），但实际使用卷扬机，是否可以把卷扬机换为施工电梯或塔式起重机？

答：定额的工料机配置是综合考虑的，实际使用机械与定额不一致时，除定额另有规定外，一般不做调整。

（3）关于其他拆除料是否可计取垂直运输？

答：其他拆除料的垂直运输费用，可根据A.1.22垂直运输章说明第三条第7点"人工清运拆除废料的垂直运输，套用人工垂直运输中砂相应子目，人工费乘以系数 0.80"。

（4）A.1.22 垂直运输工程第三条第 2 点"如果使用发包人提供的垂直运输机械运输的，扣除定额子目中相应的机械费用"，则施工方使用发包人的电梯进行单独装饰工程垂直运输，20m 以内的多层建筑物运输，是否不计算垂直运输费用？因 A1－22－22 定额中只有卷扬机的机械费用和管理费，若扣除定额子目中的机械费用，管理费也会随机械费归零而归零，相当于没有垂直运输费用？

答：使用发包人提供的垂直运输机械运输的，只扣减相应子目基价的机械费，但不扣减管理费金额。

（5）塔式起重机固定式基础应如何计价？

答：按经审批的施工方案计价。

（6）超高降效费、现浇混凝土泵送费等子目应在分部分项中计取，还是在措施费中计取？

答：采用定额计价时，超高降效费、现浇混凝土泵送费在分部分项中计算。

（7）计取现浇混凝土泵送费可否再计取"建筑物超高增加人工、机具"？

答：±0.000 以上的现浇混凝土泵送费属于分部分项工程费，可以计算"建筑物超高增加的人工、机具"。

 任务小结

本任务主要对垂直运输和超高施工增加工程的清单编制、清单和定额工程量计算规则进行了讲解，课程难度不大，并设置了综合案例，辅助学生理解，在计价时所用的定额说明进行讲解，并结合本教材典型实例进行组价和综合单价分析，最终形成清单计价表。

通过本任务学习，学生能够掌握垂直运输和超高施工增加工程计量知识，具备编制垂直运输和超高施工增加工程工程量清单以及计算垂直运输和超高施工增加工程量的能力。

通过本任务的计价实战演练，学生能够掌握垂直运输及超高施工增加的定额运用要点，掌握垂直运输及超高施工增加定额组价及综合单价的计算，具备编制模板工程量清单计价表的能力。

 课后习题

一、单项选择题

1. 根据《广东省建筑与装饰工程综合定额（2018）》，建筑物檐口高度在（　　）m 以内的单层建筑物，不计算垂直运输费用。

A. 3.0　　　　　　B. 3.6　　　　　　C. 5.2　　　　　　D. 12

2. 地下室部分的垂直运输高度由（　　）计算，套相应高度的定额子目。

A. 底板垫层底至设计室外地面标高　　　B. 底板垫层底至设计室内地面标高

C. 底板垫层顶至设计室外地面标高　　　D. 底板垫层顶至设计室内地面标高

3. 不能计算建筑面积且高度超过 3.6m 的工程（如围墙），垂直运输费按除基础以外的人工费的（　　）计算。

A. 3%　　　　　　B. 5%　　　　　　C. 7%　　　　　　D. 10%

4. 在计算垂直运输时，一幢建筑物中有不同的高度，除另有规定外，按(　　)计算。

A. 最低的檐口高度套同一步距

B. 最高的檐口高度套同一步距

C. 檐口的加权平均高度计算，并套相应的步距

D. 都可以

5. 裙楼与塔楼工程，计算垂直运输时(　　)。

A. 裙楼和塔楼按设计室外地坪至两者檐口高度的加权平均值计算。

B. 按设计室外地坪至裙楼檐口高度计算

C. 按设计室外地坪至塔楼檐口高度计算

D. 裙楼按设计室外地坪至裙楼檐口高度计算，塔楼按设计室外地坪至塔楼檐口高度计算

6. 建筑物间带连廊的工程，按不同建筑物分别计算垂直运输，连廊(　　)。

A. 并入较低建筑物中

B. 并入较高建筑物中

C. 按照连廊高度另行计算

D. 按建筑物的加权平均高度另行计算

二、多项选择题

1. 根据《房屋建筑与装饰工程工程量计算规范》GB 50854—2013，垂直运输的工程量计算规则是(　　)。

A. 以 m^2 计量，按建筑面积计算

B. 以座计量，按使用数量计算

C. 按楼层不同垂直运输高度以定额人工费计算

D. 按不同装饰楼层和不同材料以定额所示的计量单位计算

E. 以天计量，按施工工期日历天数计算

2. 根据《房屋建筑与装饰工程工程量计算规范》GB 50854—2013，关于垂直运输，下列说法正确的是(　　)。

A. 垂直运输指施工工程在实际工期内所需垂直运输机械

B. 垂直运输指施工工程在合理工期内所需垂直运输机械

C. 同一建筑物有不同檐高时，按建筑物的不同檐高做纵向分割，分别计算建筑面积，以不同檐高分别编码列项

D. 建筑物的檐口高度是指设计室外地坪至檐口滴水的高度（平屋顶系指屋面板底高度），突出主体建筑物屋顶的电梯机房、楼梯出口间等不计入檐口高度

E. 建筑物的檐口高度是指设计室外地坪至檐口滴水的高度（平屋顶系指屋面板底高度），突出主体建筑物屋顶的电梯机房、楼梯出口间等计入檐口高度

3. 根据《房屋建筑与装饰工程工程量计算规范》GB 50854—2013，关于超高施工增加，下列说法错误的是(　　)。

A. 单层建筑物檐口高度超过 20m，可计算超高施工增加

B. 多层建筑物超过 6 层（不含地下室）时，可计算超高施工增加

C. 单层建筑物檐口高度超过 15m，可计算超高施工增加

D. 同一建筑物有不同檐高时，以不同檐高分别编码列项计算超高施工增加

E. 多层建筑物超过 6 层（含地下室）时，可计算超高施工增加

任务 5.4 大型机械设备进出场及安拆、施工排降水计量计价

 知识要点

1. 了解大型机械设备进出场及安拆、施工排降水项目国标清单的构成；

2. 熟悉大型机械设备进出场及安拆、施工排降水工程清单的编制；

3. 掌握大型机械设备进出场及安拆、施工排降水工程量的计算差异；

4. 能根据实际项目，开列大型机械设备进出场及安拆、施工排降水清单，并进行工程量计算。

5.4.1 概述

1. 国标清单内容

大型机械设备进出场及安拆包括 1 个工程量清单项目：大型机械设备进出场及安拆。

施工排水降水包括成井、排水降水 2 个工程量清单项目。

2. 定额内容

（1）根据《广东省房屋建筑与装饰工程综合定额（2018）》"总说明"第九条关于施工机具费、第十条关于管理费和《广东省建设工程施工机具台班费用编制规则（2018）》关于安拆费的说明，大型机械设备进出场费用已在管理费中考虑，不再另计；安拆复杂，移动需要起重及运输机械的重型施工机械，其安拆费单独计算。定额相关说明如下：

1）施工机具费是指施工作业所发生的施工机械使用费和施工仪器仪表使用费。其中施工机械使用费包括安拆费。

2）管理费是指施工企业为完成承包工程而组织施工生产和经营管理所发生的费用。其中包括施工单位进退场费。

3）施工单位进退场费：施工单位根据建设任务需要，派遣生产人员和施工机具设备从基地迁往工程所在地或从一个项目迁往另一个项目所发生的搬迁费，包括生产工人调遣的差旅费，调遣转移期间的工资、行李运费、施工机械、工具、用具、周转性材料及其他施工装备的搬运费用等。

4）安拆费：根据施工机械不同分为不需要计算、计入台班单价和单独计算三种类型。不需要安拆或固定在车间的，不计算施工机械安拆费；安拆简单，移动需要起重及运输机械的轻型施工机械，其安拆费计入台班单价；安拆复杂，移动需要起重及运输机械的重型施工机械，其安拆费单独计算。

5）《广东省建设工程施工机具台班费用编制规则（2018）》中规定单独计算的费用包括混凝土搅拌站、静力压桩机、潜水钻孔机、施工电梯、塔式起重机、自升式塔式起重机、柴油打桩机、塔式起重机固定基础、塔式起重机轨道式基础等安拆费用共 20 个定额子目。

（2）井点降水工程定额包括轻型井点、喷射井点、大口径井点，共三节。

定额内容包括定额说明、工程量计算规则、工作内容、计量单位、定额编号、子目名称、子目单价、单价组成及人材机消耗量等，应根据施工组织设计方案选择相应的定额子目使用。

3. 注意事项

（1）编制大型机械设备进出场及安拆工程量清单时，应注意以下事项：

根据《广东省房屋建筑与装饰工程综合定额（2018）》编制施工图预算或最高投标限价时，已在分部分项工程量清单中计取大型机械设备进出场及安拆费用的，不应重复编制大型机械设备进出场及安拆费用清单并重复计费；需单独计算的大型机械设备安拆费，应按工程实际情况编制工程量清单并计取费用。

（2）编制施工排水降水工程量清单时，应注意以下事项：

1）相应专项设计不具备时，可按暂估量计算。

2）编制工程量清单时，若出现国标清单附录 S 未包括的清单项目，编制人应做补充清单，具体规定详见国标清单第 4.1.3 条的规定。

5.4.2　工程量清单项目编制及工程量计算规则（表 5-4-1、表 5-4-2）

表 S.5 大型机械设备进出场及安拆（011705）　　　　表 5-4-1

项目编码	项目名称	项目特征	计量单位	工程量计算规则	工作内容
011705001	大型机械设备进出场及安拆	1. 机械设备名称 2. 机械设备规格型号	台次	按使用机械设备的数量计算	1. 安拆费包括施工机械、设备在现场进行安装拆卸所需人工、材料、机械和试运转费用以及机械辅助设施的折旧、搭拆、拆除等费用 2. 进出场费包括施工机械、设备整体或分体自停放地点运至施工现场或由一施工地点运至另一施工地点所发生的运输、装卸、辅助材料等费用

表 S.6 施工排水、降水（011706）　　　　表 5-4-2

项目编码	项目名称	项目特征	计量单位	工程量计算规则	工作内容
011706001	成井	1. 成井方式 2. 地层情况 3. 成井直径 4. 井（滤）管类型、直径	m	按设计图示尺寸以钻孔深度计算	1. 准备钻孔机械、埋设护筒、钻机就位；泥浆制作、固壁；成孔、出渣、清孔等 2. 对接上、下井管（滤管），焊接，安放，下滤料，洗井，连接试抽等
011706002	排水、降水	1. 机械规格型号 2. 降排水管规格	昼夜	按排、降水日历天数计算	1. 管道安装、拆除，场内搬运等 2. 抽水、值班、降水设备维修等

5.4.3 定额工程量计算规则

1. 大型机械设备进出场及安拆定额工程量计算规则

《广东省房屋建筑与装饰工程综合定额（2018）》没有规定相应的工程计算规则。根据其定额说明，大型机械设备进出场费用已在管理费中考虑；需单独计算的大型机械设备安拆费，以"台次"计量；塔式起重机固定基础，以"座"计量；塔式起重机轨道式基础，以"m"计量，按轨道式基础的延长米（双轨）计算，相关内容详见《广东省房屋建筑与装饰工程综合定额（2018）》"总说明"、《广东省建设工程施工机具台班费用编制规则（2018）》"说明"及"9913 单独计算的费用"各相关子目。

2. 排水降水定额说明

（1）本章定额包括轻型井点、喷射井点、大口径井点，共三节。

（2）井点降水项目适用于地下水位较高的粉砂土、砂质粉土或淤泥质夹薄层砂性土的地层。

（3）井点降水：轻型井点、喷射井点、大口径井点的采用由施工组织设计确定。一般情况下，降水深度 6m 以内采用轻型井点，6m 以上 30m 以内采用相应的喷射井点，特殊情况下可选用大口径井点。井点使用时间按施工组织设计确定。喷射井点定额包括两根观察孔制作，喷射井管包括了内管和外管，井点材料使用摊销量中已包括井点拆除时的材料损耗量。

（4）井点间距根据地质和降水要求由施工组织设计确定，一般轻型井点管间距为 1.20m，喷射井点管间距为 2.50m，大口径井点管间距为 10m。

（5）轻型井点井管（含滤水管）的成品价可按所需的钢管的材料价乘以系数 2.40 计算。

（6）井点降水成孔过程中产生的泥水处理及挖沟排水工作应另行计算，遇有天然水源可用时，不计水费。

3. 排水降水工程量计算规则

（1）井点降水按使用根数、天数以"根"或"根天"计算。

（2）成井与管道安装分开子目计量。

5.4.4 职业拓展——综合定额的咨询解答

大型机械进退场费及安拆费如何计取？

答：大型机械设备进退场费已包含在管理费中，除定额有规定外，不得另行计算。关于安拆费，根据《广东省施工机具台班费用编制规则（2018）》说明第 2 页"安拆费根据施工机械不同分为不需计算、计入台班单价和单独计算三种类型。不需安拆或固定在车间的，不计算施工机械安拆费；安拆简单、移动需要起重及运输机械的轻型施工机械，其安拆费计入台班单价；安拆复杂、移动需要起重及运输机械的重型施工机械，其安拆费单独计算。"需要单独计算的，安拆费详见第 173～175 页。

任务小结

本任务通过对大型机械设备进出场及安拆的清单和定额的学习，能够熟悉什么情况、哪些仪器设备可以计取安拆费，并能准确查找对应的计价依据。施工排降水工程的清单与对额对应良好，工程计量清晰、课程难度不大。

任务 5.5　安全文明施工、其他措施、其他项目计价

 知识要点

1. 了解国标安全文明施工费的项目构成；

2. 熟悉广东绿色施工安全防护措施费的项目构成和计算；

3. 熟悉其他措施项目的费用构成、计量计价规则；

4. 熟悉其他项目费的构成和计算；

5. 能够根据实体项目，结合广东规定，正确开列可计量的绿色施工安全防护措施、其他措施、其他项目清单，并能根据计量规则和计价说明完成工程的计量和计价。

5.5.1　概述

1. 国标清单内容

安全文明施工及其他措施项目包括安全文明施工、夜间施工、非夜间施工照明、二次搬运、冬雨季施工、地上地下设施建筑物的临时保护设施、已完工程及设备保护共7个工程量清单项目。

2. 综合定额内容

《广东省房屋建筑与装饰工程综合定额（2018）》"A.1.23 材料及小型构件二次水平运输""A.1.24 成品保护工程""A.1.26 绿色施工安全防护措施费""A.1.27 措施其他项目"，第三部分"其他项目"等各章所包的相关内容分别介绍如下：

（1）A.1.23 材料及小型构件二次水平运输：内容包括材料二次运输、小型构件二次运输、零星材料运输共三节。

（2）A.1.24 成品保护工程：内容包括楼地面台阶成品保护、楼梯栏杆成品保护、柱面墙面成品电梯内装饰保护共三节。

（3）A.1.26 绿色施工安全防护措施费：内容包括费用组成及其计费标准、工作内容构成表。

（4）A.1.27 措施其他项目：内容包括文明工地增加费、夜间施工增加费、赶工措施费的费用标准。

（5）其他项目：内容包括暂列金额、暂估价、计日工、总承包服务费、预算包干费、工程优质费、概算幅度差、其他费用等的费用标准。

3. 注意事项

编制工程量清单时，应注意以下事项：

（1）根据计价规范第 3.1.5 条规定，措施项目中的安全文明施工费必须按国家或省级、行业建设主管部门的规定计算，不得作为竞争性费用。

（2）国标清单表 S.7 所列清单项目，应根据工程实际情况计算措施项目费用，需分摊的应合理计算摊销费用。

（3）执行绿色施工标准、各地建设行政主管部门补充规定或建设单位相关要求的，应编制补充清单项目计取相关费用，或一并计入其他相关绿色施工安全防护费内。

（4）按照《广东省房屋建筑与装饰工程综合定额（2018）》规定："绿色施工安全防护措施费，属于不可竞争费用，工程计价时，应单独列项并按本定额相应项目及费率计算"。

5.5.2 关于安全文明施工及其他措施项目设置及工作内容（表5-5-1）

S.7 安全文明施工及其他措施项目（011707）

表5-5-1

项目编码	项目名称	工作内容及包含范围
011707001	安全文明施工	1. 环境保护：现场施工机械设备降低噪声、防扰民措施；水泥和其他易飞扬细颗粒建筑材料密闭存放或采取覆盖措施等；工程防扬尘洒水；土石方、建渣外运车辆防护措施等；现场污染源的控制、生活垃圾清理外运、场地排水排污措施；其他环境保护措施。 2. 文明施工："五牌一图"；现场围挡的墙面美化（包括内外粉刷、刷白、标语等）、压顶装饰；现场厕所便槽刷白、贴面砖，水泥砂浆地面或地砖，建筑物内临时便溺设施；其他施工现场临时设施的装饰装修、美化措施；现场生活卫生设施；符合卫生要求的饮水设备、淋浴、消毒等设施；生活用洁净燃料；防煤气中毒、防蚊虫叮咬等措施；施工现场操作场地的硬化；现场绿化、治安综合治理；现场配备医药保健器材、物品和急救人员培训；现场工人的防暑降温、电风扇、空调等设备及用电；其他文明施工措施。 3. 安全施工：安全资料、特殊作业专项方案的编制，安全施工标志的购置及安全宣传；"三宝"（安全帽、安全带、安全网）、"四口"（楼梯口、电梯井口、通道口、预留口）、"五临边"（阳台围边、楼板围边、屋面围边、槽坑围边、卸料平台两侧）、水平防护架、垂直防护架、外架封闭等防护；施工安全用电，包括配电箱三级配电、两级保护装置要求、外电防护措施；起重机、塔吊等起重设备（含井架、门架）及外用电梯的安全防护措施（含警示标志）及卸料平台的临边防护、层间安全门、防护棚等设施；建筑工地起重机械的检验检测；施工机具防护棚及其围栏的安全保护设施；施工安全防护通道；工人的安全防护用品、用具购置；消防设施与消防器材的配置；电气保护、安全照明设施；其他安全防护措施。 4. 临时设施：施工现场采用彩色、定型钢板、砖、混凝土砌块等围挡的安砌、维修、拆除；施工现场临时建筑物、构筑物的搭设、维修、拆除，如临时宿舍、办公室、食堂、厨房、厕所、诊疗所、临时文化福利用房、临时仓库、加工场、搅拌台、临时简易水塔、水池等；施工现场临时设施的搭设、维修、拆除，如临时供水管道、临时供电管线、小型临时设施等；施工现场规定范围内临时简易道路铺设，临时排水沟、排水设施安砌、维修、拆除；其他临时设施搭设、维修、拆除
011707002	夜间施工	1. 夜间固定照明灯具和临时可移动照明灯具的设置、拆除。 2. 夜间施工时，施工现场交通标志、安全标牌、警示灯等的设置、移动、拆除。 3. 包括夜间照明设备及照明用电、施工人员夜班补助、夜间施工劳动效率降低等
011707003	非夜间施工照明	为保证工程施工正常进行，在地下室等特殊施工部位施工时所采用的照明设备的安拆、维护及照明用电等
011707004	二次搬运	由于施工场地条件限制而发生的材料、成品、半成品等一次运输不能到达堆放地点，必须进行的二次或多次搬运
011707005	冬雨季施工	1. 冬雨（风）季施工时增加的临时设施（防寒保温、防雨、防风设施）的搭设、拆除 2. 冬雨（风）季施工时，对砌体、混凝土等采用的特殊加温、保温和养护措施 3. 冬雨（风）季施工时，施工现场的防滑处理、对影响施工的雨雪的清除 4. 包括冬雨（风）季施工时增加的临时设施、施工人员的劳动保护用品、冬雨（风）季施工劳动效率降低等

项目编码	项目名称	工作内容及包含范围
011707006	地上地下设施、建筑物的临时保护设施	在工程施工过程中,对已建成的地上、地下设施和建筑物进行的遮盖、封闭、隔离等必要保护措施
011707007	已完工程及设备保护	对已完工程及设备采取的覆盖、包裹、封闭、隔离等必要保护措施

5.5.3 关于安全文明施工及其他措施项目费用标准

1. 材料及小型构件二次水平运输定额说明

(1) 工程上使用的材料,因施工环境和场地限制,汽车不能直接运到现场(不能直接原车运送到施工组织设计要求的范围内的堆放地点),必须再次运输所发生的装运卸工作,才能计算材料二次运输费用。

(2) 零星材料是指本章定额子目中未列出的其他材料(如油漆涂料、化工、小五金、木柴、电线等),但不含大型阀门(大型阀门需吊装机械才能安装)。

(3) 本章综合考虑人力及手推车装、运、卸及清理地面垃圾。如遇到有坡度的路面时,运距按坡度区斜长计算。当坡度大于 5° 时,其运距每 5° 增加 50% 坡度区斜长。

(4) 特种门包括冷藏门、冷藏间冻结门、木保温门、隔音门、变电室门、木折叠门和钢管镀锌铁丝网大门等。厂库房大门和特种大门不包含大门的钢骨架二次运输,其费用另行按相应子目计算。

(5) 轻质砌块、多孔砖、轻质墙板按轻质砌块计算。空心砖、轻质砌块按灰砂砖、标准砖子目乘以系数 0.40。标准砖的规格为:240mm×115mm×53mm。

(6) 胶合板厚度按 5mm 以内考虑,每增加 5mm 以内人工按相应子目乘以系数 1.50。

(7) 玻璃厚度按 5mm 考虑,当玻璃厚度不同时,人工按厚度比例调整。

(8) 陶瓷块料不分品种、厚度、规格和材质。

(9) 石板材厚度按 20mm 考虑,当石板材厚度不同时,人工按厚度比例调整。

(10) 人行道砖厚度按 50mm 考虑,当人行道砖厚度不同时,人工按厚度比例调整。

(11) 金属板包括不锈钢板、铝合金板、铝板天花等,铝板天花含龙骨等配件。

(12) 双层木门运输费按各式单层木门的定额子目,人工费乘以系数 1.35;双层木窗运输费用按各式单层木窗定额子目,人工费乘以系数 1.10。

(13) 铝合金门窗、塑钢门窗不包括玻璃。

(14) 拆除废料二次运输,套相应材料二次运输子目,消耗量乘以系数 0.80。

(15) 混凝土小型构件是指单件实体体积在 0.1m³ 以内,重量 125kg 以内的各类小型构件。运输距离系指预制、加工场地取料中心、堆放场至施工现场堆放使用中心距离。

2. 材料及小型构件二次水平运输工程量计算规则

(1) 二次运输按不同材料以定额所示计量单位分别计算,如单位不同按实换算。二次运输的工程量按定额消耗量计算,含定额损耗量。

(2) 零星材料二次运输,以二次运输费为计算基础。

（3）水泥、砂、碎石、瓦片、瓦筒、水泥混凝土、沥青混凝土、湿拌砂浆和玻璃（安全玻璃除外）的二次运输损耗费用按表5-5-2计算，其他材料的二次运输损耗不能计算。计算式如下：

二次运输损耗费＝该项材料需运输的量×相应的损耗率×该项材料预（结）算单价

二次运输损耗率

表 5-5-2

序号	材料名称	损耗率（%）
1	水泥	1
2	砂	2
3	碎石	2
4	瓦片	2
5	瓦筒	2
6	玻璃（安全玻璃除外）	5
7	水泥混凝土、沥青混凝土、湿拌砂浆	1

3. 成品保护工程定额说明

（1）本章定额包括楼地面、台阶成品保护，楼梯、栏杆成品保护，柱面、墙面成品、电梯内装饰保护，共三节。

（2）成品保护是指施工过程中对原有装饰装修面所进行的保护。

（3）本章包括楼地面、楼梯、栏杆、台阶、柱面、墙面等饰面面层的成品保护。

（4）定额编制是以成品保护所需的材料考虑的。

4. 成品保护工程工程量计算规则

（1）楼地面成品保护

1）楼地面成品保护工程量，按被保护面层面积以"m²"计算。

2）台阶成品保护工程量，按设计图示水平投影面积以"m²"计算。

（2）楼梯、栏杆成品保护

1）楼梯成品保护工程量，按设计图示尺寸水平投影面积以"m²"计算

2）栏杆成品保护工程量，按设计图示尺寸中心线长度以"m"计算。

（3）柱面、墙面、电梯内装饰保护

1）墙柱面护角工程量，按设计图示尺寸中心线长度以"m"计算。其他成品保护，按被保护面层面积以"m²"计算。

2）电梯内装饰保护工程量，按被保护面层面积以"m²"计算。

5. 绿色施工安全防护措施费定额说明

（1）绿色施工安全防护措施费是在现阶段建设施工过程中，为达到绿色施工和安全防护标准，需实施实体工程之外的措施性项目而发生的费用，主要内容包括以下两个方面：

1）按照国家现行的建筑施工安全、施工现场环境与卫生标准和有关规定，购置和更新施工安全防护用具及设施、改善安全生产条件和作业环境所需要的费用。

2）在保证质量、安全等基本要求的前提下，项目实施中通过科学管理和技术进步，最大限度地节约资源，减少对环境影响，实现环境保护、节能与能源利用、节材与材料资源利用、节水与水资源利用、节地与土地资源保护，达到广东省《建筑工程绿色施工评价

标准》所需要的措施性费用。

（2）绿色施工安全防护措施费，属于不可竞争费用，工程计价时，应单独列项并按本定额相应项目及费率计算。

（3）各地建设行政主管部门制定的绿色施工安全防护措施补充内容和建设单位对绿色施工安全防护措施有其他要求的，所发生费用应一并列入绿色施工安全防护措施费列支和使用。

6. 绿色施工安全防护措施费

（1）根据施工图纸、方案及施工组织设计等资料，以下绿色施工安全防护措施费项目按相关定额子目计算：

1）综合脚手架；

2）靠脚手架安全挡板；

3）密目式安全网；

4）围尼龙编织布；

5）模板的支架；

6）施工现场围挡和临时占地围挡；

7）施工围挡照明；

8）临时钢管架通道；

9）独立安全防护挡板；

10）吊装设备基础；

11）防尘降噪绿色施工防护棚；

12）施工便道；

13）样板引路。

（2）对于不能按工作内容单独计量的绿色施工安全防护措施费，具体包括绿色施工、临时设施、安全施工和用工实名管理，编制概预算时，以分部分项工程的人工费与施工机具费之和为计算基础，以专业工程类型区分不同费率计算，基本费率按表5-5-3中的值计算：

绿色施工安全防护措施费费率　　表5-5-3

专业工程	计算基础	基本费率（%）
建筑工程	分部分项的（人工费+施工机具费）	19.00
单独装饰装修工程		13.00

（3）各地建设行政主管部门制定的其他内容，根据各地规定计算（详综合定额）。

7. 措施其他项目定额说明

（1）措施项目是指为完成工程项目施工，发生于该工程施工准备和施工过程中的技术、生活、安全、环境保护等方面的非实体项目，包括绿色施工安全防护措施费以及措施其他项目。措施其他项目是指措施项目中尚未包括的工程施工可能发生的其他措施性项目。

（2）措施其他项目费已含了利润及管理费，属于指导性费用，供工程承发包双方参考，合同有约定的按合同约定执行。

（3）本章列出了措施其他项目的名称、内容、费用标准、计算方法和有关说明。根据工程和施工现场发生本章未列明的措施其他项目，应按实际发生或经批准的施工组织设计方案计算。

8. 措施其他项目费用标准

（1）文明工地增加费：承包人按要求创建省、市级文明工地，加大投入、加强管理所增加的费用。获得省、市级文明工地的工程，按照表5-5-4中的标准计算：

措施其他项目费用标准   表 5-5-4

专业		建筑工程	单独装饰工程
计算基础		分部分项的（人工费＋施工机具费）（%）	
其中	市级文明工地	1.20	0.60
	省级文明工地	2.10	1.20

（2）夜间施工增加费：除赶工和合理的施工作业要求（如浇筑混凝土的连续作业）外，因施工条件不允许在白天施工的工程，按其夜间施工项目人工费的 20.00% 计算。

（3）赶工措施费：招标工期短于标准工期的，招标工程量清单应开列赶工措施，招标控制价应计算赶工措施费，投标人应计算赶工措施费。非招标工程，发包人要求的合同工期短于标准工期的，施工图预算应计算赶工措施费。招标控制价、施工图预算的赶工措施费按下表计算；工程结算按合同约定，合同对赶工措施费没有约定的，按表5-5-5确定。

赶工措施费   表 5-5-5

计算公式	备注
$(1-\delta)\times$ 分部分项的(人工费＋施工机具费)$\times0.3$	1. $0.8\leqslant\delta<1$； 2. 式中：$\delta=$ 合同工期/定额工期

（4）其他费用，如特殊工种培训费，地上、地下设施，建筑物的临时保护设施，危险性较大的分部分项工程安全管理措施等，根据工程和施工现场需要发生的其他费用，按实际发生或经批准的施工组织设计方案计算。

5.5.4 职业拓展——综合定额要点解析

（1）临时宿舍、办公室的用水用电费用是否属于安全、文明施工措施费的计费范围？

答：临时宿舍、办公室的用水用电费用已在管理费中考虑，不属于安全文明施工措施费的计费范围。

（2）深基坑用于人员上下使用的钢爬梯是否单独计价？

答：不单独计价，以系数计算的绿色施工安全防护措施费在高空作业防护中考虑。

（3）《绿色施工安全防护措施项目费工作内容构成表》安全施工中"安全检测费用"是指：安全带、安全帽及脚手架、提升机等架体内外安全网等安全防护用品设施的检测，起重机、塔吊等吊装设备（按井字架、龙门架）与外用电梯的安全检测，请问说明中的安全检测是指进场前的检测还是使用过程中的检测？

答：均包含在内。

（4）D. 1.7 材料二次运输中有混凝土管、铸铁管、塑料管的二次转运子目，则钢管的二次运输应如何计取？

答：钢管二次运输可套用铸铁管二次转运子目。

（5）施工现场的施工便道是否包含在按费率计算的绿色施工安全防护（安全文明施工）措施费中？

答：不包含。由于生产需要修建的施工临时便道，按实际发生或经批准的施工组织设计方案，列入措施其他项目费用中计算。

（6）单独招标的幕墙工程，绿色施工安全防护措施费基本费率适用建筑工程的 19% 还是适用单独装饰装修工程的 13%？

答：幕墙工程属于装饰工程，单独招标的幕墙工程适用单独装饰装修工程的绿色施工安全防护措施费费率。

（7）施工现场围挡和临时占地围挡的安拆费是否包含在绿色施工安全防护措施费费率中？

答：施工现场围挡和临时占地围挡建设应在按子目计算的绿色施工安全防护措施费中单独计取；除定额另有说明外，其拆除费用已含在按费率计算的绿色施工安全防护措施费中，不需另外计算。

（8）施工现场围挡采用单层彩钢波纹板、角钢架焊接应套哪个定额子目？

答：定额未包含单层彩钢波纹板、角钢架焊接的定额子目，实际发生时双方协商计价。

（9）基坑支护栏杆是否包含在安全防护措施费中？

答：已包含在按系数计取的安全防护措施费内。

（10）三级沉淀池费用是否包含在以费率计算的绿色施工安全防护措施费中，无需另外计算费用？

答：已包含在以费率计算的绿色施工安全防护措施费的"环境保护的水污染控制"中。

（11）智慧工地管理系统的费用是否包含在绿色施工安全防护措施费中？

答：定额管理费和绿色施工安全防护措施费均已在各自范畴内综合考虑智慧工地管理系统的摊销费用。

（12）在什么时段施工可以计算夜间施工增加费？是否可以参考《中华人民共和国环境噪声污染防治法》规定的 22 点至次日 6 点计算？

答：1）本定额中夜间施工增加费，除赶工和合理的施工作业要求（如浇筑混凝土的连续作业）外，因施工条件不允许在白天施工的工程均可计算。2）本定额所指夜间的范围与项目所在地的城市管理要求和项目实施的季节有关，一般指在日间的正常施工时段外需要通过照明进行施工的时间段。

 课后习题

一、单项选择题

1. 砌块子目按 240mm×115mm×53mm 的标准砖考虑的，轻质砌块、多孔砖、轻质墙板等轻质砌块按砌块子目乘以（　　）系数。

A. 0.6　　　　　　　B. 1.2　　　　　　　C. 1.3　　　　　　　D. 1.5

2. 胶合板按 5mm 考虑，每增加 5mm 以内人工费按相应子目乘以系数（　　　）。

A. 0.6　　　　　　　B. 1.2　　　　　　　C. 1.3　　　　　　　D. 1.5

3. 陶瓷块料不分品种、规格和材质，厚度按 10mm 以内考虑，厚度超过 10mm 的，人工费乘以系数（　　　）。

A. 0.6　　　　　　　B. 1.2　　　　　　　C. 1.3　　　　　　　D. 1.5

4. 下列成品保护的工程量，不是以"m²"计算的是（　　　）

A. 台阶　　　　　　B. 楼梯　　　　　　C. 墙柱面护角　　　D. 电梯内装饰

5. 轻型井点井管（含滤水管）的成品价可按所需的钢管的材料价乘以系数（　　　）计算。

A. 1.2　　　　　　　B. 2.0　　　　　　　C. 2.4　　　　　　　D. 3.6

6. 对于不能按工作内容单独计量的绿色施工安全防护措施费，编制概预算时，以分部分项工程的人工费与施工机具费之和为计算基础，建筑工程的费率为（　　　）。

A. 12%　　　　　　B. 13%　　　　　　C. 19%　　　　　　D. 25%

二、多项选择题

1. 为有利于措施费的确定和调整，根据现行工程量计算规范，适宜采用单价措施项目计价的有（　　　）。

A. 夜间施工增加费　　　　　　　B. 二次搬运费

C. 施工排水、降水费　　　　　　D. 超高施工增加费

E. 垂直运输费

2. 在编制单位建筑工程施工图预算时，一般应计入综合取定的措施项目费的有（　　　）。

A. 施工降水费用　　　　　　　　B. 冬雨季施工增加费

C. 夜间施工增加费　　　　　　　D. 模板费用

E. 脚手架费用

3. 计算材料及小型构件二次水平运输时，人工可按厚度比例调整的材料是（　　　）。

A. 玻璃　　　　　　　　　　　　B. 陶瓷块料

C. 胶合板　　　　　　　　　　　D. 石板材

E. 人行道砖

4. 可以计取二次运输损耗的材料包括（　　　）。

A. 水泥　　　　　　　　　　　　B. 瓦筒

C. 砖　　　　　　　　　　　　　D. 水泥混凝土

E. 安全玻璃

任务 5.6　其他项目费及税金

5.6.1　其他项目

1. 其他项目定额说明

（1）本章列出其他项目名称、费用标准、计算方法和说明，供工程招投标双方参考，合同有约定的按合同约定执行。

（2）其他项目费中的暂列金额、暂估价和计日工数量，均为估算、预测数，虽计入工程造价中，但不为承包人所有。工程结算时，应按合同约定计算，剩余部分仍归发包人所有。

（3）暂估价中的材料单价应按发承包双方最终确认价进行调整，专业工程暂估价应按中标价或发承包与分包人最终确认价计算。

（4）计日工是指在施工过程中，完成发包人提出的施工图纸以外的零星项目或工作所消耗的人工、材料、机具，按合同的约定计算。

（5）总承包服务费应依据合同约定金额计算，如发生调整的，以发承包双方确认调整的金额计算。

（6）工程优质费是指承包人按照发包人的要求创建优质工程，增加投入与管理发生的费用。

（7）其他项目，各市有标准的，从其规定；各市无标准的，按本章规定计算。

2. 其他项目费用标准

（1）暂列金额：发包人暂定并包括在合同价款中的一笔款项。用于施工合同签订时尚未确定或者不可预见的所需材料、设备、服务的采购，施工中可能发生的工程变更、合同约定调整因素出现时的工程价款调整以及发生的索赔、现场签证确认等的费用。招标控制价和施工图预算具体由发包人根据工程特点确定，发包人没有约定时，按分部分项工程费的 10.00% 计算。结算按实际发生数额计算。

（2）暂估价：发包人提供的用于支付必然发生但暂时不能确定价格的材料的单价以及专业工程的金额。按预计发生数估算。

1）材料暂估价：招标控制价和施工图预算按工程所在地的工程造价信息；工程造价信息没有的，参考市场价格确定。结算时，若材料是招标采购的，按照中标价调整；非招标采购的，按发承包双方最终确认的单价调整。

2）专业工程暂估价：招标控制价和施工图预算应区分不同专业，按规定估算确定。结算时，若专业工程是招标采购的，其金额按照中标价计算；非招标采购的，其金额按发承包双方最终确认的金额计算。

（3）计日工：预计数量由发包人根据拟建工程的具体情况，列出人工、材料、机具的名称、计量单位和相应数量，招标控制价和预算中计日工单价按工程所在地的工程造价信息计列；工程造价信息没有的，参考市场价格确定。工程结算时，工程量按承包人实际完成的工作量计算；单价按合同约定的计日工单价，合同没有约定的，按工程所在地的工程造价信息计列（其中人工按总说明签证用工规定执行）。

（4）总承包服务费：总承包人为配合协调发包人在法律法规允许的范围内进行工程分包和自行采购的设备、材料等进行管理、服务（如分包使用总包人的脚手架、水电接驳等）以及施工现场管理、竣工资料汇总整理等服务所需的费用。

1）仅要求对发包人发包的专业工程进行总承包管理和协调时，可按专业工程造价的 1.50% 计算。

2）要求对发包人发包的专业工程进行总承包管理和协调，并同时要求提供配合和服务，按专业工程造价的 4.00% 计算，具体应根据配合服务的内容和要求确定。

3）配合发包人自行供应材料的，按发包人供应材料价值的 1.00% 计算（不含该部分材料的保管费）。

（5）预算包干费：按分部分项的人工费与施工机具费之和的 7.00％ 计算，预算包干内容一般包括施工雨（污）水的排除、因地形影响造成的场内料具二次运输、20m 高以下的工程用水加压措施、施工材料堆放场地的整理、机电安装后的补洞（槽）工料费、工程成品保护费、施工中的临时停水停电、基础埋深 2m 以内挖土方的塌方、日间照明施工增加费（不包括地下室和特殊工程）、完工清场后的垃圾外运等。

（6）工程优质费：发包人要求承包人创建优质工程，招标控制价和预算应按表 5-6-1 规定计列工程优质费。经有关部门鉴定或评定达到合同要求的，工程结算应按照合同约定计算工程优质费。

工程优质费　　　　　　　　　　　表 5-6-1

工程质量	市级质量奖	省级质量奖	国家级质量奖
计算基础	分部分项的（人工费＋施工机具费）		
费用标准（％）	4.50	7.50	12.00

（7）概算幅度差：依据初步设计文件资料，按照预算（综合）定额编制项目概算，因设计深度原因造成的工程量偏差而应增补的费用。其计取方式见表 5-6-2：

概算幅度差　　　　　　　　　　　表 5-6-2

序号	工程类别	计算基数	计算费率（％）
1	建筑工程	分部分项工程费	3.00
2	单独装饰装修工程		5.00

（8）其他费用：如工程发生时，由编制人根据工程要求和施工现场实际情况，按实际发生或经批准的施工方案计算。

5.6.2　税金

税金是指国家税法规定的应计入工程造价内的增值税。

增值税：按工程所在地税务机关规定的增值税纳税方法计算。

5.6.3　职业拓展——综合定额要点解析

（1）编制概算时已计取概算幅度差，是否还应计算预算包干费？

答：概算幅度差与预算包干费是两个不同费用概念，概算编制时应分别计算。

（2）预算包干费中的工程成品保护费包括什么内容，与定额成品保护工程章节的内容有何区别？

答：预算包干费中的工程成品保护费是指对已完成施工但未验收的工程进行保护发生的费用。成品保护工程章节适用于在既有建筑内施工过程中对原有装饰装修面所进行保护发生的费用计算。

（3）雨水的排除包含在绿色施工安全防护措施费中还是预算包干费中？

答：预算包干费包含施工现场雨（污）水的排除。

（4）定额预算包干费中"完工清场后的垃圾外运"是否包含定额 A.1.19 拆除工程所产生的废料？

答：不包含。A.1.19 拆除工程产生的废料外运费用应单独计算。

 任务小结

本任务主要对安全绿色施工安全防护措施费、其他措施、其他项目费的计算进行了讲解，并对工程造价的计价程序和造价的生成进行了梳理。理论知识偏多，需要根据配套的工程图纸实际案例加以应用和领会。

 课后习题

一、单项选择题

1. 施工招标工程量清单中：应由投标人自主报价的其他项目是（　　）。

A. 专业工程暂估价　　　　　　　　B. 暂列金额

C. 工程设备暂估价　　　　　　　　D. 计日工单价

2. 暂列金额发包人没有约定时，按分部分项工程费的（　　）计算。

A. 5%　　　　　　B. 10%　　　　　　C. 15%　　　　　　D. 25%

3. 根据 2018 广东建筑与装饰工程综合定额，总承包服务费，要求对发包人发包的专业工程进行总承包管理和协调，并同时要求提供配合和服务，按专业工程造价的（　　）计算。

A. 1%　　　　　　B. 1.5%　　　　　　C. 3%　　　　　　D. 4%

4. 预算包干费按分部分项的人工费与施工机具费之和的（　　）计算。

A. 3%　　　　　　B. 5%　　　　　　C. 7%　　　　　　D. 11%

二、多项选择题

1. 根据《建设工程工程量清单计价规范》GB 50500—2013，关于工程竣工结算的计价原则，下列说法正确的是（　　）。

A. 计日工按发包人实际签证确认的事项计算

B. 总承包服务依据合同约定金额计算，不得调整

C. 暂列金额应减去工程价款调整金额计算，余额归发包人

D. 规费和税金应按国家或省级、行业建设主管部门的规定计算

E. 总价措施项目应依据合同约定的项目和金额计算，不得调整

2. 预算包干的内容一般包括（　　）。

A. 施工雨（污）水的排除

B. 余泥渣土外运

C. 工程成品保护费、施工中的临时停水停电

D. 基础埋深 2m 以内挖土方的塌方

E. 日间照明施工增加费（不包括地下室和特殊工程）

3. 预算包干的内容一般包括（　　）。

A. 因地形影响造成的场内料具二次运输

B. 20m 高以下的工程用水加压措施

C. 施工材料堆放场地的整理

D. 机电安装后的补洞（槽）工料费

E. 施工降水

参 考 文 献

[1] 中华人民共和国住房和城乡建设部. 建设工程工程量清单计价规范：GB 50500—2013[S]. 北京：中国计划出版社，2013.

[2] 中华人民共和国住房和城乡建设部. 房屋建筑与装饰工程工程量计算规范：GB 50854—2013[S]. 北京：中国计划出版社，2013.

[3] 广东省住房和城乡建设厅. 广东省房屋建筑与装饰工程综合定额 2018[M]. 武汉：华中科技大学出版社，2019.

[4] 广东省建设工程标准定额站，广东省工程造价协会. 建设工程计价应用案例（建筑与装饰工程2015）[M]. 北京：中国城市出版社，2015.

[5] 广东省建设工程造价管理总站，广东省工程造价协会. 建设工程计量与计价实务（土木建筑工程）[M]. 北京：中国计划出版社，2019.

[6] 全国造价工程师职业资格考试培训教材编审委员会. 建设工程计价[M]. 北京：中国计划出版社，2021.

[7] 全国造价工程师职业资格考试培训教材编审委员会. 建设工程技术与计量（土木建筑）[M]. 北京：中国计划出版社，2021.

[8] 全国造价工程师职业资格考试培训教材编审委员会. 建设工程造价案例分析（土建、安装通用）[M]. 北京：中国计划出版社，2021.

[9] 马楠. 建设工程造价管理[M]. 北京：清华大学出版社，2022.